面向新工科的电工电子信息基础课程系列教材
教育部高等学校电工电子基础课程教学指导分委员会推荐教材

首批国家级一流本科课程配套教材
首届全国高校教师教学创新大赛一等奖课程配套教材
首批"上海高校示范性本科课堂"配套教材
新时代复旦大学精品教材

本教材获得复旦大学"双一流"建设项目
——"七大系列精品教材"建设计划资助

半导体器件基础

蒋玉龙　编著

清华大学出版社
北京

内 容 简 介

本书聚焦硅基集成电路主要器件,即 PN 结、双极型晶体管和场效应晶体管的基本结构、关键参数、直流特性、频率特性、开关特性,侧重对基本原理的讨论,借助图表对各种效应进行图形化直观展示,并详细推导了各种公式。此外,还对小尺寸场效应晶体管的典型短沟道效应及其实际业界对策进行了较为详细的阐述。

本书适合集成电路或微电子相关专业本科生在学习完半导体物理知识后,进一步学习半导体器件工作原理之用;也可作为集成电路相关专业研究生的研究工作参考书,还可作为集成电路代工厂或电路设计从业人员的专业参考书。

图书在版编目(CIP)数据

半导体器件基础/蒋玉龙编著. —北京:清华大学出版社,2024.4
面向新工科的电工电子信息基础课程系列教材
ISBN 978-7-302-66120-7

Ⅰ. ①半… Ⅱ. ①蒋… Ⅲ. ①半导体器件—高等学校—教材 Ⅳ. ①TN303

中国国家版本馆 CIP 数据核字(2024)第 085125 号

责任编辑:文 怡
封面设计:王昭红
责任校对:刘惠林
责任印制:杨 艳

出版发行:清华大学出版社
　　　网　　　址:https://www.tup.com.cn, https://www.wqxuetang.com
　　　地　　　址:北京清华大学学研大厦 A 座　　邮　　编:100084
　　　社 总 机:010-83470000　　　　　　　　邮　　购:010-62786544
　　　投稿与读者服务:010-62776969, c-service@tup.tsinghua.edu.cn
　　　质量反馈:010-62772015, zhiliang@tup.tsinghua.edu.cn
　　　课件下载:https://www.tup.com.cn,010-83470236
印 装 者:三河市龙大印装有限公司
经　　销:全国新华书店
开　　本:185mm×260mm　　印　张:16　　　　　字　　数:361 千字
版　　次:2024 年 6 月第 1 版　　　　　　　　印　　次:2024 年 6 月第 1 次印刷
印　　数:1~1500
定　　价:65.00 元

产品编号:088545-01

前 言

1998年，我在复旦大学本科三年级时首次接触"半导体器件原理"课程。当时使用了一本较为经典的校本教材《双极型与MOS半导体器件原理》，教材编写者黄钧鼐教授担任主讲，把我引入了半导体器件这个神奇的领域。

2009年，我开始在复旦大学为微电子专业的本科生教授"半导体器件原理"课程。至今，已经为本校本科生（包含卓越工程师班和普通班）教授过18期，为外校本科生教授过3期，为企业员工讲授过2期。在多次的教授过程中，本课程教学质量持续提升，先后获得上海市一流本科课程、国家级一流本科课程（部分内容）和上海市示范性本科课堂等荣誉，课程还荣获首届全国高校教师教学创新大赛一等奖和教学设计创新奖。网络上与本课程相关的教学视频也得到众多学生的点播，并取得较好的评价。

然而，我在多年的教学过程中，深感缺少一本得心应手、符合本科生特点、聚焦集成电路产业直接需求的教材。于是，在清华大学出版社文怡编辑的鼓励下，我编写了本书。本书立足微电子或集成电路相关专业本科生的需求，精选4章集成电路所用半导体器件的核心内容，即PN结、双极型晶体管、场效应晶体管基础和小尺寸场效应晶体管。第1～3章的具体内容基本撰写顺序是基础知识、核心参数、直流特性、交流特性、开关特性、功率特性。第4章则围绕短沟道效应的各种具体表现依次展开描述，最后给出相应的解决方案和最新进展。

本书具有以下特点。①内容聚焦：只重点阐述与集成电路芯片直接相关的半导体器件。②图多式多：配备了大量的精致图表和公式，旨在直观展示物理图景和相关推导过程。③不厌其烦：考虑到本书内容的易学性，给出极其具体的推导过程和充分说明。④逻辑清晰：每章都按照清晰的逻辑逐层展开，层层递进，一气呵成。⑤与时俱进：对小尺寸场效应晶体管特性的描述，大量引入相关文献报告和最新的研究成果，附录部分还对业界典型参数提取做法进行了介绍。

本书的内容架构雏形源自茹国平教授2008年的PPT讲义，他对书稿进行了多遍认真的审阅，提出了很多宝贵的意见。书中大量图片由王琳琳、彭雾、崔子悦精心绘制，梁成豪、蔡汉伦为本书的习题和附录整理提供了大量帮助。清华大学出版社文怡编辑为本书的成书做了整体规划。本书入选复旦大学"七大系列百本精品教材"特邀编写计划，学校为本书的编写及出版提供了资金和政策层面的大力支持。我在此一并表示衷心的感谢。

由于本人水平有限，书中难免会有错误和瑕疵，恳请读者指正。

编　者

2024年4月

目录

课件下载

目录

目录

第 1 章 PN结

1.1 半导体物理基础知识

视频

1.1.1 导带电子浓度

体积为 V 的半导体导带中的电子数 N 可以用积分式(1-1)表示,其中被积函数具体表达式分别为式(1-2)和式(1-3)。显见,被积函数中 $g_c(E)\mathrm{d}E$ 表示在 E 到 $E+\mathrm{d}E$ 能量间隔里允许存在的状态数。$f_e(E)g_c(E)\mathrm{d}E$ 表示在 $\mathrm{d}E$ 间隔里这些状态数上平衡态下应该有多少电子。根据式(1-2)和式(1-3)的函数特性,图 1-1 给出了式(1-1)被积函数的基本特性。由图 1-1 可知,由于电子分布概率函数 $f_e(E)$ 随 E 增加而减小,且在远高于 E_f 的部分基本呈现出自然指数衰减,而导带电子能态密度函数 $g_c(E)\sim E^{1/2}$ 是随 E 增大而缓慢增加的。因此,如式(1-1)所示,$f_e(E)g_c(E)$ 将出现峰值,且峰值在导带底附近。图 1-1 清晰说明,平衡态下半导体导带中的电子仅存在于导带底附近,这与半导体研究中往往只需考虑能带极值处的少量载流子的认知一致。

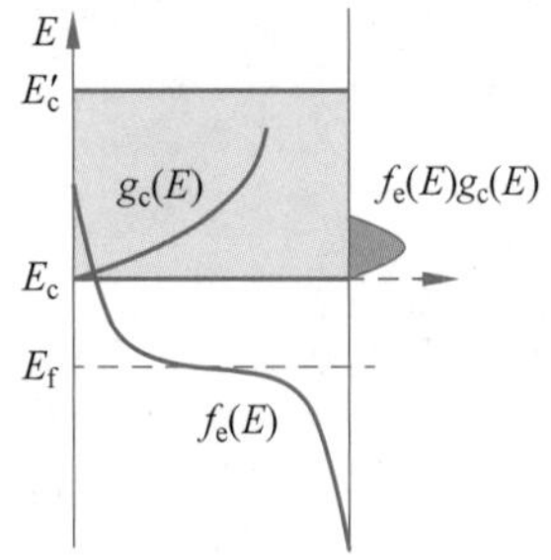

图 1-1 计算导带电子浓度的被积函数特性

$$N = \int_{E_c}^{E_c'} f_e(E) g_c(E) \mathrm{d}E \tag{1-1}$$

$$f_e(E) = \frac{1}{1+\exp\left(\dfrac{E-E_f}{kT}\right)} \tag{1-2}$$

$$g_c(E) = \frac{4\pi V}{h^3}(2m_{dn})^{3/2}(E-E_c)^{1/2} \tag{1-3}$$

对于非简并半导体而言,E_f 远离导带底和价带顶,处在禁带内部,即 $E_c-E_f \gg kT$。在这个条件下,式(1-2)可以退化为简单的玻耳兹曼分布。尽管式(1-3)原本仅适用于能带极值附近,但由于 $f_e(E)g_c(E)$ 主要在导带底附近有非零值,所以在式(1-1)中可以将式(1-3)推广到整个导带范围,且可以把式(1-1)的积分上限放大到正无穷大。如此,近似后得到的导带电子浓度 n 如式(1-4)和式(1-5)所示,其常用单位是 cm^{-3}。N_c 是导带有效状态密度,如式(1-6)所示,它代表了将导带中各个能级处的能态密度按照电子分布概率加权处理折算到单一能级 E_c 处的能态密度。如此处理后,平衡态导带电子浓度 n_0 就可以简单地表示为式(1-7)。式(1-7)表明,温度 T 下半导体的能带结构直接决定了 N_c,而 E_f 会非常敏感和直观地决定 n_0。当温度为 300K 时,半导体 Si 的 $N_c \approx 2.8\times10^{19}\,\mathrm{cm}^{-3}$。

$$n = \int_{E_c}^{\infty} \frac{4\pi}{h^3}(2m_{dn})^{3/2}\sqrt{E-E_c}\exp\left(-\frac{E-E_f}{kT}\right)\mathrm{d}E \tag{1-4}$$

$$n = \frac{2(2\pi m_{dn}kT)^{3/2}}{h^3}\exp\left(-\frac{E_c-E_f}{kT}\right) = N_c\exp\left(-\frac{E_c-E_f}{kT}\right) \tag{1-5}$$

$$N_c = \frac{2(2\pi m_{dn}kT)^{3/2}}{h^3} = 4.82\times10^{15}\,T^{3/2}\left(\frac{m_{dn}}{m_0}\right)^{3/2} \tag{1-6}$$

视频

$$n_0 = N_c \exp\left(-\frac{E_c - E_f}{kT}\right) \tag{1-7}$$

1.1.2 价带空穴浓度

图 1-2 对应图 1-1,式(1-8)~式(1-14)分别对应式(1-1)~式(1-7)。与 1.1.1 节讨论完全类似,平衡态价带空穴浓度 p_0 最终可以简单地表示为式(1-14)。当温度为 300K 时,半导体 Si 的 $N_v \approx 1.1 \times 10^{19} \, \text{cm}^{-3}$。

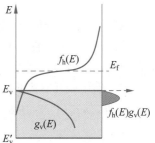

图 1-2 计算价带空穴浓度的
被积函数特性

$$P = \int_{E_v'}^{E_v} f_h(E) g_v(E) \, dE \tag{1-8}$$

$$f_h(E) = \frac{1}{1 + \exp\left(\dfrac{E_f - E}{kT}\right)} \tag{1-9}$$

$$g_v(E) = \frac{4\pi V}{h^3} (2m_{dp})^{3/2} (E_v - E)^{1/2} \tag{1-10}$$

$$p = \int_{-\infty}^{E_v} \frac{4\pi}{h^3} (2m_{dp})^{3/2} \sqrt{E_v - E} \exp\left(-\frac{E_f - E}{kT}\right) dE \tag{1-11}$$

$$p = \frac{2(2\pi m_{dp} kT)^{3/2}}{h^3} \exp\left(-\frac{E_f - E_v}{kT}\right) = N_v \exp\left(-\frac{E_f - E_v}{kT}\right) \tag{1-12}$$

$$N_v = \frac{2(2\pi m_{dp} kT)^{3/2}}{h^3} = 4.82 \times 10^{15} T^{3/2} \left(\frac{m_{dp}}{m_0}\right)^{3/2} \tag{1-13}$$

$$p_0 = N_v \exp\left(-\frac{E_f - E_v}{kT}\right) \tag{1-14}$$

1.1.3 四种电流

视频

半导体中常见的电流主要有电子、空穴的扩散电流和漂移电流,对应电流密度分别如式(1-15)~式(1-18)所示,其中 q 为基本电荷,E 为电场强度。注意,扩散电流的正方向与载流子浓度梯度方向相反,且电子的电量要取 $-q$。电子和空穴总电流密度 J_n、J_p 分别如式(1-19)和式(1-20)所示,每个公式都包含了各自的扩散和漂移电流分量。半导体中的总电流密度 J 则由 J_n 和 J_p 简单加和构成,如式(1-21)所示。

$$J_{n扩} = qD_n \frac{d\Delta n(x)}{dx} \tag{1-15}$$

$$J_{p扩} = -qD_p \frac{d\Delta p(x)}{dx} \tag{1-16}$$

$$J_{n漂} = qn\mu_n E \tag{1-17}$$

$$J_{p漂} = qp\mu_p E \tag{1-18}$$

$$J_n = qD_n \frac{d\Delta n(x)}{dx} + qn\mu_n E \tag{1-19}$$

$$J_p = -qD_p \frac{\mathrm{d}\Delta p(x)}{\mathrm{d}x} + qp\mu_p E \qquad (1\text{-}20)$$

$$J = J_p + J_n = -qD_p \frac{\mathrm{d}\Delta p(x)}{\mathrm{d}x} + qp\mu_p E + qD_n \frac{\mathrm{d}\Delta n(x)}{\mathrm{d}x} + qn\mu_n E \qquad (1\text{-}21)$$

视频

1.1.4 突变 PN 结耗尽区宽度

在耗尽区近似条件下,以均匀掺杂一维突变 P^+N 结为例,图 1-3 显示了 N 区一侧指向 $-x$ 方向的线性电场分布。式(1-22)是应用高斯定理直接求得的 N 区一侧耗尽区内的电场分布,同理可以求得 P 区一侧耗尽区内的电场分布,两者都是线性电场,其中 x_n 和 $-x_p$ 分别代表耗尽区在 N 型和 P 型半导体一侧的边界。电场强度的峰值 E_{max} 出现在 $x=0$ 处,如式(1-23)所示。平衡态下,图 1-3 中电场分布对应的三角形的面积就是耗尽区两侧的电势差,即内建电势差 V_D,其值可以从杂质全电离条件下式(1-7)和式(1-14)的乘积直接获得,如式(1-24)所示。在耗尽区近似条件下,外加电压 V_{bias} 都降落在高阻的耗尽区上,且正偏情况下($V_{bias}>0$)外加电压与内建电势差是直接叠加而相互抵消的。稳态情况下,PN 结两侧的净电势差 V 可以直接根据图 1-3 的三角形电场分布的面积求得。在一维突变 P^+N 结条件下,耗尽区电中性的特点要求 $x_p \ll x_n$,因此耗尽区在 P 区一侧的面积可以忽略,最终 V 的值如式(1-25)所示。将式(1-23)代入式(1-25),则可以直接求得 P^+N 结的耗尽区宽度 d,如式(1-26)所示。其中,$d \sim (V/N_D)^{1/2}$[①],即突变 PN 结的耗尽区主要分布于轻掺杂一侧,且与两侧净电势差 V 呈弱抛物线关系。

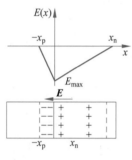

图 1-3　平衡态一维突变 P^+N 结耗尽区内建电场分布

$$E_n(x) = -\frac{qN_D}{\varepsilon_r \varepsilon_0}(x_n - x) \qquad (1\text{-}22)$$

$$E_{max} = -\frac{qN_A x_p}{\varepsilon_r \varepsilon_0} = -\frac{qN_D x_n}{\varepsilon_r \varepsilon_0} \qquad (1\text{-}23)$$

$$V_D = \frac{kT}{q} \ln\left(\frac{N_A N_D}{n_i^2}\right) \qquad (1\text{-}24)$$

$$V = V_D - V_{bias} = \frac{1}{2} x_n \mid E_{max} \mid \qquad (1\text{-}25)$$

$$d \approx x_n = \left(\frac{2\varepsilon_r \varepsilon_0}{q} \frac{V}{N_D}\right)^{1/2} \qquad (1\text{-}26)$$

---

① 此外～表示可比拟于。

1.1.5　一维扩散方程的稳态解

如图 1-4 所示,此时非平衡空穴 $\Delta p(x)$ 的扩散流密度 s_p 可以写为式(1-27),其常用单位为 $cm^{-2} \cdot s^{-1}$。假设这块 N 型半导体的截面积为 A,考查单位时间内图 1-4 中 x 到 $x+dx$ 范围内扩散流入和流出的非平衡空穴数量差,即这段范围内非平衡空穴数量的增加值,可以用式(1-28)表示。式(1-29)进而直接表示了这段范围内因扩散过程而产生的单位时间内的增量 $\Delta p(x)$。考虑非平衡少子的复合过程,式(1-30)给出了复合率。因此,x 处单位时间内 $\Delta p(x)$ 的增加就可以表示为扩散引起的增量与复合引起的减量之差,如式(1-31)所示。这也是图 1-4 条件下的非平衡少子一维连续性方程。

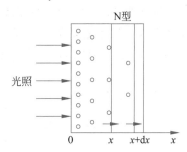

图 1-4　仅在 $x=0$ 处存在恒定光照下,非平衡空穴在 N 型均匀掺杂半导体中的一维扩散

$$s_p = -D_p \frac{\mathrm{d}\Delta p(x)}{\mathrm{d}x} \tag{1-27}$$

$$[s_p(x) - s_p(x+\mathrm{d}x)]A \tag{1-28}$$

$$\left(\frac{\mathrm{d}\Delta p}{\mathrm{d}t}\right)_{\text{扩散}} = \frac{[s_p(x) - s_p(x+\mathrm{d}x)]A}{A\mathrm{d}x} = -\frac{\mathrm{d}s_p(x)}{\mathrm{d}x} = D_p \frac{\mathrm{d}^2\Delta p(x)}{\mathrm{d}x^2} \tag{1-29}$$

$$\left(\frac{\mathrm{d}\Delta p}{\mathrm{d}t}\right)_{\text{复合}} = -\frac{\Delta p(x)}{\tau_p} \tag{1-30}$$

$$\frac{\partial\Delta p(x,t)}{\partial t} = D_p \frac{\partial^2\Delta p(x,t)}{\partial x^2} - \frac{\Delta p(x,t)}{\tau_p} \tag{1-31}$$

现考虑稳态的情况,如式(1-32)所示。此时式(1-31)改写为式(1-33),其对应的通解为式(1-34)。L_p 为非平衡空穴的扩散长度,$L_p = \sqrt{D_p\tau_p}$,其中 τ_p 为非平衡空穴的寿命。对应图 1-4,现在分析两种常见边界条件下通解的具体呈现形式。

一种情况如式(1-35)和式(1-36)所示,对于足够厚的样品,当 $x \to +\infty$ 时所有非平衡空穴要复合光,而在 $x=0$ 处恒定存在一个常数的 Δp_0。此时通解的具体形式如式(1-37)所示,呈现出一个简单的自然指数衰减解,如图 1-5 所示。注意,图 1-5 表明,在 $x=L_p$ 处,$\Delta p(x)=\Delta p_0/e$,且在 $x=0$ 处,$\mathrm{d}(\Delta p(x))/\mathrm{d}x = \Delta p_0/L_p$。

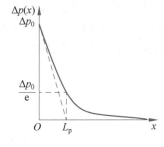

图 1-5　样品足够厚条件下一维稳态扩散方程的解

$$\frac{\partial\Delta p(x,t)}{\partial t} = 0 \tag{1-32}$$

$$D_p \frac{\mathrm{d}^2\Delta p(x)}{\mathrm{d}x^2} - \frac{\Delta p(x)}{\tau_p} = 0 \tag{1-33}$$

$$\Delta p(x) = A\exp(-x/L_p) + B\exp(x/L_p) \tag{1-34}$$

$$\Delta p(0) = \Delta p_0 \tag{1-35}$$

$$\Delta p(+\infty) \text{ 为有限值} \tag{1-36}$$

$$\Delta p(x) = \Delta p_0 \exp(-x/L_p) \tag{1-37}$$

另一种情况是样品厚度 W 非常小,且在 $x=W$ 处存在外力影响使 $\Delta p(W)=0$。此时的边界条件可以用式(1-38)和式(1-39)表示。通解式(1-34)具化为式(1-40),形式上看起来引入了较为复杂的双曲函数。但当 $W \ll L_p$,即样品厚度非常薄时,式(1-40)简化为式(1-41)。此时的 $\Delta p(x)$ 呈现出简单的线性衰减解,如图1-6所示。由图可知,在整个扩散过程中,$\Delta p(x)$ 的梯度 $\Delta p_0 / W$ 保持不变。由式(1-33)可知,此时的复合率为零,即在整个扩散过程中没有复合,少子的寿命 τ_p 足够长。图1-6的情况常见于理想双极型晶体管的基区少子分布。

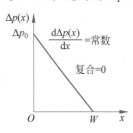

图1-6 样品足够薄且 $\Delta p(w)=0$ 条件下一维稳态扩散方程的解

$$\Delta p(0) = \Delta p_0 \tag{1-38}$$

$$\Delta p(W) = 0 \tag{1-39}$$

$$\Delta p(x) = \Delta p_0 \frac{\sinh\left[(W-x)/L_p\right]}{\sinh(W/L_p)} \tag{1-40}$$

$$\Delta p(x) = \Delta p_0 \left(1 - \frac{x}{W}\right) \tag{1-41}$$

1.1.6 玻耳兹曼分布规律的应用

视频

如图1-7所示,已知电子浓度为 n_1 和 n_2 的平衡态非简并半导体对应的费米能级分别为 E_{f1} 和 E_{f2},且 $E_{f1} - E_{f2} = \Delta E$。根据式(1-7)可以写出式(1-42)和式(1-43)。由于两个式子中包含很多相同的量,特别是它们都符合玻耳兹曼分布,因此得到了一个非常简洁的倍率表达式,如式(1-44)所示。式(1-45)给出了用 n_2 表示 n_1 的表达式,即离导带底近的费米能级对应一个更高的电子浓度,且浓度值是费米能级离导带底远的电子浓度的 $\exp(\Delta E / kT)$ 倍。显见,如果已知 n_2 的值,可以用式(1-45)求解 n_1。这种利用玻耳兹曼分布规律快速进行载流子浓度换算的方法将大量应用于本书后续的很多分析中。比如,如图1-8所示的正向偏压 V 作用下的PN结能带图,已知P型半导体中性区的电子浓度为 n_{p0},在 $-x_p$ 处的电子浓度因该处 E_f^n 与导带底的间距比P型半导体中性区的 E_f^p 与导带底的间距小 qV,所以通过式(1-45)易得式(1-46)。如果已知N型半导体中性区的电子浓度为 n_{n0},则根据 $E_f^n(-x_p)$ 离导带底比N型中性区 E_f^n 离导带底远 $q(V_D - V)$,易得式(1-47)。同时根据式(1-46)和式(1-47),也易得两个中性区间电子浓度的转换关系,如式(1-48)所示。可见,对于非简并半导体在根据能带图分析载流子浓度的变化关系时,熟练掌握玻耳兹曼分布规律的应用是方便的。

$$n_1 = N_c \exp\left(-\frac{E_c - E_{f1}}{kT}\right) \tag{1-42}$$

$$n_2 = N_c \exp\left(-\frac{E_c - E_{f2}}{kT}\right) \tag{1-43}$$

$$\frac{n_1}{n_2} = \frac{N_c \exp\left(-\dfrac{E_c - E_{f1}}{kT}\right)}{N_c \exp\left(-\dfrac{E_c - E_{f2}}{kT}\right)} = \exp\left(\frac{E_{f1} - E_{f2}}{kT}\right) = \exp\left(\frac{\Delta E}{kT}\right) > 1 \tag{1-44}$$

$$n_1 = n_2 \exp\left(\frac{\Delta E}{kT}\right) \tag{1-45}$$

$$n(-x_p) = n_{p0} \exp\left(\frac{qV}{kT}\right) \tag{1-46}$$

$$n(-x_p) = n_{n0} \exp\left(-\frac{q(V_D - V)}{kT}\right) = n_{n0} \exp\left(-\frac{qV_D}{kT}\right) \exp\left(\frac{qV}{kT}\right) \tag{1-47}$$

$$n_{n0} = n_{p0} \exp\left(\frac{qV_D}{kT}\right) \tag{1-48}$$

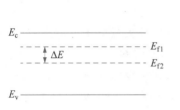

图 1-7　能量差为 ΔE 的两个费米能级分别对应两种单一掺杂浓度 n_1 和 n_2

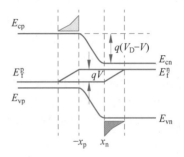

图 1-8　正向偏压 V 作用下的 PN 结能带图

1.2　PN 结直流特性

视频

1.2.1　基本结构

如图 1-9 和图 1-10 所示,按照杂质分布的特点一般可以将 PN 结区分为突变结和缓变结。突变结可以使用合金法制备,结两侧均匀掺杂且在结深 x_j 处杂质类型和浓度发生突变,P^+N 结对应 $N_A \gg N_D$,而 N^+P 结对应 $N_D \gg N_A$。缓变结可以使用杂质扩散法制备,杂质补偿后在结深 x_j 附近可以将净掺杂浓度线性近似后写为式(1-49),其中 α_j 为系数。本书后续无特别说明,所提 PN 结均指突变结。

$$N_D - N_A = \alpha_j (x - x_j) \tag{1-49}$$

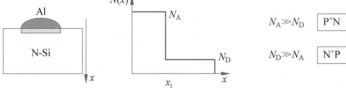

图 1-9　(铝)合金法制备突变结及其杂质浓度分布

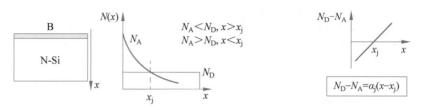

图 1-10　（硼）扩散法制备缓变结及其杂质浓度分布

视频

1.2.2　正偏下的电流

　　PN 结在正向偏压 V_f 下的典型能带图如图 1-11 所示。根据费米能级的物理意义，即其表征了载流子的填充水平可知，此时由于 N 型平衡区 E_f 高于 P 型平衡区 E_f，电子将自然从 N 区（扩散）净流向 P 区。同理，由于能带图上占据能级越高的空穴对应的能量越低，图 1-11 显示 P 型平衡区空穴 E_f 高于 N 型平衡区空穴 E_f，空穴将自然从 P 区（扩散）净流向 N 区。显然，在正偏 PN 结中存在两种载流子的扩散电流。考虑到电流的连续性，从 N 区扩散到 P 区的电子需要由外接电源来及时补充，因此 N 型平衡区实际上为准平衡区，在其内部存在一定的电场，该电场可以驱使大量电子形成漂移电流。同理，在 P 型平衡区内也存在一定的电场，驱使大量空穴形成漂移电流。所以，在正偏 PN 结中也存在两种载流子的漂移电流。如图 1-12 所示，这四种电流在 PN 结中动态存在，始终保持各个截面处电流强度的大小一致，连续性得以体现。当然，此时认为在耗尽区内不考虑载流子产生和复合过程，从而在耗尽区内部准费米能级和电流分量都不发生弯曲。耗尽区近似的条件下，外加偏压 V_f 都将降落在耗尽区上，因此如图 1-12 所示，在非平衡少子扩散区内仅存在扩散复合过程，复合所需多子来自多子的漂移电流，也可以说漂移电流分量的减小转化为扩散电流分量的增加。

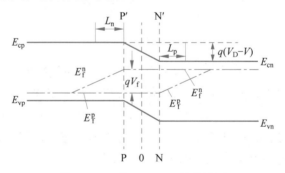

图 1-11　正偏 V_f 下 PN 结能带图

视频

1.2.3　非平衡 PN 结的能带图

　　如图 1-12 所示，非平衡 PN 结可以区分为两个平衡区、两个扩散区和一个耗尽区，在这些区间，能带图的差别明显。为此，如图 1-13 所示，以正偏情况下 PN 结为例说明能带图的画法，具体如下。

（1）因为有 5 个区，所以先用 4 条竖直虚线分成 5 个区，从左至右分别编号为 1～4 号线。

（2）耗尽区内无产生和复合，从 P 型平衡区直接以直线方式画 E_f^p 直到 3 号线。

（3）同理，在 2 号线 E_f^p 上方 qV 的位置，从左至右画一直线直至 N 型平衡区，为 E_f^n。

（4）将 1 号线与 E_f^p 交点和 2 号线与 E_f^n 交点间用（准）直线连接，同样将 3 号线与 E_f^p 交点和 4 号线与 E_f^n 交点间用（准）直线连接，完成（准）费米能级系统的绘制。

（5）根据 P 区的掺杂浓度计算出 E_{vp} 到 E_f^p 的距离，从 P 型平衡区直线画 E_{vp} 到 2 号线。

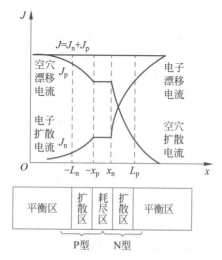

图 1-12　PN 结中四种电流的动态平衡

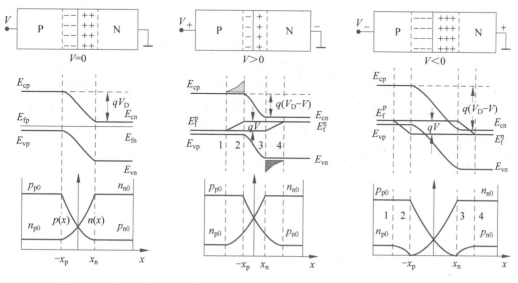

图 1-13　零偏、正偏和反偏条件下 PN 结能带图和对应的载流子浓度分布示意图

（载流子浓度的纵坐标使用了对数坐标）

（6）根据半导体 E_g，从 P 型平衡区直线画 E_{cp} 到 2 号线。

（7）同理，重复（5）和（6）的操作，完成 E_{vn} 和 E_{cn} 的绘制。

（8）在耗尽区，即 2、3 号线之间将中断的 E_{cp}、E_{cn} 以及 E_{vp}、E_{vn} 分别用光滑的抛物线连接起来。

至此，就画完了正偏情况下完整的能带图。应注意：正偏情况下 E_f^n 是高于 E_f^p 的，耗尽区的 E_c 和 E_v 是抛物线，准费米能级间的连接是（准）直线。以上画法同样适用于处理零偏和反偏的情况。只不过零偏时只需要两条区间分割线，对应两个平衡区和一个耗尽区。另外，当 N 区接地，正反偏电压直接加在 P 区上时，由于耗尽区近似条件下整个外加电压全部加在耗尽区上，相对 N 型平衡区能带系统这会直接导致 P 型平衡区能带系统附加电势能在正偏情况下整体下移 qV，而在反偏情况下整体上移 qV。

下面以图 1-13 中反偏的情况为例，对如何使用能带图获得载流子浓度分布进行说明。对于电子浓度 n，只需要观察电子的（准）费米能级和导带底的间距变化情况即可根据式（1-7）画出浓度分布图。同样自左至右，从 P 型平衡区开始观察电子（准）费米能级到 E_c 的距离变化规律，发现到达 1 号线之前此间距是接近 E_g 的常数，因此在浓度分布图上对应一个浓度很低的常数值 n_{p0}。继续向右，发现此时 E_f^n 开始远离 E_c，在到达 2 号线时间距达到最大，此间距已经超过了 E_g，所以 n 从 1 号线交点处继续快速呈指数下降，在到达 2 号线即 $-x_p$ 处时，n 接近零。再向右，由于 E_c 开始下降，E_f^n 保持水平不变，导致两者间距反而越来越小，在浓度分布图上 n 则快速呈指数上升，并在 3 号线处（$x=x_n$）到达 n_{n0}。再向右，E_c 和 E_f^n 均保持不变，且两者间距较小，反映到 n 的分布图上就是高浓度的 n_{n0} 向右直线延伸。同理，也可以按照这样的操作画出 p 的浓度分布图，最终得到完整的载流子浓度分布图。可以看出，熟练掌握能带图绘制对载流子浓度分布分析是十分有利的。

1.2.4　正向偏压下非平衡少子的分布

根据图 1-13 具体推导正向偏压 V 下两个扩散区的少子分布。利用 1.1.5 节介绍的玻耳兹曼分布规律可以直接以 p_{n0} 为基数写出 $p(x_n)$，如式（1-50）所示。进而根据式（1-51）得到式（1-52），即 x_n 处非平衡空穴的浓度 $\Delta p(x_n)$。对于扩散区足够宽的稳态情况，根据式（1-37）可以直接写出 $\Delta p(x)$ 分布，即式（1-53）。同理，在 $-x_p$ 处，也可以如此操作得到式（1-54）和式（1-55），从而最终获得稳态下 $\Delta n(x)$ 分布式（1-56）。在式（1-55）中，注意在 $-x$ 方向上需要相应变换式（1-53）中的正、负号，例如 x 变成 $-x$，x_n 变成 x_p（$-x_p$ 加负号变成 x_p）。

$$p(x_n) = p_{n0} \exp\left(\frac{qV}{kT}\right) \tag{1-50}$$

$$\Delta p(x) = p(x) - p_{n0} \tag{1-51}$$

$$\Delta p(x_n) = p_{n0}\left[\exp\left(\frac{qV}{kT}\right) - 1\right] \tag{1-52}$$

$$\Delta p(x) = \Delta p(x_n) \exp\left(-\frac{x-x_n}{L_p}\right) \tag{1-53}$$

$$n(-x_p) = n_{p0} \exp\left(\frac{qV}{kT}\right) \qquad (1\text{-}54)$$

$$\Delta n(-x_p) = n_{p0}\left[\exp\left(\frac{qV}{kT}\right) - 1\right] \qquad (1\text{-}55)$$

$$\Delta n(x) = \Delta n(-x_p)\exp\left(\frac{x+x_p}{L_n}\right) \qquad (1\text{-}56)$$

1.2.5 反向偏压下非平衡少子的分布

1.2.4 节的操作也完全适用于较大反向偏压 V 的情况,只不过此时根据式(1-50)和式(1-54)得到的 $p(x_n)$ 和 $n(-x_p)$ 均约为零,进而导致 $\Delta p(x_n)$ 和 $\Delta n(-x_p)$ 为负常数,如式(1-57)和式(1-58)所示。最终得到在扩散区少子的稳态分布如式(1-59)和式(1-60)所示。由于式中指数前的系数为负数,使得图 1-13 中反偏情况下在两个扩散区的少子分布规律与正偏情况相反:在 x_n 和 $-x_p$ 处的浓度最低,接近零。因此,根据少子浓度分布图可以看出,反偏情况下平衡区的少子反而向扩散区扩散流动,像是一股被抽取的电流,所以反偏电流也称为抽取电流。

$$\Delta p(x_n) = p(x_n) - p_{n0} = -p_{n0} \qquad (1\text{-}57)$$

$$\Delta n(-x_p) = n(-x_p) - n_{p0} = -n_{p0} \qquad (1\text{-}58)$$

$$\Delta p(x) = -p_{n0}\exp\left(-\frac{x-x_n}{L_p}\right) \qquad (1\text{-}59)$$

$$\Delta n(x) = -n_{p0}\exp\left(\frac{x+x_p}{L_n}\right) \qquad (1\text{-}60)$$

1.2.6 理想 PN 结的电流-电压关系

连续性要求电流强度在 PN 结任意截面处的大小应该一致,根据图 1-14 就可以把正向偏压 V 下流经 PN 结的电流密度写为两个少子扩散电流密度之和,如式(1-61)所示。对于扩散区足够宽的 PN 结,以空穴扩散电流为例,利用玻耳兹曼分布律,根据式(1-37)可以写出非平衡空穴的分布式(1-62)和式(1-63)。再根据式(1-16)可以得到 x_n 处的空穴扩散电流,如式(1-64)所示。同理,也可以直接写出 $-x_p$ 处的电子扩散电流,如式(1-65)所示。式(1-64)和式(1-65)是高度互补的,只要将式中 n、p 的符号对调就可以变成对方。由式(1-61)可得 PN 结总电流密度如式(1-66)所示。其中前置系数 J_s 定义为式(1-67)、

视频

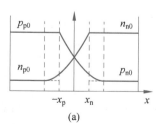 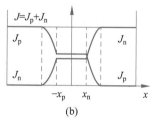

(a)　　　　　　　　　　　(b)

图 1-14　理想突变 PN 结外加偏压 V 下的载流子浓度和电流密度分布

式(1-68)和式(1-69),J_s 也称为反向饱和电流密度。从以上推导可以看出,式(1-66)中的 $\exp(qV/kT)$ 这一项源自式(1-62),即 PN 结电流对电压呈现指数依赖的结论主要是因为在 $-x_p$ 或 x_n 处非平衡少子浓度对电压的指数依赖。再深入分析发现,浓度的指数依赖源自非简并半导体载流子浓度的玻耳兹曼分布规律,其典型特点如图 1-1 和图 1-2 所示。从这个角度去看式(1-66),会发现在正偏电压 V 下,能扩散到对方掺杂区的少子数量仅仅是因为遵从玻耳兹曼分布而呈现指数量级的增加,进而导致纯扩散电流的指数增加。

推导理想一维稳态截面积 A 为常数的 PN 结的电流-电压关系,需要使用以下几个前提。

(1) 小注入,即 $\Delta n_p \ll p_{p0}$,$\Delta p_n \ll n_{n0}$。

(2) 突变结耗尽区近似,即耗尽区外无电场。

(3) 耗尽区中无载流子产生与复合。

(4) 非简并的半导体体系。

$$J = J_p(x_n) + J_n(x_n) = J_p(x_n) + J_n(-x_p) \tag{1-61}$$

$$\Delta p(x_n) = p_{n0}\left[\exp\left(\frac{qV}{kT}\right) - 1\right] \tag{1-62}$$

$$\Delta p(x) = \Delta p(x_n)\exp\left(-\frac{x - x_n}{L_p}\right) \tag{1-63}$$

$$J_p(x_n) = -qD_p\left.\frac{\mathrm{d}\Delta p}{\mathrm{d}x}\right|_{x=x_n} = \frac{qD_p}{L_p}p_{n0}\left[\exp\left(\frac{qV}{kT}\right) - 1\right] \tag{1-64}$$

$$J_n(-x_p) = \frac{qD_n}{L_n}n_{p0}\left[\exp\left(\frac{qV}{kT}\right) - 1\right] \tag{1-65}$$

$$J = J_s\left[\exp\left(\frac{qV}{kT}\right) - 1\right] \tag{1-66}$$

$$J_s = \left(\frac{qD_p n_i^2}{L_p N_D} + \frac{qD_n n_i^2}{L_n N_A}\right) \tag{1-67}$$

$$p_{n0} = \frac{n_i^2}{N_D} \tag{1-68}$$

$$n_{p0} = \frac{n_i^2}{N_A} \tag{1-69}$$

图 1-15 是理想 PN 结 J-V 关系的典型曲线示意图。从式(1-66)可知,PN 结具备整流特性:当外加正向偏压满足 $qV/kT \gg 1$ 时,式(1-66)简化为式(1-70);当反偏电压满足 $-qV \gg kT$ 时,式(1-66)简化为式(1-71),是一个常数,即反向饱和电流密度。从图 1-13 可知,这种整流特性主要与外加偏压下在少子注入点 x_n 和 $-x_p$ 处的少子来源有关。以电子电流为例,正偏下 $-x_p$ 注入点处的 Δn 来自 N

图 1-15　理想 PN 结的 J-V 关系

区,能量高于 $q(V_D-V)$ 的 N 区电子都能注入 P 区且其数量因为遵从玻耳兹曼分布而随 V 的增加呈现指数量级的增加;反偏下,能量高于 $q(V_D-V)$ 的 N 区电子数量指数减少, 破坏了扩散-漂移的平衡,导致 $-x_p$ 注入点处的电子几乎都被耗尽区漂移电场抽至 N 区, $n(-x_p) \approx 0$ 导致 P 区的少子电子向 $-x_p$ 注入点处反向扩散,形成反向电流。P 区少子电子的浓度本来就很低,耗尽区外无电场近似又导致反向扩散电流仅取决于扩散的浓度梯度,对于扩散区足够宽的 PN 结反偏下其电子电流自然很小。况且,如式(1-54)反偏电压 $-qV > 3kT$ 就可导致 $n(-x_p) \approx 0$,后面再怎么加大反偏电压,最终也还是只能得到 $n(-x_p)$ 更接近零的结论。因此,反向扩散的电子浓度梯度不可能灵敏依赖于反偏电压, 但如上所述正偏却是灵敏依赖的,这就是整流特性的根源。

$$J = J_s \exp\left(\frac{qV}{kT}\right), \quad qV/kT \gg 1 \tag{1-70}$$

$$J = -J_s, \quad -qV \gg kT \tag{1-71}$$

根据图 1-13 中的零偏能带图,利用玻耳兹曼分布规律后,易得式(1-72)和式(1-73)。 根据式(1-67)~式(1-69)、式(1-72)和式(1-73)反向饱和电流密度如式(1-74)所示。由于 D_n、D_p,L_n、L_p 的大小均接近,因此式(1-74)中空穴电流分量和电子电流分量的相对大小主要取决于各区的掺杂浓度 N_A 或 N_D。对于 P^+N 结,因为 $N_A \gg N_D$,因此式(1-74)的结论表明反向饱和电流以空穴电流分量为主。再根据式(1-70),正偏下显然也是以空穴电流分量为主的。所以,这个简单推导告诉我们单边突变 PN 结中,正反向电流都是由掺杂浓度高的那一侧半导体主导的。此外,根据式(1-67),可以有式(1-75),进而在外加偏压下有式(1-76)($qV_{g0} = E_g$),说明 PN 结电流强烈依赖温度。对于 300K 下 Si 的 PN 结来说,每升高 10℃,J_s 就会增大 4 倍。

$$p_{n0} = p_{p0} \exp\left(-\frac{qV_D}{kT}\right) \tag{1-72}$$

$$n_{p0} = n_{n0} \exp\left(-\frac{qV_D}{kT}\right) \tag{1-73}$$

$$
\begin{aligned}
J_s &= \frac{qD_p}{L_p} p_{n0} + \frac{qD_n}{L_n} n_{p0} = \frac{qD_p}{L_p} p_{p0} \exp\left(-\frac{qV_D}{kT}\right) + \frac{qD_n}{L_n} n_{n0} \exp\left(-\frac{qV_D}{kT}\right) \\
&= \frac{qD_p}{L_p} N_A \exp\left(-\frac{qV_D}{kT}\right) + \frac{qD_n}{L_n} N_D \exp\left(-\frac{qV_D}{kT}\right) \\
&\approx \frac{qD_p}{L_p} N_A \exp\left(-\frac{qV_D}{kT}\right) \quad (P^+N \text{ 结})
\end{aligned}
\tag{1-74}
$$

$$J_s \propto T^{3+\frac{\gamma}{2}} \exp\left(-\frac{E_g}{kT}\right) \tag{1-75}$$

$$J \propto T^{3+\frac{\gamma}{2}} \exp\left[\frac{q(V-V_{g0})}{kT}\right] \tag{1-76}$$

1.1 节和 1.2 节内容为后续半导体器件工作原理推导做出了必要的基础知识介绍, 其中很多分析方法将会在后面内容的阐述中发挥关键作用。

1.3 PN 结交流特性

视频

1.3.1 交流小信号下的 PN 结少子分布

考虑稳态理想 PN 结在直流正偏电压 V_0 基础上额外串联施加一个交流小信号电压 $V_1\cos\omega t$，如图 1-16 所示。PN 结二极管两端的电压此时用式（1-77）表示，注意小信号是指 $V_1 \ll V_0$。可以想到，如果响应及时，此时在扩散区内的少子分布将随着交流电压信号同步起伏涨落。为了数学上处理的方便，周期性信号引起的变化，式（1-77）可以用欧拉公式处理为式（1-78）。以 x_n 处的空穴浓度为例，根据图 1-16 中的能带图式（1-79）直接给出了 $p_n(x_n,t)$ 的含时变化规律。由于 V_1 是小信号，因此使用了 $\exp(x) \approx 1+x$ 的近似处理。式（1-79）的处理导致在 x_n 处的空穴浓度人为划分为直流稳态分量 $p_n^0(x_n)$ 和交流同步涨落分量 $p_n^1(x_n)\exp(\mathrm{i}\omega t)$，其中上标 0 代表直流，上标 1 代表交流。这表明，在处理 PN 结频率响应时有可能将扩散区内任一点 x 处的少子浓度按直流特性和交流特性分开处理，从而简化分析过程。式（1-80）和式（1-81）分别给出了 x_n 处直流偏置 V_0 下的稳态空穴浓度和交流小信号 $V_1\cos\omega t$ 对应浓度涨落的幅度。

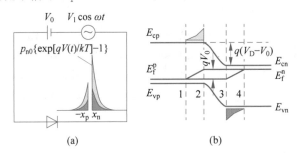

图 1-16　理想 PN 结二极管在直流正偏电压 V_0 基础上叠加交流小信号 $V_1\cos\omega t$ 后的电路图和直流稳态对应的能带图

$$V(t) = V_0 + V_1\cos\omega t, \quad V_1 \ll V_0 \tag{1-77}$$

$$V(t) = V_0 + V_1\exp(\mathrm{i}\omega t) \tag{1-78}$$

$$p_n(x_n,t) = p_{n0}\exp[qV(t)/kT] = p_{n0}\exp\left(\frac{qV_0}{kT}\right)\exp\left[\frac{qV_1}{kT}\exp(\mathrm{i}\omega t)\right]$$

$$\approx p_{n0}\exp\left(\frac{qV_0}{kT}\right)\left[1 + \frac{qV_1}{kT}\exp(\mathrm{i}\omega t)\right]$$

$$= p_{n0}\exp\left(\frac{qV_0}{kT}\right) + \frac{qV_1}{kT}p_{n0}\exp\left(\frac{qV_0}{kT}\right)\exp(\mathrm{i}\omega t)$$

$$= p_n^0(x_n) + p_n^1(x_n)\exp(\mathrm{i}\omega t) \tag{1-79}$$

$$p_n^0(x_n) = p_{n0}\exp\left(\frac{qV_0}{kT}\right) \tag{1-80}$$

$$p_n^1(x_n) = \frac{qV_1}{kT} p_{n0} \exp\left(\frac{qV_0}{kT}\right) \tag{1-81}$$

式(1-82)是式(1-79)的简化,表明 x_n 处的空穴浓度可以直接写为直流稳态分量和交流涨落分量。进一步将扩散区内每一个 x 处的空穴浓度都改写为这种形式,得到空穴分布的假设解式(1-83)。如果最终通过边界条件和初始条件,能够利用假设解得到正确的结论,根据解的唯一性定理,就可以认定假设解即为正确解。当然,这个假设解中包含了任一 x 处的相位变化是同相的约定。为此,将式(1-83)代入式(1-84)的连续性方程中进行求解。因为直流稳态空穴分布满足式(1-85),式(1-84)可以简化为式(1-86)、式(1-87)。利用式(1-88)的定义,式(1-87)可以写为式(1-89)。对比式(1-85)可以发现,将直流分量和交流分量分开处理后,少子分布的两种分量在形式上遵从一致的规则,只不过交流分量中的扩散长度 L_p' 是一个复数。在已知直流分量解式(1-53)的基础上,剩下的工作就是求解交流连续性方程式(1-89)。根据边界条件式(1-90)和式(1-91),易得式(1-89)的解为式(1-92)。解的形式与直流稳态解也高度一致,除去 L_p' 是一个复数。至此,说明式(1-83)的假设解是合理的。

$$p_n(x_n,t) = p_n^0(x_n) + p_n^1(x_n)\exp(\mathrm{i}\omega t) \tag{1-82}$$

$$p_n(x) = p_n^0(x) + p_n^1(x)\exp(\mathrm{i}\omega t) \tag{1-83}$$

$$\frac{\partial p_n(x,t)}{\partial t} = D_p \frac{\partial^2 p_n(x,t)}{\partial x^2} - \frac{p_n(x,t) - p_{n0}}{\tau_p} \tag{1-84}$$

$$D_p \frac{\partial^2 p_n^0(x)}{\partial x^2} - \frac{p_n^0(x) - p_{n0}}{\tau_p} = 0 \tag{1-85}$$

$$\frac{\partial\left[p_n^1(x)\exp(\mathrm{i}\omega t)\right]}{\partial t} = D_p \frac{\partial^2\left[p_n^1(x)\exp(\mathrm{i}\omega t)\right]}{\partial x^2} - \frac{p_n^1(x)\exp(\mathrm{i}\omega t)}{\tau_p} \tag{1-86}$$

$$D_p \frac{\mathrm{d}^2 p_n^1(x)}{\mathrm{d}x^2} - \left(\mathrm{i}\omega + \frac{1}{\tau_p}\right)p_n^1(x) = 0 \tag{1-87}$$

$$L_p' = L_p / \sqrt{1 + \mathrm{i}\omega\tau_p} \tag{1-88}$$

$$\frac{\mathrm{d}^2 p_n^1(x)}{\mathrm{d}x^2} - \frac{p_n^1(x)}{L_p'^2} = 0 \tag{1-89}$$

$$p_n^1(\infty) = 0 \tag{1-90}$$

$$p_n^1(x_n) = \frac{qV_1}{kT} p_{n0} \exp\left(\frac{qV_0}{kT}\right) \tag{1-91}$$

$$p_n^1(x) = p_n^1(x_n)\exp\left(-\frac{x - x_n}{L_p'}\right) \tag{1-92}$$

1.3.2 扩散电流

将直流分量的解式(1-93)和交流分量的解式(1-92)代入式(1-83),完善后得到交流小信号条件下空穴分布的完整解。小注入和连续性条件依然适用,因此流经 PN 结的电流也仍然还是两种载流子的扩散电流。以空穴为例,根据式(1-83)求解空穴在 x_n 处的扩散电流。解的形式决定空穴扩散电流也可以分为直流分量和交流分量。式(1-94)是直流分量的扩散电流,与式(1-64)一致。式(1-95)给出了空穴扩散电流交流分量的解,此时含时项 $\exp(\mathrm{i}\omega t)$ 是必须包含的。同理,可以直接写出电子在 $-x_p$ 处扩散电流的交流分量,如式(1-96)所示,其中包含一个电子的复数扩散长度 L_n',如式(1-97)所示。根据式(1-95)和式(1-96)可以直接写出总的交流扩散电流分量式(1-98),其中包含了直流稳态电子和空穴的电流分量 J_p 和 J_n,如式(1-99)和式(1-100)所示。至此,就完成了 PN 结交流小信号条件下的交流扩散电流求解。

$$p_n^0(x) = p_{n0}\left[\exp\left(\frac{qV_0}{kT}\right) - 1\right]\exp\left(-\frac{x - x_n}{L_p}\right) \tag{1-93}$$

$$J_p = -qD_p\frac{\mathrm{d}p_n^0(x)}{\mathrm{d}x}\bigg|_{x_n} = qD_p\frac{p_{n0}}{L_p}\left[\exp\left(\frac{qV_0}{kT}\right) - 1\right] \tag{1-94}$$

$$J_{p1}(t) = -qD_p\frac{\mathrm{d}\left[p_n^1(x)\exp(\mathrm{i}\omega t)\right]}{\mathrm{d}x}\bigg|_{x_n} = qD_p\frac{p_n^1(x_n)}{L_p'}\exp(\mathrm{i}\omega t) \tag{1-95}$$

$$J_{n1}(t) = qD_n\frac{n_p^1(-x_p)}{L_n'}\exp(\mathrm{i}\omega t) \tag{1-96}$$

$$L_n' = L_n/\sqrt{1 + \mathrm{i}\omega\tau_n} \tag{1-97}$$

$$J_1(t) = J_{p1}(t) + J_{n1}(t) = \left[qD_p\frac{p_n^1(x_n)}{L_p'} + qD_n\frac{n_p^1(-x_p)}{L_n'}\right]\exp(\mathrm{i}\omega t)$$

$$= \frac{qV_1}{kT}\left[J_p(1 + \mathrm{i}\omega\tau_p)^{1/2} + J_n(1 + \mathrm{i}\omega\tau_n)^{1/2}\right]\exp(\mathrm{i}\omega t) \tag{1-98}$$

$$J_p(x_n) = \frac{qD_p}{L_p}p_{n0}\left[\exp\left(\frac{qV_0}{kT}\right) - 1\right] \approx \frac{qD_p}{L_p}p_{n0}\exp\left(\frac{qV_0}{kT}\right) \tag{1-99}$$

$$J_n(-x_p) = \frac{qD_n}{L_n}n_{p0}\left[\exp\left(\frac{qV_0}{kT}\right) - 1\right] \approx \frac{qD_n}{L_n}n_{p0}\exp\left(\frac{qV_0}{kT}\right) \tag{1-100}$$

1.3.3 交流小信号导纳

视频

在交流小信号情况下,PN 结的交流(复数)导纳 Y 可以用式(1-101)表示,其中 G 是电导,C 是电容,两者呈并联关系。假设 PN 结的截面积为 A,根据式(1-98)可得式(1-102)。高频情况下,$\omega \gg 1/\tau$(τ 是少子寿命),即 $\omega\tau_p \gg 1,\omega\tau_n \gg 1$,此时式(1-102)简化为式(1-103)。低频情况下,$\omega \ll 1/\tau$,即 $\omega\tau_p \ll 1,\omega\tau_n \ll 1$,此时式(1-102)简化为式(1-104)。式(1-104)的实部和虚部分开后,可得式(1-105)和式(1-106),其中 $I_F = I_p + I_n$ 是直流稳态 V_0 偏置下的正向电流强度,C_D 是交流小信号情况下的扩散电容。根据扩散长度与扩散系数和少子寿命间的关系 $L = \sqrt{D\tau}$,可以将式(1-99)和式(1-100)代入式(1-106)并约化,得到式(1-106)。根据式(1-53)和式(1-56),也可以通过对少子在直流稳态情况下扩散区的分布进行积分,分别得到两个扩散区对应的少子总电荷 Q_n 或 Q_p,从而根据 $\mathrm{d}Q/\mathrm{d}V$ 得到此时的扩散电容。如此推导后得到的扩散电容将恰好是式(1-106)的 2 倍。造成这个差异有两个原因:一个是式(1-106)推导过程中使用的少子扩散长度对直流分量与交流分量来说是不同的,即一个为 L,而另一个为 L',而 $\mathrm{d}Q/\mathrm{d}V$ 法推导时使用少子分布积分公式时对应的是同一个扩散长度 L。这种差异自然造成相同电压抖动 $\mathrm{d}V$ 情况下 $\mathrm{d}Q$ 存在差异。另一个是只有靠近耗尽区边缘,即 x_n、$-x_p$ 处附近的少子才来得及响应交流信号的变化,从而来得及流入和流出耗尽区,而那些不能跟随交变电压来回流动的扩散区内的少子则无法对扩散电容做出贡献。

$$Y = G + \mathrm{i}\omega C \tag{1-101}$$

$$Y = \frac{i}{v} = \frac{AJ_1(t)}{V_1\exp(\mathrm{i}\omega t)} = \frac{qA}{kT}\left[J_p(1+\mathrm{i}\omega\tau_p)^{1/2} + J_n(1+\mathrm{i}\omega\tau_n)^{1/2}\right] \tag{1-102}$$

$$Y \approx \frac{qA}{kT}(J_p\sqrt{\omega\tau_p/2} + J_n\sqrt{\omega\tau_n/2})(1+\mathrm{i}) \quad (\omega\tau_p \gg 1, \omega\tau_n \gg 1) \tag{1-103}$$

$$
\begin{aligned}
Y &\approx \frac{qA}{kT}\left[J_p\left(1+\frac{1}{2}\mathrm{i}\omega\tau_p\right) + J_n\left(1+\frac{1}{2}\mathrm{i}\omega\tau_n\right)\right] \\
&= \frac{q}{kT}\left[(I_p+I_n) + \frac{1}{2}\mathrm{i}\omega(I_p\tau_p + I_n\tau_n)\right] \\
&= G + \mathrm{i}\omega C_D \quad (\omega\tau_p \ll 1, \omega\tau_n \ll 1)
\end{aligned} \tag{1-104}
$$

$$G = \frac{qI_F}{kT} \tag{1-105}$$

$$C_D = \frac{1}{2}\frac{q}{kT}(I_p\tau_p + I_n\tau_n) = \frac{qA}{2kT}(qL_p p_{n0} + qL_n n_{p0})\exp\left(\frac{qV_0}{kT}\right) \tag{1-106}$$

1.3.4　交流小信号等效电路

　　基于 1.3.3 节的分析,交流小信号条件下的 PN 结等效电路如图 1-17 所示。虚线框内的是 1.3.3 节推导得到的本征导纳,由交流电导和扩散电容并联构成。此外,考虑到直流偏置下,PN 结还有一个势垒电容 C_T 以及非理想因素造成的漏电 G_L,都需要并联到本征导纳上去。当然,也需要考虑 PN 结二极管自身的串联电阻。图 1-17 上部给出的是 PN 结二极管的常用符号,三角形箭头方向是电流的正方向。

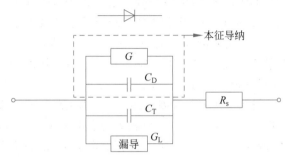

图 1-17　PN 结常用符号和交流小信号下 PN 结等效电路

视频

1.4 PN 结的开关特性

1.4.1 PN 结二极管的开关作用

如图 1-17 所示,PN 结二极管具备整流特性,即单向导通性。图 1-18 进一步给出了测试 PN 结二极管开关特性的综合电路,其中 R_L 为串联负载电阻。当二极管回路接通 A 触点时,正偏电压 V_1 将施加到回路上,由 PN 结二极管和 R_L 串联分压。其中,正向导通时 PN 结二极管上的压降是 V_S,如式(1-107)所示,电源内阻为 r,回路稳态电流 I_1 近似为式(1-108)。当二极管回路接通 B 触点时,反偏电压 V_2(<0)将施加到回路上。此时,二极管本身处于反向截止状态,其电阻远大于 R_L,因此整个回路的电流以二极管反向电流 I_R 为主,即式(1-109)。所以,在图 1-18 的回路中 PN 结二极管有开关作用。

$$V_s = \begin{cases} (0.6 \sim 0.7)\,\mathrm{V\,(Si)} \\ (0.2 \sim 0.3)\,\mathrm{V\,(Ge)} \end{cases} \tag{1-107}$$

$$I_1 = \frac{V_1 - V_S}{R_L + r} \approx \frac{V_1}{R_L} \tag{1-108}$$

$$I = I_R \tag{1-109}$$

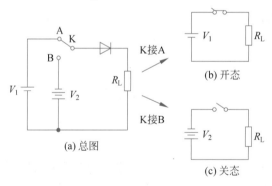

图 1-18 PN 结二极管的开关作用

视频

1.4.2 导通过程

以 P^+N 结为例,针对图 1-18(b)由截止到导通的过程进行深入分析。如图 1-19(a)所示,$t=0$ 的时刻,触点 A 接通。由于势垒电容的充放电涉及多子流动因此速度极快,但二极管上的压降与扩散区注入的少子总量(寿命)有关,即与扩散电容的充电过程有关,因此可以预期二极管上导通过程的压降应该是一个相对缓慢的上升过程,最终稳态导通时二极管上有恒定的压降 V_J,且 $V_J \ll V_1$,如图 1-19(b)所示。进而可知,R_L 上的分压开始比 $V_1 - V_J$ 略大,但非常接近 V_1,因此如图 1-19(a)所示,$t=0$ 导通瞬间,回路里的电流就已经是 I_1 了,如式(1-110)所示。对应较大稳态电流 I_1 的二极管上的压降 V_J 可以根据式(1-110)得到,即式(1-111)。由于二极管的电流 I_1 是一个空穴扩散电流,因此导通开始就基本是一个常数的导通电流 I_1 要求空穴注入点处的浓度梯度必须为一个常数,相应就有如图 1-19(c) 所示的空穴分布随导通时间的变化规律。注意：在 $x=0$ 的空穴注入点处,其浓度梯度始终保持不变。尽管导通过程也涉及对耗尽区的充电,即对势垒电容的充电过程,但一般扩散电容远大于势垒电容。所以,导通过程中的 I_1 基本就是注入点处的空穴扩散电流。因此,描述注入点处浓度梯度不变的方程就是式(1-112)。

$$I_1 = \frac{V_1}{R_L} = I_R\left[\exp\left(\frac{qV_J}{kT}\right)-1\right] \text{(稳态)} \tag{1-110}$$

$$V_J = \frac{kT}{q}\ln\left(1+\frac{I_1}{I_R}\right) \tag{1-111}$$

$$\left.\frac{\mathrm{d}\Delta p_n(x)}{\mathrm{d}x}\right|_{x=0} = -\frac{I_1}{AqD_p} \tag{1-112}$$

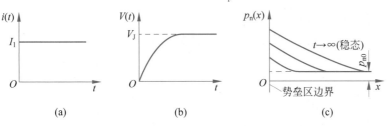

图 1-19 P$^+$N 结导通过程的回路电流和 PN 结上承压随时间的变化关系以及导通过程中 N 型扩散区少子空穴分布随时间的变化关系

下面分析图 1-19(b) 中二极管上压降 V 随时间的变化关系。已知 V 就是 PN 结上实际承担的外加电压,直接与扩散区内的少子空穴总量 Q 相关,如图 1-20 所示。因此,可以利用少子寿命足够短、在扩散区少子稳态分布能迅速建立的假设,在已知少子在扩散区分布函数的基础上,只要写出注入点处少子的浓度,即可通过简单积分获得注入电量 Q 的表达式。当然,PN 结作为实际开关器件使用时,确实要求少子寿命足够短,以便获得高频开关特性。如图 1-20 所示,将注入点 x_n 作为积分坐标的原点,则注入点处的非平衡空穴浓度如式(1-113)所示,进而可以获得扩散区内的空穴总电量,如式(1-114)所示。显然,在式(1-114)的积分结果中包含了注入点处非平衡空穴浓度依赖的 V。为了获得 V 对时间的依赖关系,还要考虑 Q 与时间的关系。在扩散区的少子存在复合,因此有式(1-115),即注入点注入的扩散电流与复合电流之差即为 $\mathrm{d}Q/\mathrm{d}t$。这是一个含时一阶微分方程,借助初始条件式(1-116)即可求得其解,如式(1-117)所示。联立式(1-114)和式(1-117),便建立了 V 和 t 的依赖关系,即式(1-118)。考查 $t=0$ 时,式(1-118)的值就是式(1-119)；$t=\infty$ 时,可得式(1-120),是一个常数。式(1-118)给出的就是图 1-19(b) 所示的曲线。

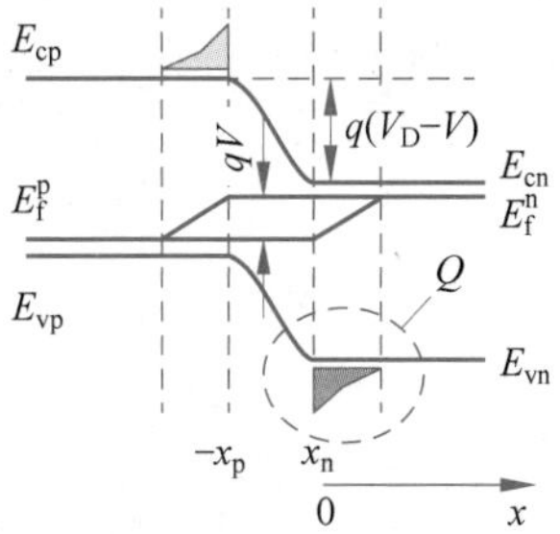

$$\Delta p_n(0) = p_{n0}\left[\exp\left(\frac{qV}{kT}\right)-1\right]$$

$$\approx p_{n0}\exp\left(\frac{qV}{kT}\right) \tag{1-113}$$

图 1-20 PN 结正向导通时的能带图

$$Q(t) \approx \int_0^\infty qA\Delta p_{\mathrm n}(0)\exp\left[-\frac{x}{L_{\mathrm p}}\right]\mathrm dx \tag{1-114}$$

$$\frac{\mathrm dQ}{\mathrm dt} = I_1 - \frac{Q}{\tau_{\mathrm p}} \tag{1-115}$$

$$Q(0) = 0 \tag{1-116}$$

$$Q(t) = I_1\tau_{\mathrm p}\left[1 - \exp(-t/\tau_{\mathrm p})\right] \tag{1-117}$$

$$V = \frac{kT}{q}\ln\left[\frac{I_1\tau_{\mathrm p}(1 - \mathrm e^{-\frac{t}{\tau_{\mathrm p}}})}{qAL_{\mathrm p}p_{\mathrm{n0}}} + 1\right] \tag{1-118}$$

$$V = \frac{kT}{q}\ln 1 = 0, \quad t = 0 \tag{1-119}$$

$$V = \frac{kT}{q}\ln\left(\frac{I_1}{\underbrace{qAL_{\mathrm p}p_{\mathrm{n0}}}_{\tau_{\mathrm p}}} + 1\right) = \frac{kT}{q}\ln\left(\frac{I_1}{I_{\mathrm R}} + 1\right) = V_{\mathrm J}, \quad t = \infty \tag{1-120}$$

视频

1.4.3 关断过程

同样以 $\mathrm P^+\mathrm N$ 结为例分析其关断过程。如图 1-18 所示,当回路接通触点由 A 转向 B 后,回路电源偏置电压由正偏 V_1 突变为反偏 V_2($V_2 < 0$)。如图 1-21(a)所示,$t = t_0$ 时触点 B 接通,实验观测到 V 在 t_0 之后一段时间内仍然为正,直到 $t = t_{\mathrm s}$ 时 $V = 0$;在 $t = t_{\mathrm s} + t_{\mathrm f}$ 时,V 稳定下来,为 V_2。其中 $t_{\mathrm s}$ 为存储时间,$t_{\mathrm f}$ 为下降时间。图 1-21(b)表示,尽管在 $t_{\mathrm s}$ 之前 $V > 0$,但流经 PN 结的电流是反向的,且为一个较大的常数,I_2 称为抽取电流,如式(1-121)所示。此时,PN 结上的承压 V 与电源电压相互串联增强,回路内的环路压降大小约为 $|V_2| + V_{\mathrm J}$。在 $t_{\mathrm s}$ 之后流经 PN 结的电流开始快速下降,并在到达 $t = t_{\mathrm s} + t_{\mathrm f}$ 时稳定为反向饱和电流 $I_{\mathrm R}$。因为 PN 结开关状态主要由流经其的电流大小决定,定义二极管反向恢复时间 t_{off} 为式(1-122),对应从导通到截止需要流经 PN 结的电流由正向 I_1 变为反向 $I_{\mathrm R}$ 所需要的时间。以流经 PN 结的电流值作为开关状态的判据,图 1-21 表明反向恢复时间远大于图 1-19 所示的正向导通时间。

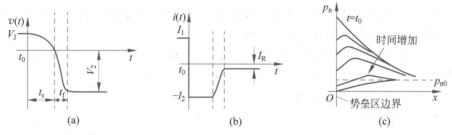

图 1-21　$\mathrm P^+\mathrm N$ 结关断过程中结本身承压 V 对时间的依赖和结电流 i 对时间的依赖以及
N 型扩散区少子空穴分布随时间的变化关系

根据式(1-113)和图 1-20 易得空穴注入点处($x_{\mathrm n} = 0$)空穴浓度,如式(1-123)所示。进而有 V 随时间变化的定义式(1-124)。既然 V 主要与扩散区内的空穴总量有关,在扩散区内的空穴没有完全复合掉之前 $p_n(0,t)$ 始终大于 p_{n0}，则式(1-124)表明 V 也将始终大于零。而式(1-121)表明，这段时间内流经 PN 结的电流大小将保持为 I_2，但方向是反向的，如图 1-21(b)所示。图 1-21(c)给出了这一段时间内空穴在扩散区的分布变化。很明显，由于 I_2 是一个常数，在注入点处空穴的浓度梯度需要保持不变，直到 $p_n(0,t)=p_{n0}$。此时，正向导通时注入的非平衡空穴已经基本被反向电流 I_2 抽取光，接下来反偏电压 V_2 开始抽取 N 区本身的少量空穴 p_{n0}。此时注入点处空穴的浓度梯度逐渐减小，直至达到稳态反向电流 I_R 对应的浓度梯度。这样在 t_s 时间之后，流经 PN 结的电流大小将由 I_2 快速减小至 I_R，如图 1-21(b)所示。当然，V 也根据式(1-124)相应从 0 降低到 V_2，如图 1-21(a)所示。此外，图 1-21(c)表明，当反向抽取扩散区内的空穴时，只有一部分靠近耗尽区边缘的空穴能够反向进入耗尽区，而其他部分的空穴则继续向 N 区内部扩散复合。所以，1.3.3 节在讨论 PN 结交流小信号下的扩散电容 C_D 时，提到交流情况下扩散区内的空穴并不能全部跟随交流电压而反向进入扩散区，进而得到一个比准直流处理更小的 C_D。同时，图 1-21(a)也说明存储时间 t_s 主导反向恢复时间 t_{off}。

$$i(t)=-I_2=-\frac{|V_2|+V_J}{R_L+r}\approx-\frac{|V_2|}{R_L} \tag{1-121}$$

$$t_{off}=t_s+t_f \tag{1-122}$$

$$p(x_n)=p_{n0}\exp\left(\frac{qV}{kT}\right)=p_n(0,t) \tag{1-123}$$

$$V(t)=\frac{kT}{q}\ln\frac{p_n(0,t)}{p_{n0}} \tag{1-124}$$

下面定量分析存储时间 t_s。由图 1-21(c)可知，在 0～t_s 这段时间内扩散区内空穴的总量由于反向抽取电流 I_2 和自身复合过程而减小。当到达 t_s 时，这些非平衡空穴的总量降为零。根据这个分析，在 t_0～t_s 这段时间内存在式(1-125)的关系。这个方程是含时的一阶微分方程，只要给出初始条件就能完整求解。已知图 1-19(c)到达稳态时，扩散区内的少子空穴将维持一个稳定分布，对应一个常数 Q。此时根据式(1-126)可以得到 $t=0$ 时的 $Q(0)$，如式(1-127)所示。将这个初始条件代入式(1-125)的通解，可得式(1-128)。当 $t=t_s$ 时，$Q=0$，即式(1-129)，则可以从式(1-128)求解得到 t_s，即式(1-130)。根据式(1-130)容易发现，提高 PN 结开关速度的途径主要是增大 I_2、减小 I_1，但这将对开关电路设计提出特殊要求。在实际应用中，为了简化电路设计，常在空穴扩散区掺入 Au 原子，利用 Au 能引入大量深能级生成有效复合中心的特性，有效减小少子复合寿命 τ_p，从根本上减小 Q 和 t_s，提高开关速度。

$$\frac{dQ}{dt}=-I_2-\frac{Q}{\tau_p} \tag{1-125}$$

$$\frac{dQ}{dt}=I_1-\frac{Q}{\tau_p}=0 \tag{1-126}$$

$$Q(0)=I_1\tau_p \tag{1-127}$$

$$Q(t)=(I_1+I_2)\tau_p\exp(-t/\tau_p)-I_2\tau_p \tag{1-128}$$

$$Q(t_s) = 0 \tag{1-129}$$

$$t_s = \tau_p \ln\left(1 + \frac{I_1}{I_2}\right) \tag{1-130}$$

习题

1. 在 PN 结中(习题 1 图),N 区宽度 W_n 和 N 区空穴的扩散长度 L_p 满足 $W_n \ll L_p$。

习题 1 图

忽略 N 区中的电场和空间电荷区的宽度,假设正向偏压时 PN 结 P 区向 N 区注入的非平衡空穴在界面 $x=0$ 处浓度 $\Delta p(x) = \Delta p(0)$,在 $x = W_n$ 处 $\Delta p(x) = 0$。

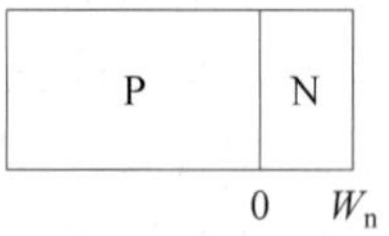

(1) 求解稳态时 N 区中注入的非平衡空穴的分布 $\Delta p(x)$;

(2) 求解 N 区中注入空穴的复合率,并说明它与 $W_n \ll L_p$ 这个条件的物理联系。

2. 硅 PN 结参数:$N_D = 2 \times 10^{18} \text{cm}^{-3}$,$N_A = 5 \times 10^{18} \text{cm}^{-3}$,$\tau_n = \tau_p = 1\mu s$,PN 结面积 $A = 0.01 \text{cm}^2$。假设结两边的宽度远大于各自少子的扩散长度。求室温下正向电流为 1mA 时的外加电压。($\mu_n = 500 \text{cm}^2/(\text{V} \cdot \text{s})$,$\mu_p = 180 \text{cm}^2/(\text{V} \cdot \text{s})$)

3. PN 结参数:$N_D = N_A = 10^{16} \text{cm}^{-3}$,$D_n = 25 \text{cm}^2/\text{s}$,$D_p = 10 \text{cm}^2/\text{s}$,$\tau_n = \tau_p = 50\mu s$,$\varepsilon_r = 11.7$,$\mu_n = 1350 \text{cm}^2/(\text{V} \cdot \text{s})$。当 PN 结外加 0.65V 正向偏压时,确定在 N 型中性区电场大小并与耗尽区峰值电场大小对比,说明其意义。

4. 对于习题 3 所述 PN 结,计算 PN 结电子电流和空穴电流相等的位置。

5. 在 P^+N 结中,假设 N 区的宽度 W_n 远小于少子扩散长度 L_p,在 W_n 处存在表面复合,表面复合速度为 S,试推导 N 区在正向偏置时的少数载流子分布,并分别在 S 为 0 和无穷大时讨论近似结果。

6. 证明 P^+N 结在正向偏置下的电流可以等效为扩散区的复合电流,在反向偏置下可以等效为扩散区的产生电流。

7. 在硅突变 PN 结($N_A = 10^{16} \text{cm}^{-3}$,$N_D = 4 \times 10^{16} \text{cm}^{-3}$)两端加 $V = 0.6\text{V}$ 的偏置电压,计算室温下此理想二极管电流。假设 N 区宽度($W_n = 1\mu m$)比扩散长度 L_p 小得多,W_n 处非平衡空穴浓度为 0。P 区宽度远大于扩散长度。$\mu_n = 1000 \text{cm}^2/(\text{V} \cdot \text{s})$ 和 $\mu_p = 300 \text{cm}^2/(\text{V} \cdot \text{s})$。少子寿命为 $10\mu s$,PN 结横截面积 $A = 100\mu m \times 100\mu m$。

8. 若 PN 结电容器的 $V_D = 0.85\text{V}$,2V 反向偏压下的电容为 200pF,求电容为 100pF 时的反向偏压。

9. 考虑一维突变 PN 结(习题 9 图),N 区由两部分组成,第一部分掺杂浓度 $N_{D1} = 10^{15} \text{cm}^{-3}$,第二部分掺杂浓度 $N_{D2} = 10^{17} \text{cm}^{-3}$,P 区掺杂浓度 $N_A = 10^{16} \text{cm}^{-3}$,若三个区域的宽度 W 都是 $5\mu m$,击穿电场 $E_c = 10^5 \text{V/cm}$。忽略内建电势,求反向偏压下该 PN 结的雪崩击穿电压。

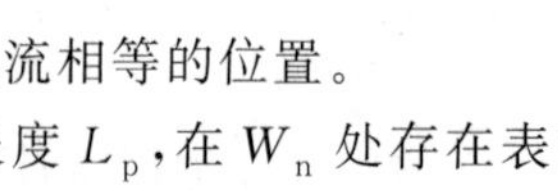

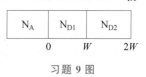

习题 9 图

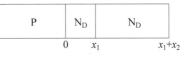

10. 考虑一维突变 P^+N 结(习题 10 图),N 区由两部分组成,第一部分为厚度很窄但少子扩散长度很大的区域($x_1 \ll L_{p1}$),第二部分为厚度很大但少子扩散长度很小的区域($x_2 \gg L_{p2}$)。两个区域的掺杂浓度相同都是 N_D,并且载流子扩散系数相同。若假设 N 区耗尽层宽度远小于 x_1。求正偏电压为 V 时从 P^+ 区注入 N 区的空穴电流密度 $J_p(0)$。

习题 10 图

11. 考虑 P^+N 结开关电路,负载电阻为 R_L,导通电路电源电压为 V_1,关断电路电源电压为 $10V_1$,$V_1 \gg V_J$(V_J 是正向偏置稳态时二极管的压降)。忽略二极管的串联电阻 r,忽略 t_1 时间范围内结电容的变化并假设为常数 C_j。求二极管由反向偏置到正向偏置过程中二极管从反偏过渡到零偏所需时间 t_1,以及二极管从零偏过渡到正偏 $0.9V_J$ 时所需的上升时间 t_2。

12. 如果从扩散区注入非平衡载流子总量角度来定义习题 11 的导通时上升时间 t_2,并假设上升时间为非平衡载流子总量从零增加为稳态的 90% 的时间,试求新的上升时间 t_{rise},并与习题 11 的 t_2 比较,定性分析两者的区别。

13. 对于极低频下的 P^+N 结,试推导出扩散电容等于 $qI_p\tau_p/kT$,写出低频交流小信号条件下的扩散电容表达式,并定性分析两者的不同。

第 2 章

双极型晶体管

2.1 工作原理

2.1.1 晶体管的发明

1883 年,爱迪生发现了"爱迪生效应",即发热的灯丝能够发射出热电子的现象。利用这个效应,1904 年,英国物理学家弗莱明发明了真空二极管,如图 2-1 所示。在这个二极管中,红热的灯丝持续发射热电子,相当一部分热电子能够透过其附近的网状电极。若另一金属极板上的电势比网状电极电势更高,则透过网状电极的热电子在极板间电场的作用下,在真空中定向向板状极板漂移,从而在回路中形成电流,并在回路串联电阻上得到相应的压降。若板状电极的电势比网状电极低,两个电极间的电场阻止热电子透过网状电极,则在两个极板间无法形成电子的流动,在回路里无法产生电流,回路处于开路状态。这个真空二极管与 PN 结具备完全类似的整流功能,即单向导电性。但弗莱明的这个发明在实际应用中不如同期发明的矿石检波器可靠,对当时的无线电发展没有起太大的作用。人们当时已经发现,某些特殊矿石和金属接触后形成的结构能起到整流作用,相继出现了猫须二极管和商用矿石检波器,如图 2-2 所示。这种二极管没有发射热电子的灯丝,结构简单,制作方便,优势明显。

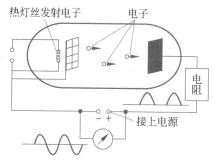

图 2-1 真空二极管结构及其典型工作原理图

图 2-2 猫须二极管和商用矿石检波器

1906 年,美国发明家德福雷斯特在图 2-1 的真空二极管的两个电极间加入了一个网状栅极,发明了第一只真空三极管,如图 2-3 所示。在这个三极管中,靠近灯丝的网状电极是阴极,中间的是栅极,板状电极是阳极。在正常工作中,阳极对阴极施加一个恒定的高电势差,始终形成一种吸引热电子向阳极漂移的趋势。但从灯丝发射出来的热电子能量是较低的且服从一定的分布规律。因此,只要在栅极和阴极间施加一个较小的交变电势差,就能比较有效地调制透过栅极的热电子的流量。热电子一旦透过栅极,将在阳极的加速电场下直接向阳极漂移,在外电路形成电流。只要外电路的电源电压足够大,阳极收集到的电流就能在回路负载电阻上引起足够大的电压变化,从而对栅极与阴极间的输入电压信号形成人为可控的电压放大。这就是真空三极管放大信号的简单原理。从这个原理上可以看出,人为可控的放大需要具备载流子的发射源、发射出来的载流子流对小信号敏感、具备一个能有效收集发射出来的载流子的结构。

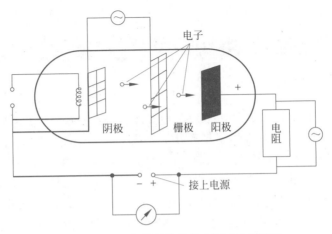

图 2-3　真空三极管结构及其典型工作原理图

　　但真空三极管依然是一个依赖高真空环境和持续发热灯丝作为单独电子源的器件，大体积、高功耗和低可靠很难避免。这些缺点让人联想到图 2-2 的矿石检波器，这种全固态的器件具备和真空二极管一样的整流功能。人们自然会想到，能不能制造一种全固态的器件也能具备和真空三极管一样的放大功能？1947 年，美国贝尔实验室的肖克利、巴丁和布莱顿（主要是巴丁和布莱顿）发明了点接触全固态三极管器件，如图 2-4（a）所示。如图 2-4（b）和（c）所示，在具有一定厚度的三角板两直角边的斜面上制备一层金膜并分别用两根导线与金膜连通；再将三角板的顶部尖角适当削平，将这个削平的尖角直接扎在半导体 Ge 块上，而 Ge 块与基底的铜座连通，并用导线将铜座的信号引出。削平的尖角与 Ge 块接触形成了两个 Au/Ge 接触，且这两个接触非常靠近。Au/Ge 接触就形成了图 2-2 所示的矿石检波器。

　　如图 2-4（c）所示，这个器件在工作时，左边的金半接触施加一个正向电源，使其能产生大的导通电流；而右边的金半接触施加一个反偏电源，且反偏电压远大于左边回路的正偏电压，这样右侧接触的回路仅能允许少量反向电流流动。但当两个金半接触非常靠近时，如图 2-4（d）所示，左侧接触向 Ge 注入的正电荷将有一部分在碰到 Ge 下方注入的负电荷发生复合之前，因为扩散到右侧接触负电势控制区而被这个电场直接抽取进入右侧回路形成电流。同时，等量的负电荷也将由左侧电源负极通过共用铜基座而直接供给至右侧电源正极，从而使右侧回路的电流连续性得到保证。因为左侧接触正偏导通设置，其接触两端分压的微小波动就可以引起左侧回路电流，即向 Ge 注入的正电荷电流发生很大波动，引起右侧接触抽取（收集）到的正电荷电流同步波动。只要右侧回路内的电源电压足够大，抽取到的电流波动就能在负载电阻上转化为较大的电压波动，从而实现对左侧接触承压微小变化的放大。当然，电压与电流乘积的功率也可以得到放大。

　　1947 年，贝尔实验室的放大演示实验就是在左侧回路放入麦克风，在右侧回路放入音箱，由于功率放大他们在音箱里听到了放大的麦克风声音。1956 年，肖克利、巴丁和布莱顿因为发明了点接触式三极管获得了诺贝尔物理学奖。这个发明开启了人类集成电路时代的大门，但从全固态三极管的工作原理发现，它实际上和真空三极管几乎是一样

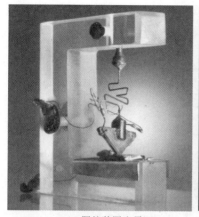

(a) 器件装置全景图

(b) 点接触三极管的近景图

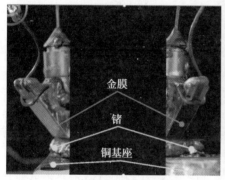

金膜

锗

铜基座

(c) 点接触三极管的结构图

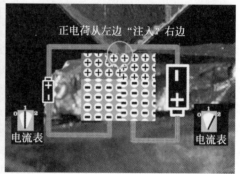

正电荷从左边"注入"右边

电流表 　　　　　　　　　　　　　电流表

(d) 点接触三极管放大原理图

图 2-4　点接触式全固态三极管

的,也有一个正偏金半接触作为载流子注入源且注入载流子流对接触电压极其敏感,同时一个反偏金半接触构成了载流子的收集结构。但由于非平衡空穴或电子在固体中扩散长度有限,因此只有当两个接触靠得十分接近的时候,部分非平衡载流子才能被收集回路收集。所以,1947 年贝尔实验室的布莱顿靠削平部分三角板尖角的方式实现了 $50\mu m$ 的接触间距是十分关键的操作。至此,摆脱了热灯丝和真空环境,出现了潜在低功耗、小体积、更可靠的全固态放大器。

晶体管的发明是电子技术史中具有划时代意义的事件,一个崭新的时代——固态电子技术时代来到了。特别是后来人们发现 PN 结具备和金半接触一样的整流作用后,仅依靠选区掺杂即可实现三极管的放大功能,打开了集成电路产业的大门。

2.1.2　基本结构

如图 2-5 所示,用 PN 结替代图 2-4(b)的金半接触后,可以形成 NPN 和 PNP 两种类型的双极型晶体管(Bipolar Junction Transistor,BJT)。之所以称为双极型,是因为流经 PN 结的电流包含极性相反的电子和空穴电流,而且在器件中这两种电流对实现放大功能同等重要。BJT 中包含两个 PN 结,即发射结和集电结;三个掺杂区,即发射区、基区

视频

和集电区,对应三个电极,即发射极(Emitter,E)、基极(Base,B)和集电极(Collector,C)。NPN 和 PNP BJT 常用符号中的箭头表示的是发射结正偏电流方向,也即 P 区指向 N 区的方向。

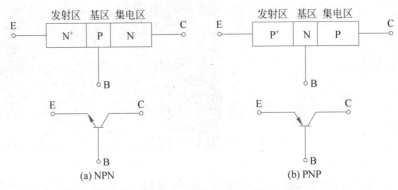

图 2-5　双极型晶体管的结构示意图和典型符号

根据基区杂质分布规律的不同,又可以将 BJT 划分为均匀基区和缓变基区两类,如图 2-6 所示。均匀基区 BJT 一般由合金法形成发射区和集电区,需要利用特殊三族金属元素 Al、In、Ga 等 P 型杂质在 N 型半导体上通过合金法形成这些元素掺杂的 P 区,其对应的 BJT 称为合金管。合金管中三个区的掺杂浓度都是均匀的,两个 PN 结都是典型的突变结。由于基区均匀掺杂,基区内部不存在自建电场,非平衡载流子在基区内部以扩散行为为主,这种 BJT 也称为扩散型 BJT。缓变基区 BJT 一般是在均匀掺杂的集电区衬底上通过杂质扩散的途径相继形成 P 型基区和重掺杂 N^+ 型发射区。杂质扩散导致杂质

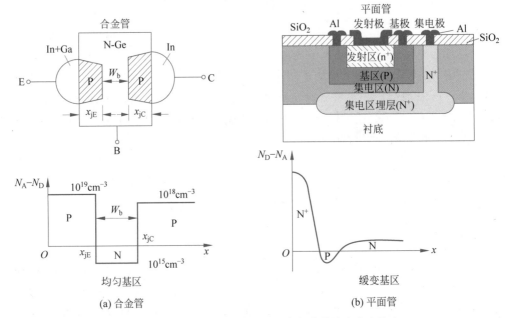

图 2-6　双极型晶体管设计结构图和相应的浓度分布特点

在基区和发射区内部分布不均匀,自然会在各自内部形成自建电场。所以,载流子在这两个区内部的运动就同时包含扩散和漂移,特别是在基区内部这种额外的漂移为 BJT 特性的提升提供了重要途径,这种 BJT 也称为漂移型 BJT。如图 2-6(b)所示,漂移型 BJT 的典型结构使得 E、B、C 三个电极都在半导体表面上,所以这种管子称为平面管。

2.1.3 放大原理

视频

本章无特殊说明,所提 BJT 均为均匀基区 BJT。以 NPN BJT 为例分析其放大原理。其实有了 2.1.1 节关于点接触晶体管放大原理的描述后,理解用 PN 结替代金半接触形成的 BJT 的放大原理也比较简单。如图 2-7 所示,发射结正向偏置,则发射结耗尽区内建电场弱化,进而使得结两侧各区多子向对方扩散。由于基区宽度 W_b 远小于电子的扩散长度 L_{nb},因此势必有大量电子在复合前就已经到达基区靠近集电结的耗尽区边缘。同时基区内的空穴也将扩散进入发射区,形成一股空穴电流。由于集电结反向偏置,其耗尽区内部电场主要起到抽取对方少子的作用,因此扩散到 P 型基区靠近集电结耗尽区边缘的来自发射区的电子恰好能被集电结抽取走进入输出回路,从而在输入和输出回路之间建立起耦合连接。此时只要输出回路的偏置电源电压 V_{cb} 足够大,在负载电阻 R_L 上就能输出足够大的电压信号,这与图 2-3 所示真空三极管的电压放大非常相似。简单地说,这就是图 2-7 NPN BJT 的放大原理。上述分析,也可简化为以下三个实现放大的条件。

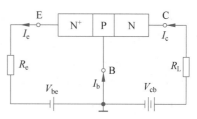

图 2-7　NPN BJT 放大原理电路图

(1)发射结正偏:提供受控电子源。

(2)$W_b \ll L_{nb}$:电子能在 P 型基区大量扩散至集电结靠近基区的边缘供集电结抽取。

(3)集电结反偏:有效抽取基区一侧的电子进入输出回路。

图 2-8 给出了 NPN BJT 平衡态和放大状态时的三区能带图。平衡态时,三区有统一的费米能级;因为发射区是重掺杂,费米能级离导带底较近;基区是 P 型,所以 E_c 和 E_v 均明显高于其他两个区;集电区是中等掺杂,虽是 N 型但费米能级离 E_c 较远。此

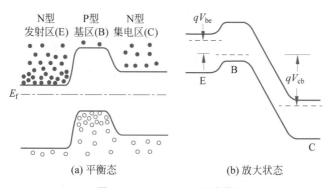

(a) 平衡态　　　　　　(b) 放大状态

图 2-8　NPN BJT 三区能带图

时,发射结和集电结各自的扩散电流和漂移电流相互平衡,整个体系不存在净电流。当发射结正偏、集电结反偏,BJT 处于放大状态的时候,图 2-8(b)的能带图清晰表明发射区能带相对基区整体上移了 qV_{be},发射结两侧各区的准费米能级分裂,N^+ 发射区的费米能级比 P 型基区的费米能级高 qV_{be},其中 V_{be} 是发射结正向偏置电压。同时,由于集电结反向偏置电压为 V_{cb},这导致 N 型集电区的能带相对 P 型基区整体下移了 qV_{cb},集电区费米能级也相对基区费米能级下移了 qV_{cb}。因此,从电子的角度看,来自发射区的电子很自然地"顺势而为"流入基区,并最终流入集电区。所以,放大状态的能带图很明确地显示了能被放大的电子是来自发射区的电子。

为了定量表征 BJT 的放大特性,利用图 2-9 对其内部电流传输进行分析。如图 2-9 所示,正偏下的发射结存在两股扩散电流 I_{ne} 和 I_{pe},它们构成了发射极电流 I_e。由于基区宽度远小于 L_n,因此 I_{ne} 在基区扩散时复合损失很小。复合损失的电子与来自基区的空穴共同转化为基区复合电流 I_{vb}。显然,基区越薄,I_{vb} 越小。也正因为 I_{ne} 在基区扩散过程中损失了 I_{vb},使得剩余电子电流在到达集电结耗尽区边缘时变为 I_{nc}。反偏下的集电结,其耗尽区电场的作用就是抽取对方掺杂区的少子,因此 P 型基区的电子将被抽取至集电区,即 I_{nc} 连续存在于集电结耗尽区的两侧。此外,基区内自身的少量电子形成 I_{nco} 也将被抽取至集电区,而集电区内自身的空穴也将形成 I_{pco} 被抽取至基区,并从基区流出(下标 o,代表发射区 Open,即开路条件)。I_{nco} 和 I_{pco} 形成发射区开路条件下的集电结反向饱和电流 I_{cbo}。至此,集电极电流 I_c 显然由 I_{nc} 和 I_{cbo} 并联而成,且以 I_{nc} 为

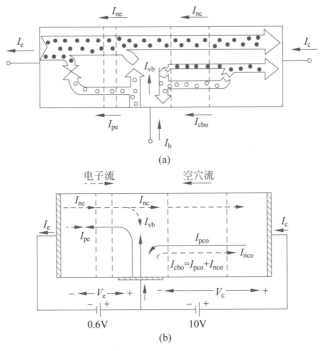

图 2-9　NPN BJT 放大状态的电流传输原理和具体偏置条件下的电流传输简图
(图中箭头表示载流子流动方向)

主。基极电流 I_b 则由 I_{pe}、I_{vb} 和 I_{cbo} 组成。根据上述分析,易得各电极电流大小的关系,即式(2-1)~式(2-4)。由图 2-9(b)和式(2-4)可知,发射结所在偏置电源的回路(输入回路)$I_e > I_b$,但偏置电源本身的正、负极只可能等量输出异号电荷,因此 V_e 电源正极输出的空穴除去部分流向 I_b,还有相当大的一部分流向集电结偏置电源的负极。

$$I_e = I_{ne} + I_{pe} \tag{2-1}$$

$$I_c = I_{nc} + I_{cbo} \tag{2-2}$$

$$I_b = I_{pe} + I_{vb} - I_{cbo} \tag{2-3}$$

$$I_e = I_b + I_c \tag{2-4}$$

2.1.4 共基极电流放大系数

图 2-10 给出了共基极接法的 BJT 工作电路,其输入和输出电路共用基极。BJT 的共基极电流放大系数 α 写为式(2-5)。有两点值得注意:一是该定义要求 $V_{cb} = 0$,即集电结零偏,因此 $I_{cbo} = 0$;二是基区很薄,I_{vb} 很小,因此 $I_c = I_{nc} \approx I_e$,所以 $\alpha \to 1$,即共基极情况下电流是不能被放大的。根据图 2-9 所示各电流分量的组成,α 可以进一步写成式(2-6),其中 $\gamma = \dfrac{I_{ne}}{I_e}$,为发射结发射效率,代表能被放大的电子电流分量在发射极电流 I_e 中的占比,如式(2-7)所示;

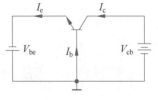

图 2-10　NPN BJT 共基极接法的电路

$\beta^* = \dfrac{I_{nc}}{I_{ne}}$,为基区传输系数,代表 I_{ne} 中的电子能被输送到集电结耗尽区边缘的占比,如式(2-8)所示;$\alpha^* = \dfrac{I_c}{I_{nc}} = 1$,为集电区倍增因子,显然在 $V_{cb} = 0$ 条件下其值恒为 1。根据 1.2.6 节所述,当发射区掺杂浓度远大于基区掺杂浓度时,$I_{pe} \ll I_{ne}$,$\gamma \to 1$;当基区宽度远小于电子在基区的扩散长度时,$I_{vb} \to 0$,$\beta^* \to 1$。

$$\alpha = \left. \frac{I_c}{I_e} \right|_{V_{cb}=0} \xrightarrow{I_e = I_b + I_c} \alpha < 1, \quad \alpha \approx 1 \tag{2-5}$$

$$\alpha = \frac{I_c}{I_e} = \frac{I_{ne}}{I_e} \frac{I_{nc}}{I_{ne}} \frac{I_c}{I_{nc}} = \gamma \beta^* \alpha^* \tag{2-6}$$

$$\gamma = \frac{I_{ne}}{I_e} = \frac{I_{ne}}{I_{ne} + I_{pe}} = \frac{1}{1 + I_{pe}/I_{ne}} \tag{2-7}$$

$$\beta^* = \frac{I_{nc}}{I_{ne}} = \frac{I_{ne} - I_{vb}}{I_{ne}} = 1 - \frac{I_{vb}}{I_{ne}} \tag{2-8}$$

2.1.5 共射极电流放大系数

图 2-11 给出了共射极接法的 BJT 工作电路,其输入和输出电路共用发射极。共射极接法电路可以获得电流放大。共射极电流放大系数 β 如式(2-9)所示。注意,保持 V_{ce} 为定值,V_{cb} 就不为 0。所以,严格讲,式(2-9)中的共基极电流放大系数 α 并不是式(2-5)

视频

视频

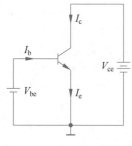

图 2-11　NPN BJT 共射极接法的电路

中的 α。因为式(2-9)中 I_c 包含了小量 I_{cbo}，会导致其 α 略大于式(2-5)的值，即式(2-9)定义的实际 β 略大于理论值。因为 $\alpha \to 1$，所以 $\beta \gg 1$，即共射极电路是可以明显放大电流的。这其实从图 2-9 的电流分量组成上也能轻易理解：忽略基区复合电流和 I_{cbo}，式(2-9)可以简化为式(2-10)。显然这就是发射结电子扩散电流分量与空穴电流分量的比。对于 N^+P 发射结来说，由于掺杂浓度的差异，自然有 $I_{ne} \gg I_{pe}$ 的结论。所以，共射极电流的放大本质上是通过这种电路接法将发射结的电子电流分量与空穴电流分量进行了空间上的物理分离，并在输入回路上引出小的电流分量，而在输出回路上引出大的电流分量。这是非常巧妙的放大设计思想，充分利用了 PN 结扩散-漂移理论和正反偏情况下耗尽区电场的作用。

$$\beta = \frac{I_c}{I_b}\bigg|_{V_{ce}} = \frac{I_c}{I_e - I_c} = \frac{\alpha}{1-\alpha} \gg 1 \tag{2-9}$$

$$\beta = \frac{I_c}{I_b}\bigg|_{V_{ce}} = \frac{I_c}{I_e - I_c} \approx \frac{I_{ne}}{I_{pe}} \gg 1 \tag{2-10}$$

2.2　直流特性

视频

2.2.1　BJT 中的少子分布

建立如图 2-12 所示的一维理想 NPN BJT 坐标体系。因为所讨论 BJT 只涉及扩散电流，所以求解扩散电流的思路就是求解明确边界条件下的连续性方程。同 1.2.6 节的处理，发射结和集电结在正常放大条件下的边界条件可以应用玻耳兹曼分布律直接写出，如式(2-11)~式(2-14)所示，对应图 2-13 的少子分布。从这些公式可以看出，其书写规律都是本区平衡态少子浓度乘以指数项为 qV_{pn}/kT 的 e 指数，这里的 V_{pn} 代表 P 对 N 区的电压差。以 n_{pb}^0 为例说明这些符号的读法：0 代表热平衡态，下标 pb 代表 P 型基区，n 代表电子浓度，n_{pb}^0 读作 P 型基区热平衡态电子浓度。

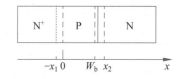

图 2-12　一维理想 NPN BJT 坐标体系
（图中虚线代表耗尽区边界）

$$n_{pb}(0) = n_{pb}^0 \exp(qV_{be}/kT) \tag{2-11}$$

$$n_{pb}(W_b) = n_{pb}^0 \exp(qV_{bc}/kT) \approx 0 \tag{2-12}$$

$$p_{ne}(-x_1) = p_{ne}^0 \exp(qV_{be}/kT) \tag{2-13}$$

$$p_{nc}(x_2) = p_{nc}^0 \exp(qV_{bc}/kT) \approx 0 \tag{2-14}$$

有了上述边界条件，再应用以下稳态假设，就可以求解理想 BJT 的电流电压方程。

(1) 各区均匀掺杂的突变结(简化耗尽区、扩散区电场模型)。

(2) 一维($A_{je} = A_{jc} = A$)(结面积相等，只需考虑电流密度)。

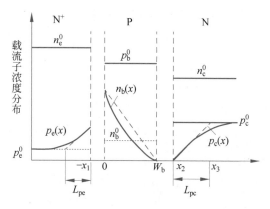

图 2-13 NPN BJT 平衡态和放大状态下各区载流子浓度分布示意图

（虚线为耗尽区边界,短划线为各区少子线性分布图）

（3）外加偏压全加在耗尽区上（耗尽区外无电压降）。

（4）忽略势垒区的产生-复合电流（电流全部都是扩散电流）。

（5）小注入（扩散区无电场,纯扩散电流）。

先分析基区的少子分布。因为在假设条件下基区中只存在扩散和复合,因此电子连续性方程简化为式（2-15）。在 $x=0$ 和 $x=W_b$ 处的边界条件分别为式（2-16）和式（2-17）。正常放大条件下,$V_{bc}<0$,$n_{pb}(W_b)\approx0$。利用边界条件,可以求得式（2-15）的具体解,即式（2-18）。考虑 $W_b\ll L_{nb}$ 且 $n_{pb}(W_b)\approx0$ 后,式（2-18）可以简化为式（2-19）,此时基区内电子的分布符合图 2-14 所示的线性分布,即基区内部无电子复合。

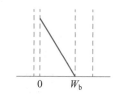

图 2-14 基区很薄时少子
线性分布图

$$\frac{\mathrm{d}^2 n_{pb}(x)}{\mathrm{d}x^2}-\frac{n_{pb}(x)-n_{pb}^0}{L_{nb}^2}=0 \tag{2-15}$$

$$n_{pb}(0)=n_{pb}^0\exp(qV_{be}/kT) \tag{2-16}$$

$$n_{pb}(W_b)=n_{pb}^0\exp(qV_{bc}/kT)\approx0 \tag{2-17}$$

$$\Delta n_{pb}(x)=n_{pb}(x)-n_{pb}^0$$

$$=\frac{\Delta n_{pb}(0)\sinh[(W_b-x)/L_{nb}]+\Delta n_{pb}(W_b)\sinh(x/L_{nb})}{\sinh(W_b/L_{nb})} \tag{2-18}$$

$$n_{pb}(x)\approx n_{pb}^0\exp(qV_{be}/kT)(1-x/W_b) \tag{2-19}$$

与基区少子分布求解逻辑一样,直接求解发射区少子分布的连续性方程式（2-20）。对于如图 2-15(a)所示的宽发射区情况,利用边界条件式（2-21）和式（2-22）,易得发射区少子分布为简单的指数衰减分布,如式（2-23）所示。对于如图 2-15(b)所示的窄发射区情况,利用边界条件式（2-21）和式（2-24）,易得式（2-25）表达的线性分布。同理,也可以按照这样的逻辑得到集电区少子的分布,如图 2-16 所示。利用式（2-26）~式（2-28）,在集电区一般情况下都是足够厚的条件下,易得少子分布为式(2-29)。

$$\frac{\mathrm{d}^2 p_{\mathrm{ne}}(x)}{\mathrm{d}x^2} - \frac{p_{\mathrm{ne}}(x) - p_{\mathrm{ne}}^0}{L_{\mathrm{pe}}^2} = 0 \tag{2-20}$$

$$p_{\mathrm{ne}}(-x_1) = p_{\mathrm{ne}}^0 \exp(qV_{\mathrm{be}}/kT) \tag{2-21}$$

$$p_{\mathrm{ne}}(-\infty) = p_{\mathrm{ne}}^0 \tag{2-22}$$

$$p_{\mathrm{ne}}(x) = p_{\mathrm{ne}}^0 + \Delta p_{\mathrm{ne}}(-x_1)\exp[(x+x_1)/L_{\mathrm{pe}}] \quad (W_{\mathrm{e}} \gg L_{\mathrm{pe}}) \tag{2-23}$$

$$p_{\mathrm{ne}}(-x_1 - W_{\mathrm{e}}) = 0 \tag{2-24}$$

$$p_{\mathrm{ne}}(x) \approx p_{\mathrm{ne}}^0 \exp(qV_{\mathrm{be}}/kT)[1 + (x+x_1)/W_{\mathrm{e}}] \quad (W_{\mathrm{e}} \ll L_{\mathrm{pe}}) \tag{2-25}$$

$$\frac{\mathrm{d}^2 p_{\mathrm{nc}}(x)}{\mathrm{d}x^2} - \frac{p_{\mathrm{nc}}(x) - p_{\mathrm{nc}}^0}{L_{\mathrm{pc}}^2} = 0 \tag{2-26}$$

$$p_{\mathrm{nc}}(x_2) = p_{\mathrm{ne}}^0 \exp(qV_{\mathrm{bc}}/kT) \approx 0 \tag{2-27}$$

$$p_{\mathrm{nc}}(+\infty) = p_{\mathrm{nc}}^0 \quad (W_{\mathrm{c}} \gg L_{\mathrm{pc}}) \tag{2-28}$$

$$p_{\mathrm{nc}}(x) = p_{\mathrm{nc}}^0\{1 - \exp[-(x-x_2)/L_{\mathrm{pc}}]\} \tag{2-29}$$

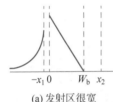 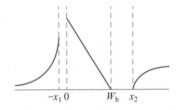

(a) 发射区很宽　　　　(b) 发射区很窄

图 2-15　发射区少子的分布图　　　　图 2-16　宽集电区少子的分布图

2.2.2　理想晶体管的电流-电压方程

视频

　　有了上述三区的少子分布,根据纯扩散电流的假设,易得各区电流密度表达式,电流分量的分布如图 2-17 所示。已知式(2-18),则基区中的电子电流可以表示为式(2-30)。考察 $x=0$ 和 $x=W_{\mathrm{b}}$ 处的 J_{nb},有式(2-31)和式(2-32)。根据基区复合电流的定义,式(2-33)表示的就是 J_{vb}。当基区很薄,即 $W_{\mathrm{b}} \ll L_{\mathrm{nb}}$ 时,利用双曲函数近似关系式(2-34)和式(2-35),式(2-30)简化为式(2-36),此时 J_{nb} 在基区是一个常数,$J_{\mathrm{vb}} = 0$。当然,正常情况下,$J_{\mathrm{vb}} \neq 0$,J_{nb} 在基区的分布如图 2-18(a)所示。由于在基区内随着复合的发生,J_{nb} 这个扩散电流越来越小,其少子分布的浓度越来越低,且对应的浓度梯度应越来越小,因此图 2-18(b)中的虚线 b 对应正常的基区电子浓度分布。同理,当 $W_{\mathrm{e}} \gg L_{\mathrm{pe}}$ 时,根据式(1-64)发射区中的空穴电流分量可以直接写为式(2-37)。当 $W_{\mathrm{c}} \gg L_{\mathrm{pc}}$ 时,根据式(1-65)集电区中的电子电流分量可以直接写为式(2-38)。

$$J_{\mathrm{nb}} = qD_{\mathrm{nb}}\frac{\mathrm{d}n_{\mathrm{pb}}(x)}{\mathrm{d}x}$$

$$= -\frac{qD_{\mathrm{nb}}}{L_{\mathrm{nb}}}\frac{\Delta n_{\mathrm{pb}}(0)\cosh[(W_{\mathrm{b}}-x)/L_{\mathrm{nb}}] - \Delta n_{\mathrm{pb}}(W_{\mathrm{b}})\cosh(x/L_{\mathrm{nb}})}{\sinh(W_{\mathrm{b}}/L_{\mathrm{nb}})} \tag{2-30}$$

$$J_{nb}(0) = J_{ne} = -\frac{qD_{nb}}{L_{nb}} \frac{\Delta n_{pb}(0)\cosh(W_b/L_{nb}) - \Delta n_{pb}(W_b)}{\sinh(W_b/L_{nb})} \tag{2-31}$$

$$J_{nb}(W_b) = J_{nc} = -\frac{qD_{nb}}{L_{nb}} \frac{\Delta n_{pb}(0) - \Delta n_{pb}(W_b)\cosh(W_b/L_{nb})}{\sinh(W_b/L_{nb})} \tag{2-32}$$

$$J_{nb}(0) - J_{nb}(W_b) = -\frac{qD_{nb}}{L_{nb}} \frac{[\Delta n_{pb}(0) + \Delta n_{pb}(W_b)][\cosh(W_b/L_{nb}) - 1]}{\sinh(W_b/L_{nb})}$$

$$= J_{vb} \tag{2-33}$$

$$\sinh x = \frac{e^x - e^{-x}}{2} \to x (x \to 0) \tag{2-34}$$

$$\cosh x = \frac{e^x + e^{-x}}{2} \to 1 + \frac{x^2}{2} (x \to 0) \tag{2-35}$$

$$J_{nb}(x) = -\frac{qD_{nb}n_{pb}^0}{W_b}\exp(qV_{be}/kT) = 常数 \tag{2-36}$$

$$J_{pe}(-x_1) = -\frac{qD_{pe}p_{ne}^0}{L_{pe}}[\exp(qV_{be}/kT) - 1] \tag{2-37}$$

$$J_{pc}(x_2) = \frac{qD_{pc}p_{nc}^0}{L_{pc}}[\exp(qV_{bc}/kT) - 1] \tag{2-38}$$

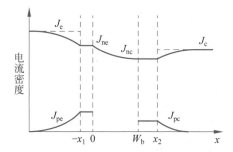 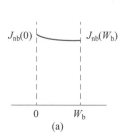 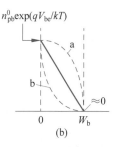

图 2-17 NPN BJT 中各区电流分量分布图   图 2-18 基区电子电流和浓度分布图

有了 J_{pe}、J_{ne}、J_{nc} 和 J_{pc},根据图 2-17 的电流分量,就可以直接写出 J_e、J_c 的表达式。为了方便后续节点电流方程的书写,使用图 2-19 所示电流正方向定义,人为规定端电流流入的方向为正方向。显然,I_e 与 x 轴的正方向同向,不需要做出改变;而 I_c 的正方向与 x 轴正方向相反,需要人为添加负号。式(2-39)就是流过发射结的电流密度,假设一维 NPN BJT 的截面积为 A,则电流强度 I_e 的表达式就是式(2-40),其中系数 a_{11} 和 a_{12} 分别为式(2-41)和式(2-42)。在 $W_b \ll L_{nb}$ 且 BJT 处于放大偏置条件下,利用式(2-43)、式(2-44)和式(2-45),a_{11} 和 a_{12} 分别简化为式(2-46)和式(2-47)。此时,J_e 可以

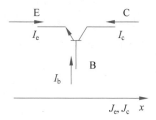

图 2-19 端电流流入 NPN BJT
　　　　内部的方向为正方向

简化为式(2-48)。

$$J_e = J_{ne}(-x_1) + J_{pe}(-x_1) = J_{nb}(0) + J_{pe}(-x_1)$$

$$= -q\left[\frac{D_{nb}n_{pb}^0}{L_{nb}}\coth\left(\frac{W_b}{L_{nb}}\right) + \frac{D_{pe}p_{ne}^0}{L_{pe}}\right]\left[\exp\left(\frac{qV_{be}}{kT}\right) - 1\right] +$$

$$\frac{qD_{nb}n_{pb}^0}{L_{nb}}\operatorname{csch}\left(\frac{W_b}{L_{nb}}\right)\left[\exp\left(\frac{qV_{bc}}{kT}\right) - 1\right] \tag{2-39}$$

$$I_e = J_e A = a_{11}\left[\exp\left(\frac{qV_{be}}{kT}\right) - 1\right] + a_{12}\left[\exp\left(\frac{qV_{bc}}{kT}\right) - 1\right] \tag{2-40}$$

$$a_{11} = -qA\left[\frac{D_{nb}n_{pb}^0}{L_{nb}}\coth\left(\frac{W_b}{L_{nb}}\right) + \frac{D_{pe}p_{ne}^0}{L_{pe}}\right] \tag{2-41}$$

$$a_{12} = \frac{qAD_{nb}n_{pb}^0}{L_{nb}}\operatorname{csch}\left(\frac{W_b}{L_{nb}}\right) \tag{2-42}$$

$$\coth x = \frac{\cosh x}{\sinh x} \to \frac{1}{x} \quad (x \to 0) \tag{2-43}$$

$$\operatorname{csch} x = \frac{1}{\sinh x} \to \frac{1}{x} \quad (x \to 0) \tag{2-44}$$

$$\exp\left(\frac{qV_{bc}}{kT}\right) \to 0 \tag{2-45}$$

$$a_{11} = -qA\left(\frac{D_{nb}n_{pb}^0}{W_b} + \frac{D_{pe}p_{ne}^0}{L_{pe}}\right) \tag{2-46}$$

$$a_{12} = \frac{qAD_{nb}n_{pb}^0}{W_b} \tag{2-47}$$

$$J_e = -q\left[\frac{D_{nb}n_{pb}^0}{W_b} + \frac{D_{pe}p_{ne}^0}{L_{pe}}\right]\left[\exp\left(\frac{qV_{be}}{kT}\right) - 1\right] - \frac{qD_{nb}n_{pb}^0}{W_b}$$

$$= -\frac{qD_{nb}n_{pb}^0}{W_b}\exp\left(\frac{qV_{be}}{kT}\right) - \frac{qD_{pe}p_{ne}^0}{L_{pe}}\left[\exp\left(\frac{qV_{be}}{kT}\right) - 1\right] \tag{2-48}$$

同理,易得 J_c 和 I_c 的表达式为式(2-49)和式(2-50),其中 I_c 的表达式需要人为添加负号以符合端电流流入为正的规定。在 $W_b \ll L_{nb}$ 且 BJT 处于放大偏置条件下,利用式(2-43)、式(2-44)和式(2-45),式(2-51)和式(2-52)的 a_{21}、a_{22} 分别简化为式(2-53)和式(2-54)。此时, J_c 可以简化为式(2-55)。根据端电流流入为正的要求,有 $I_e + I_b + I_c = 0$,根据 I_e 和 I_c 的表达式易得 I_b 的表达式为 $-(I_e + I_c)$。

$$J_c = J_{nc}(x_2) + J_{pc}(x_2) = J_{nb}(W_b) + J_{pc}(x_2)$$

$$= -\frac{qD_{nb}n_{pb}^0}{L_{nb}}\operatorname{csch}\left(\frac{W_b}{L_{nb}}\right)\left[\exp\left(\frac{qV_{be}}{kT}\right) - 1\right] +$$

$$q\left[\frac{D_{nb}n_{pb}^0}{L_{nb}}\coth\left(\frac{W_b}{L_{nb}}\right) + \frac{D_{pc}p_{nc}^0}{L_{pc}}\right]\left[\exp\left(\frac{qV_{bc}}{kT}\right) - 1\right] \tag{2-49}$$

$$I_c = -J_c A = a_{21}\left[\exp\left(\frac{qV_{be}}{kT}\right) - 1\right] + a_{22}\left[\exp\left(\frac{qV_{bc}}{kT}\right) - 1\right] \tag{2-50}$$

$$a_{21} = \frac{qAD_{nb}n^0_{pb}}{L_{nb}}\operatorname{csch}\left(\frac{W_b}{L_{nb}}\right) = a_{12} \tag{2-51}$$

$$a_{22} = -qA\left[\frac{D_{nb}n^0_{pb}}{L_{nb}}\coth\left(\frac{W_b}{L_{nb}}\right) + \frac{D_{pc}p^0_{nc}}{L_{pc}}\right] \tag{2-52}$$

$$a_{21} = \frac{qAD_{nb}n^0_{pb}}{W_b} = a_{12} \tag{2-53}$$

$$a_{22} = -qA\left(\frac{D_{nb}n^0_{pb}}{W_b} + \frac{D_{pc}p^0_{nc}}{L_{pc}}\right) \tag{2-54}$$

$$J_c = \frac{qD_{nb}n^0_{pb}}{W_b}\left[\exp\left(\frac{qV_{be}}{kT}\right) - 1\right] + q\left(\frac{D_{nb}n^0_{pb}}{W_b} + \frac{D_{pc}p^0_{nc}}{L_{pc}}\right) \tag{2-55}$$

2.2.3 电流放大系数表达式

根据共基极电流放大系数式(2-6)~式(2-8)和式(2-31)、式(2-37),可以进一步使用 2.2.2 节中各对应量对它们进行定量表达。$W_b \ll L_{nb}$ 时,利用式(2-56),发射效率 γ 可以写为式(2-57),其中室温下因为声子散射为主,所以基区和发射区的空穴、电子迁移率分别近似相等。对于实际 BJT 中发射区很薄的情况,则需要将式中的 L_{pe} 改写为 W_e,如式(2-58)所示,其中的电阻率 ρ 是可以直接测量的材料的常用电学参数。图 2-20 定义了实验中常用的薄层电阻 R_{sh},表示电流流经一块长方体导体宽度 W 距离对应的电阻为 ρ/t,常用单位是 $\Omega/\square$,如式(2-59)所示。不难发现,R_{sh} 就是材料电阻率与厚度的商。而式(2-58)中就存在这种 R_{sh},即发射区 $R_{sh,e}$ 和基区 $R_{sh,b}$,如式(2-60)和式(2-61)所示。式(2-58)可以改写为式(2-62)。由于 $R_{sh,e}$ 和 $R_{sh,b}$ 可以在器件制造时直接测量得出,这就大大简化了器件电学参数设计时的材料与几何尺寸选择。图 2-20 也给出了常用 NPN 平面管 I_e、I_c 电流方向,尽管这个电流方向并不是 R_{sh} 定义的方向,但在实际测量 $R_{sh,e}$ 和 $R_{sh,b}$ 时常使用四探针法,而四探针法测量 R_{sh} 时,电流是平行于平面管基区和发射区的平面的,因此可以获得正确的 $R_{sh,e}$ 和 $R_{sh,b}$。式(2-62)指出,提高发射效率 γ 需要减小 $R_{sh,e}/R_{sh,b}$,反映到具体器件设计上就是提高 N_e/N_b,即发射区重掺杂、基区轻掺杂。

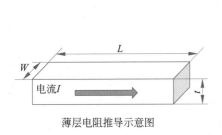

薄层电阻推导示意图

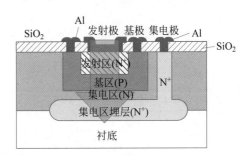

图 2-20 薄层电阻定义和平面管中 I_e、I_c 方向示意图

$$\tanh x = \frac{\sinh x}{\cosh x} \to x \, (x \to 0) \tag{2-56}$$

$$\gamma = \frac{J_{ne}}{J_e} = \frac{1}{1 + J_{pe}/J_{ne}} = \frac{1}{1 + J_{pe}(-x_1)/J_{ne}(0)}$$

$$= \left[1 + \frac{D_{pe}}{D_{nb}} \frac{p_{ne}^0}{n_{pb}^0} \frac{L_{nb}}{L_{pe}} \tanh\left(\frac{W_b}{L_{nb}}\right) \right]^{-1}$$

$$\approx \left(1 + \frac{D_{pe}}{D_{nb}} \frac{p_{ne}^0}{n_{pb}^0} \frac{W_b}{L_{pe}} \right)^{-1} \approx \left(1 + \frac{\mu_{pb}}{\mu_{ne}} \frac{N_b}{N_e} \frac{W_b}{L_{pe}} \right)^{-1}$$

$$= \left(1 + \frac{\rho_e}{\rho_b} \frac{W_b}{L_{pe}} \right)^{-1} (\mu_{pe} \approx \mu_{pb}, \mu_{nb} \approx \mu_{ne}, W_e \gg L_{pe}) \tag{2-57}$$

$$\gamma = \left(1 + \frac{\rho_e}{\rho_b} \frac{W_b}{W_e} \right)^{-1} (W_e \ll L_{pe}) \tag{2-58}$$

$$R = \rho \frac{L}{S} = \rho \frac{n \times W}{t \times W} = n \times \frac{\rho}{t} = n \times R_{sh} \tag{2-59}$$

$$R_{sh,e} = \rho_e / W_e \tag{2-60}$$

$$R_{sh,b} = \rho_b / W_b \tag{2-61}$$

$$\gamma = \left(1 + \frac{R_{sh,e}}{R_{sh,b}} \right)^{-1} \tag{2-62}$$

对于基区输运系数 β^*，根据式(2-8)有式(2-63)。$W_b \ll L_{nb}$ 时考虑到分子上两项分量的大小差异，放大偏置条件下将式(2-31)和式(2-32)分别近似为式(2-64)和式(2-65)，利用式(2-66)可以得到式(2-67)。显见，β^* 也可以直接反映到器件的材料参数和几何参数上。提高 β^*，就是要减小 W_b，增大 $L_{nb} (= \sqrt{D_{nb}\tau_{nb}})$。根据式(2-62)和式(2-67)，得到共基极电流放大系数和共射极电流放大系数的细化表达式(2-68)和式(2-69)。可以看到，这些表达式最终直接与器件的材料参数和几何参数关联了起来，这为正向器件设计与反向器件特性分析提供了途径。

$$\beta^* = \frac{J_{nc}}{J_{ne}} = \frac{J_{nb}(W_b)}{J_{nb}(0)} \tag{2-63}$$

$$J_{nb}(0) = -\frac{q D_{nb} n_{pb}^0}{L_{nb}} \coth\left(\frac{W_b}{L_{nb}}\right) \exp(q V_{be}/kT) \tag{2-64}$$

$$J_{nb}(W_b) = -\frac{q D_{nb} n_{pb}^0}{L_{nb}} \operatorname{csch}\left(\frac{W_b}{L_{nb}}\right) \exp(q V_{be}/kT) \tag{2-65}$$

$$\operatorname{sech} x = \frac{1}{\cosh x} \to 1 - \frac{x^2}{2} \, (x \to 0) \tag{2-66}$$

$$\beta^* = \frac{J_{nb}(W_b)}{J_{nb}(0)} = \operatorname{sech}\left(\frac{W_b}{L_{nb}}\right) \approx 1 - \frac{W_b^2}{2L_{nb}^2} \tag{2-67}$$

$$\alpha = \gamma \beta^* \alpha^* \approx \left(1 - \frac{W_b^2}{2L_{nb}^2} \right) \Big/ \left(1 + \frac{\rho_e}{\rho_b} \frac{W_b}{L_{pe}} \right) \approx 1 - \frac{\rho_e W_b}{\rho_b L_{pe}} - \frac{W_b^2}{2L_{nb}^2} \approx 1 \tag{2-68}$$

$$\beta = \frac{\alpha}{1-\alpha} \approx \frac{1}{1-\alpha} = \left(\frac{\rho_e W_b}{\rho_b L_{pe}} + \frac{W_b^2}{2L_{nb}^2} \right)^{-1} \qquad (2-69)$$

2.2.4 理想晶体管的输入与输出特性

将理想 NPN BJT 的 I_e 和 I_c 表达式再次列出,分别如式(2-70)和式(2-71)所示,其中 $a_{11}<0, a_{22}<0, a_{12}=a_{21}>0$。先考察图 2-21 所示共基极电路的输入与输出特性。由图可知,输入特性描述的是 I_e 和 V_{be} 的关系。由式(2-70)可知,正常放大条件下 $V_{bc}<0$,式(2-70)简化为式(2-72)。显然这就是共基极电路的输入特性关系,也就基本是一个简单的 PN 结正向电流-电压特性,如图 2-22 所示。严格地说,当 $V_{be}=0$V 时,I_e 并不为零,而是有一股大小为 a_{12} 的电子电流流出发射极,此时 I_b 则只包含一股对应集电区的反向空穴抽取电流。图 2-21 显示共基极电路的

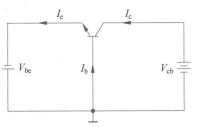

图 2-21 NPN BJT 典型共基极电路

输出特性,描述的是 I_c 与 V_{cb} 的关系。由式(2-71)可知,在 $V_{be}>0$ 的条件下,当 $I_c=0$ 时,$V_{bc}>0$,即 $V_{cb}<0$。随着 V_{cb} 逐渐增大,由于固定 I_e 条件下 V_{be} 随 V_{bc} 减小仅些许减小,因此 I_c 的大小将快速上升,直至 $\exp(qV_{bc}/kT)\approx0$,这时 V_{be} 基本不变,I_c 也保持不变。固定的 I_e 越大,V_{be} 越大,$I_c=0$ 要求的 V_{bc} 也越大,最终稳定的 I_c 也就越大。输出特性曲线上在 $V_{cb}=0$ 时,参变量 I_e 与饱和 I_c 值的差距随着 I_e 的增大而增大,这是因为两者的差值就是 I_b,而 I_b 与 I_e 成正比。

$$I_e = J_e A = a_{11}\left[\exp\left(\frac{qV_{be}}{kT}\right)-1\right] + a_{12}\left[\exp\left(\frac{qV_{bc}}{kT}\right)-1\right] \qquad (2-70)$$

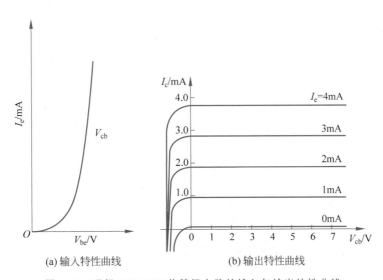

(a) 输入特性曲线   (b) 输出特性曲线

图 2-22 理想 NPN BJT 共基极电路的输入与输出特性曲线

$$I_c = -J_c A = a_{21}\left[\exp\left(\frac{qV_{be}}{kT}\right) - 1\right] + a_{22}\left[\exp\left(\frac{qV_{bc}}{kT}\right) - 1\right] \tag{2-71}$$

$$I_e = a_{11}\left[\exp\left(\frac{qV_{be}}{kT}\right) - 1\right] - a_{12} \tag{2-72}$$

同理,可以分析共射极电路的输入与输出特性。由图 2-23 可知,其输入特性关心的是 I_b 与 V_{be} 的关系。由式(2-70)和式(2-71)易得 I_b 的表达式(2-73)。在正常放大偏置条件下,式(2-73)的第二项为常数,I_b 与 V_{be} 的关系仅依赖第一项,即一个简单的 PN 结正偏电流特性。只不过这个 I_b 的大小基本以 I_{pe} 为主,电流值较小,所以在图 2-24 的输入特性曲线纵坐标上使用了单位 μA。同时,式(2-73)也指出,当 $V_{be}=0$ 时,I_b 存在一个小电流,即流出基区的集电区空穴抽取电流。对于其输出特性曲线,当 $V_{ce}=0$ 时,对固定的 I_b 来说 $V_{be}=V_{bc}>0$,此时发射结和集电结均处于正偏,耗尽区宽度均较窄,集电极到发射极的总电阻 R_{ce} 较小。当 V_{ce} 逐渐变大时,V_{bc} 的正偏逐渐减小,但此时 R_{ce} 还是很小的,因此 I_c 主要由输出回路负载电阻 R_L(图中未标出)主导,I_c 基本呈线性

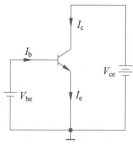

图 2-23　NPN BJT 典型
共射极电路

上升。V_{ce} 增大到一定程度,$V_{bc}<0$,对于固定的 I_b,式(2-73)会给出固定的 V_{be},进而式(2-71)表明 I_c 饱和。参变量 I_b 越大,集电结进入反偏需要的 V_{ce} 也越大,I_c 进入饱和就越晚。发射结和集电极均正偏时,BJT 处于饱和区;发射结正偏,集电结反偏时,BJT 处于放大区;两个结均反偏时,BJT 处于截止区。这里饱和主要是指 $I_c<\beta I_b$,理想放大关系不再成立,放大"饱和"了。

$$I_b = -I_e - I_c = -(a_{11}+a_{21})\left[\exp\left(\frac{qV_{be}}{kT}\right) - 1\right] - (a_{12}+a_{22})\left[\exp\left(\frac{qV_{bc}}{kT}\right) - 1\right]$$

$$= qA\frac{D_{pe}p_{ne}^0}{L_{pe}}\left[\exp\left(\frac{qV_{be}}{kT}\right) - 1\right] + qA\frac{D_{pc}p_{nc}^0}{L_{pc}}\left[\exp\left(\frac{qV_{bc}}{kT}\right) - 1\right] \tag{2-73}$$

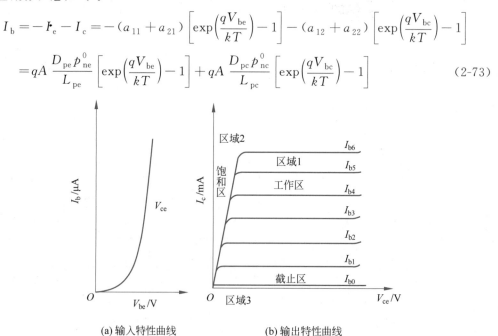

(a) 输入特性曲线　　　　　　　　(b) 输出特性曲线

图 2-24　理想 NPN BJT 共射极电路的输入与输出特性曲线

2.3 BJT 的非理想现象

视频

2.3.1 发射结面积对 γ 的影响

如图 2-25(a)所示,实际 NPN BJT 平面管在制造中是通过垂直于表面的杂质(注入)扩散相继形成集电结和发射结的,这就导致发射结实际是嵌套在基区内部的。这样就存在本征基区和非本征基区的区别。发射结电子电流分布如图 2-25(b)所示,发射结发射的电子流 I_{ne} 面向窄基区($W_b \ll L_{nb}$)部分对应着本征基区,而面向宽基区($W_b \gg L_{nb}$)部分的 I'_{ne} 对应着非本征基区。前者能有效扩散渡越过基区被集电区收集,并产生放大,对应的发射结面积为 A_{je}^*;后者则只能增加 I_e,对应的发射结四周面积为 A_{jeo}。因此对于有一定结深的发射结来说,其发射效率 γ 需要重新定义为式(2-74),其中 I_{pe}/I_{ne} 由式(2-75)表达。近似认为前述章节发射结相应的空穴、电子电流密度 J_{pe}、J_{ne} 保持不变,式(2-74)中增加出来的修正项只与发射结面向本征基区和非本征基区的面积有关。提高发射效率,需要减小 A_{jeo},增大 A_{je}^*,这就要求发射结结深要浅、面向本征基区的发射结面积要大。

$$\gamma = \frac{I_{ne}}{I_{ne} + I_{pe} + I'_{ne}} = \left[1 + \frac{J_{pe}(A_{je}^* + A_{jeo})}{J_{ne}A_{je}^*} + \frac{A_{jeo}}{A_{je}^*}\right]^{-1}$$

$$= \left(1 + \frac{A_{jeo}}{A_{je}^*}\right)^{-1}\left(1 + \frac{J_{pe}}{J_{ne}}\right)^{-1} \tag{2-74}$$

$$\frac{I_{pe}}{I_{ne}} = \frac{J_{pe}(A_{je}^* + A_{jeo})}{J_{ne}A_{je}^*} \tag{2-75}$$

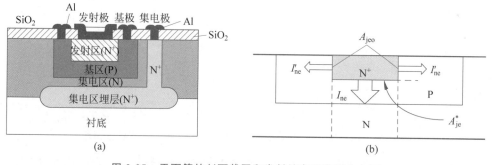

图 2-25　平面管的剖面截图和发射结电子电流分布图

2.3.2 基区宽度调制效应(Early 效应)

对于共射极电路输出特性,需要考察 I_c 随 V_{ce} 变化的情况。正常放大条件下集电结反偏,V_{ce} 增加意味着集电结耗尽区要展宽。如图 2-26 所示,展宽的耗尽区将同时向基区与集电区扩展。这势必造成中性基区的有效宽度由热平衡态时的 W_b 减小至 W_b^*(图中以 $V_{cb} = 20\text{V}$ 为例)。在 V_{be} 固定的条件下,在 $x = 0$ 的位置基区电子浓度 $n_b(0)$ 保持不变。当 $W_b \ll L_{nb}$ 时,$n_b(x)$ 在基区内的线性分布梯度自然变大,导致 I_{ne}、I_c 均跟着变大。因此,如图 2-26 所示的共射极输出特性曲线不同于图 2-24,I_c 不再饱和,而是随着 V_{ce} 的增加,$dn_b(x)/dx$ 也增大,I_c 同步变大,并且不同参变量 I_b 对应的输出特性曲线簇反向延长线交于 V_{ce} 负轴上的 V_a 点。V_a 称为厄利(Early)电压。这种基区中性区宽度随外加电压特别是 V_{bc} 变化而变化的效应称为基区宽度调制效应,也称厄利效应。式(2-76)给出了窄基区 I_c 的表达式,并在式(2-77)中对 I_c 对 V_{cb} 的依赖进行了分析。由图 2-26 可知,式(2-77)其实就是输出特性曲线 V_{ce} 较大部分的微分斜率。所以利用反向延长线交于 V_a 点的规律,式(2-77)可以用 $V_{ce}=0$ 处的 $-I_c/V_a$ 来表示。于是,V_a 的表达式得以建立,如式(2-78)所示。当基区是非均匀掺杂时,用式(2-79)来表示 V_a。在后面讨论漂移型 BJT 时会给出其具体推导过程。

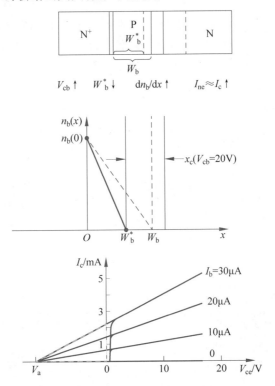

图 2-26 基区宽度调制效应原理图与对应的共射极输出特性曲线

对于实际 BJT,在图 2-26 的输出特性曲线上,随着 V_{ce} 增大中性基区宽度减小,必然导致基区复合电流 I_{vb} 也减小。这样在 I_b 固定的情况下,I_{vb} 下降就要求 I_{pe} 增加,即 V_{be} 要增加。于是 $n_b(0)$ 将变大,这进一步导致 $dn_b(x)/dx$ 增大,I_c 同步变大。厄利效应直接导致共射极输出电阻减小。

$$I_c \approx I_{ne} = \frac{qAD_{nb}n_{pb}^0}{W_b^*}\exp(qV_{be}/kT) \tag{2-76}$$

$$\frac{\partial I_c}{\partial V_{cb}} = \frac{\partial I_c}{\partial W_b^*}\frac{\partial W_b^*}{\partial V_{cb}} = -\frac{I_c}{W_b^*}\frac{\partial W_b^*}{\partial V_{cb}} = -\frac{I_c}{V_a} \tag{2-77}$$

$$V_{a} = W_{b}^{*} \Big/ \frac{\partial W_{b}^{*}}{\partial V_{cb}} < 0 \qquad (2\text{-}78)$$

$$V_{a} = \frac{\int_{0}^{W_{b}^{*}} N_{b}(x)\,\mathrm{d}x}{N_{b}(W_{b}^{*})\,\dfrac{\partial W_{b}^{*}}{\partial V_{cb}}} \qquad (2\text{-}79)$$

2.3.3　发射结复合电流影响

实际 NPN BJT 的发射结正偏时,耗尽区内部是存在复合电流 I_{re} 的,如图 2-27 所示。耗尽区内部的复合电流可以用最大净复合率 $U(n=p$ 时) 与耗尽区体积乘积进行估算,如式(2-80)~式(2-82)所示,其中 δ_{e} 是发射结耗尽区总宽度。对于式(2-82)在实际使用时一般用 m 代替2,$1 \leqslant m \leqslant 2$。如图 2-27 所示,$I_{re}$ 也是 I_{e} 的组成分量。用式(2-83)表示 I_{ne},重写 γ 为式(2-84)。式(2-84)与式(2-56)对比,显然 γ 变小了。这将影响 BJT 的放大性能。式(2-84)表明,随着 V_{be} 的减小,γ 减小,反之亦然。如图 2-27 所示,V_{be} 减小,α 减小;同时 V_{be} 减小,导致 I_{c} 也减小,而 α 减小对应着 β 减小。最后可以得到 I_{c} 减小、β 减小的结论。

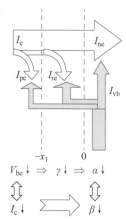

图 2-27　发射结正偏时耗尽区
内外电流分布

这是一种正相关关系。为了定量描述这种关系,再次定义 β 为式(2-85)。因为 $I_{vb} \ll I_{ne}$,$I_{c} \approx I_{ne}$,但 I_{vb} 在 I_{b} 中的占比不一定很小,暂不忽略。为了便于分析,式(2-85)进一步改写为式(2-86)。根据式(2-56),有式(2-87);根据式(2-67),有式(2-88);根据式(2-82)、式(2-83),有式(2-89)。正偏,特别是弱正偏时,例如,取 $V_{be}=0.26\text{V}$,$m=2$,$I_{re}/I_{ne} = \mathrm{e}^{-5} \sim 10^{-3}$,式(2-89)的值此时远大于式(2-87)和式(2-88)的和,且只有式(2-89)与 V_{be} 有关,而式(2-83)表明这意味式(2-89)与 I_{c} 有关。所以 β 可以近似写成式(2-90)和式(2-91)。对 I_{c} 的依赖规律,则可以通过式(2-92)进行分析。式(2-92)清晰表明了 β 与 I_{c} 的正相关关系。如图 2-28 所示,这种规律适用于弱正偏的情况,只有此时 I_{re} 的占比较大,对 I_{c} 影响明显。当然,图 2-28 也表明,前述理想 BJT 关于 β 是一个常数的讨论在实际 BJT 中不成立。

$$np = n_{i}^{2}\exp(qV_{be}/kT) > n_{i}^{2} \qquad (2\text{-}80)$$

$$U = \frac{n_{i}}{2\tau}\exp(qV_{be}/2kT) \qquad (2\text{-}81)$$

$$I_{re} = \frac{1}{2\tau}q\delta_{e}An_{i}\exp(qV_{be}/2kT) = \frac{1}{2\tau}q\delta_{e}An_{i}\exp(qV_{be}/mkT) \qquad (2\text{-}82)$$

$$I_{ne} = \frac{qAD_{nb}n_{pb}^{0}}{W_{b}}\exp(qV_{be}/kT) \approx I_{c} \qquad (2\text{-}83)$$

$$\gamma = \frac{I_{ne}}{I_{ne} + I_{pe} + I_{re}} = \left[1 + \frac{\rho_e W_b}{\rho_b L_{pe}} + \frac{N_b \delta_e W_b}{2n_i L_{nb}^2} \exp(-qV_{be}/2kT)\right]^{-1} \quad (2\text{-}84)$$

$$\beta = \frac{I_c}{I_b} = \frac{I_{ne}}{I_{pe} + I_{re} + I_{vb}} \quad (2\text{-}85)$$

$$\beta^{-1} = \frac{I_{pe}}{I_{ne}} + \frac{I_{vb}}{I_{ne}} + \frac{I_{re}}{I_{ne}} \quad (2\text{-}86)$$

$$\frac{I_{pe}}{I_{ne}} \approx \frac{\rho_e}{\rho_b} \frac{W_b}{L_{pe}} \quad (2\text{-}87)$$

$$\frac{I_{vb}}{I_{ne}} \approx \frac{W_b^2}{2L_{nb}^2} \quad (2\text{-}88)$$

$$\frac{I_{re}}{I_{ne}} \approx \exp\left[(1/m - 1)\frac{qV_{be}}{kT}\right] \quad (2\text{-}89)$$

$$\beta^{-1} \approx \exp\left[(1/m - 1)\frac{qV_{be}}{kT}\right] \quad (2\text{-}90)$$

$$\beta = \exp\left[(1 - 1/m)\frac{qV_{be}}{kT}\right] \quad (2\text{-}91)$$

$$\frac{d(\log\beta)}{d(\log I_c)} = \frac{I_c}{\beta}\frac{d\beta}{dI_c} = \frac{I_c}{\beta}\frac{d\beta}{dV_{be}} \times \frac{dV_{be}}{dI_c} \approx (1 - 1/m) \quad (2\text{-}92)$$

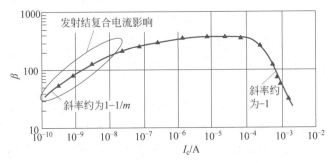

图 2-28　发射结复合电流对 β 的影响

2.3.4　大注入效应之一——Webster 效应

前面介绍了发射结弱正偏时 I_{re} 对 β 的影响,揭示了一种影响 BJT 的非理想效应。当发射结正偏过大以至于引起大注入时,则会出现一种新的非理想效应——Webster 效应。

以 Si 基 NPN 晶体管为例,若基区掺杂浓度 $N_b = 10^{17}\,\mathrm{cm}^{-3}$,计算表明当发射结偏压 $V_{be} = 0.76\mathrm{V}$ 时,$n_{pb}(0) \approx 0.1N_b$,此时发射结就进入大注入。可见,发射结的 Webster 效应还是比较容易发生的。由半导体物理知识可知,大注入时,图 2-29 对应的 I_{ne} 和 I_{pe} 分别为式(2-93)和式(2-94),即大注入主要改变了 I_{ne},因为只在基区的电子扩散区存在电场和压降。显然,I_{ne} 的改变直接会改变发射结注入效率。此时再次考察式(2-95)所示

的 β。为了便于分析,同样有式(2-96)。根据式(2-97)～式(2-99),式(2-96)可以进一步简化为式(2-100)。显然,此时 β 与 I_c 的关系在图 2-30 上就显示为一段斜率为 -1 的直线。因此,Webster 效应直接导致 β 随 I_c 增加快速减小,本质就是式(2-97)表明的发射效率会同步下降的事实。

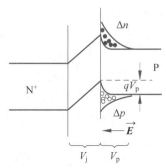

图 2-29　$\mathrm{N^+P}$ 发射结大注入情况下的能带简图

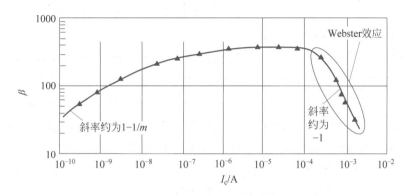

图 2-30　Webster 效应对 β 的影响

$$I_c \approx I_{ne} = qA(2D_{nb}) \frac{n_i}{W_b} \exp(qV_{be}/2kT) \tag{2-93}$$

$$I_{pe} = \frac{qAD_{pe}p_{ne}^0}{L_{pe}} \exp(qV_{be}/kT) \tag{2-94}$$

$$\beta = \frac{I_c}{I_b} = \frac{I_{ne}}{I_{pe} + I_{re} + I_{vb}} \tag{2-95}$$

$$\beta^{-1} = \frac{I_{pe}}{I_{ne}} + \frac{I_{vb}}{I_{ne}} + \frac{I_{re}}{I_{ne}} = \alpha_1 I_c + \alpha_2 + \alpha_3 I_c^{2/m-1} \tag{2-96}$$

$$I_{pe}/I_{ne} \sim \exp(qV_{be}/2kT) \sim I_c \tag{2-97}$$

$$I_{vb}/I_{ne} \approx \frac{1}{2} \times \frac{W_b^2}{2L_{nb}^2}(D_{nb} \to 2D_{nb}) \to 0 \tag{2-98}$$

$$I_{re}/I_{ne} \approx \alpha_3 I_c^{2/m-1}(m=2) \approx \frac{W_b \delta_e}{4L_{nb}^2} \to 0 \tag{2-99}$$

$$\beta^{-1} \approx \alpha_1 I_c \qquad\qquad (2\text{-}100)$$

2.3.5 大注入效应之二——Kirk 效应

当发射结进入大注入时，集电结也将出现一个明显的负效应，即 Kirk 效应，也叫基区展宽效应。平面管中一般基区的掺杂浓度 N_b 比集电区 N_c 高一个数量级即可，因此

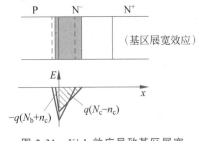

图 2-31 Kirk 效应导致基区展宽
原理示意图

当 $n_{pb}(0) \approx 0.1 N_b$ 时，I_{ne} 对应的电子浓度 n_c 和 N_c 一样。如图 2-31 所示，这些高浓度电子一方面将等效提高集电结基区一侧耗尽区的"固定"负电荷中心浓度，减小在基区一侧耗尽区的宽度；另一方面将等效减少集电结耗尽区在集电区一侧"固定"正电荷中心浓度，增加在集电区一侧耗尽区的宽度。这客观上造成了基区中性区展宽，如图 2-31 所示，而这必然影响基区输运系数 β^*。为了定量分析 Kirk 效应，以式(2-101)定义 Kirk 效应的发生条件，其中 v_s 为电子饱和漂移速度。

对于图 2-25 显示的 $N^+PN^-N^+$ 平面管的集电结和衬底部分，考察对应的集电结耗尽区分布随 I_c 的变化情况，此时集电区的宽度是一个有限值，即 W_c。如图 2-32 所示，随着 I_c 增加集电结的耗尽区逐渐向集电区扩展，同时在集电区耗尽区的电场梯度也在逐渐下降。当耗尽区边缘到达集电区 N^-N^+ 界面时，将因为衬底 N^+ 区掺杂浓度太高而等效"停滞"在这个界面，不能继续向 N^+ 区扩展，耗尽区宽度将维持在 W_c。当 I_c 进一步增大时，集电区净掺杂浓度 $(N_c - n_c)$ 跟着减小，导致集电区的电场梯度进一步下降，甚至可以到零，此时 $n_c = N_c$ 耗尽区内部实现电中性。随着 I_c 进一步增大，$n_c > N_c$，耗尽区的电场梯度开始变为负值，直至集电结耗尽区所有负电荷均由集电区提供，集电结耗尽区在基区一侧的宽度为零。此时 $J_c = J_{c0}$，$n_c = n_{c0}$，是基区即将展宽的临界条件。此后，随着 I_c 继续增大，集电结耗尽区开始由 W_c 变窄，在原始集电界面集电区一侧出现了中性区，等效增加了基区中性区的宽度，而这个宽度随着 I_c 的增加进一步变大。同时需要指出，因为此时的 V_{cb} 维持不变，因此图 2-32 中集电结耗尽区对应的面积基本不变。因此当基区展宽后，由于集电结耗尽区宽度的变窄，其内部峰值电场强度将相应增加。

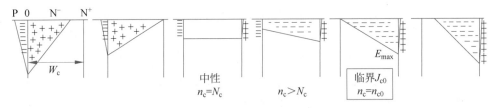

图 2-32 基区展宽和集电结耗尽区的电荷、电场分布随 I_c 变化的过程

　　现在估算基区展宽的临界条件。根据图 2-32，由式（2-102）～式（2-104）可以计算出此时的 n_{c0}，进而得出此时对应的 J_{c0}，如式（2-105）所示。当 $J_c > J_{c0}$ 时，基区展宽，$W_b \rightarrow W_b + \Delta W_b$，进一步导致基区复合电流分量增大，$\beta^*$ 减小，α 减小，最终 β 也减小。对于 Si 平面管来说，式（2-105）括号内的第一项大小约为 $10^{15}\,\mathrm{cm}^{-3}$，基本不会超过 N_c（$N_c \approx 10^{16}\,\mathrm{cm}^{-3}$）。因此，当发射结进入明显大注入，即 $n_c \gg N_c$ 时，集电结自然就会同步出现 Kirk 效应，即 Webster 效应往往和 Kirk 效应是混在一起难以单独区分的，因此在图 2-33 中出现 Webster 效应的地方也标注了 Kirk 效应的适用范围。

$$n_c \geqslant \frac{J_c}{qv_s} = \frac{qv_s N_c}{qv_s} = N_c \tag{2-101}$$

$$|V_{bc}| \approx \frac{1}{2} W_c \, |E_{max}| \tag{2-102}$$

$$\frac{|E_{max}|}{W_c} = \frac{q(n_{c0} - N_c)}{\varepsilon_s} \tag{2-103}$$

$$n_{c0} = \frac{2\varepsilon_s \, |V_{bc}|}{qW_c^2} + N_c \tag{2-104}$$

$$J_{c0} = qv_s \left(\frac{2\varepsilon_s \, |V_{bc}|}{qW_c^2} + N_c \right) \tag{2-105}$$

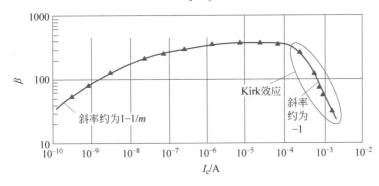

图 2-33　Kirk 效应对 β 的影响

2.3.6　大注入效应之三——发射极电流集边效应（基极电阻自偏压效应）

　　如图 2-25 所示，NPN 平面管的实际结构表明基极电流（I_{pe} 和 I_{vb}）是两侧对称水平流入本征基区的，其中 I_{pe} 不在本征基区内部损失而是会跨过发射结流至发射区，I_{vb} 则会消耗在基区内部，但其量很小，如图 2-34 所示。因为水平方向上基区存在一定的电阻，进而必定导致基极电流在基区内部存在压降，这引起在本征基区边缘部分的发射结压降与在中心部分的压降存在差异。显然，在边缘部分的 V_{be} 要偏大一些，而由于基区电阻导致的压降，中心部分的 V_{be} 则要偏小一些。因为 I_{ne} 正比于 $\exp(qV_{be}/kT)$，所以表观上看 I_e 将比较集中在发射结的边缘，所以这个效应称为发射极电流集边效应。又因为这个效应的存在是基区电阻导致的，所以也称为基区电阻自偏压效应。

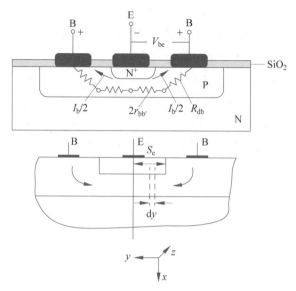

图 2-34 发射极电流集边效应的原理图

如图 2-34 的坐标系所示,以 $y=0$ 的位置作为发射极的中心,因为 I_b 是从外部流入本征基区的,所以越靠近 $y=0$ 的位置,V_{be} 越小。定义中心 V_{be} 比边缘 V_{be} 低一个热电压 kT/q 时对应的发射极半宽为发射极有效半宽 ΔS_{eff}。即发射极再宽,I_e 也不会更大,因为中心部分的发射极上几乎没有 I_e 的分流。现估算 ΔS_{eff}。根据定义有式(2-106),又根据宏观欧姆定律有式(2-107),注意这里只计算了一边流入的 I_b,因此是 I_c/β 的一半。于是,ΔS_{eff} 可由式(2-108)定义,式中 L_e 是垂直于纸面方向发射极的宽度。式(2-108)为最大化节约芯片面积提供了发射极面积定义的有效依据。

$$\Delta V_y = V(\Delta S_{eff}) - V_y(0) = \frac{kT}{q} \tag{2-106}$$

$$\rho \frac{\Delta S_{eff}}{W_b L_e} \times \frac{I_c}{2\beta} = \frac{kT}{q} \tag{2-107}$$

$$\Delta S_{eff} = \frac{2kT\mu_{pb}N_b W_b L_e \beta}{I_c} \tag{2-108}$$

为了更准确地计算 ΔS_{eff},需要使用图 2-35 所示的分布式基区电阻模型。在这个模型中,I_b 只考虑 I_{pe},且 $y=0$ 的位置是发射极中心,$V(y)$ 就是 y 处比 $V(0)$ 高的 V_{be}。因此,y 处的发射极电流密度 $J_e(y)$ 可以写为式(2-109)。而式(2-110)则表示了 $V(y)$ 的构成规律,其中 r_b 是基区电阻,dr_b 可以用器件材料和几何参数直接表达。注意 $J_b(y)$ 是水平方向 I_b 对应的电流密度,ρ_b 是基区电阻率。由式(2-110)可得式(2-111)。又根据 $I_b=I_e-I_c$(不考虑端电流流入为正的规定),有式(2-112),又有式(2-113)。将式(2-111)代入式(2-113)可得式(2-114)。于是,出现了一个只包含未知量 $V(y)$ 的方程式。原则上,通过施加适当的边界条件就可以求解出 $V(y)$ 的具体表达式,进而可以求出更准确的 ΔS_{eff}。本模型中只考虑了一个基极的情况。

$$J_e(y) = J_e(0)\exp[qV(y)/kT] \tag{2-109}$$

$$dV(y) = I_b(y)dr_b = I_b(y)\rho_b \frac{dy}{L_e W_b} = J_b(y)\rho_b dy \tag{2-110}$$

$$J_b(y) = \frac{dV(y)}{\rho_b dy} \tag{2-111}$$

$$dI_b = [J_e(y) - J_c(y)]L_e dy \tag{2-112}$$

$$\frac{dJ_b}{dy} = \frac{J_e(y) - J_c(y)}{W_b} = \frac{(1-\alpha)J_e(y)}{W_b} \tag{2-113}$$

$$\frac{d^2 V(y)}{dy^2} = \frac{\rho_b(1-\alpha)}{W_b}J_e(0)\exp\left[\frac{qV(y)}{kT}\right] \tag{2-114}$$

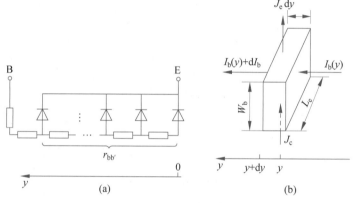

图 2-35　用分布式模型计算发射极有效半宽 ΔS_{eff} 的原理图

2.3.7　实际晶体管的输入与输出特性

视频

如图 2-36 所示,以 V_{be} 为横坐标、I_b 和 I_c 为纵坐标,分别显示了不同非理想效应对 Si BJT 电流行为的影响。因为发射结复合电流主要体现在弱正偏对 $I_b(I_e)$ 的增加,而 $I_c(I_{ne})$ 则因为是跨过发射结耗尽区的电流而不受其影响,因此在 V_{be} 较小时只有 I_b 曲线明显大于理想 I_b。当 $V_{be} > 0.4V$ 时,发射结复合电流的影响就不明显了。当 $V_{be} > 0.7V$ 时,I_c 曲线明显受 Webster/Kirk 效应影响,开始低于理想 I_c 的增长。当 $V_{be} > 0.8V$ 时,I_b 曲线开始受基区电阻自偏压效应影响。之所以 I_b 受大注入效应较晚,主要是因为 $I_b = I_c/\beta$,本身是一个小量,因此根据式(2-107),要想产生 kT/q 的热电压,需要更大的 I_c,即 V_{be} 还要更大一些才行。因为 $\beta = I_c/I_b$,所以根据图 2-36 自然得到图 2-37,即实际 Si 基 NPN BJT 的 β 与 I_c 的关系。

下面具体分析实际晶体管共基极接法情况下的输入和输出特性,如图 2-38 所示。与图 2-22 所示理想情况不同的是,对于输入特性来说,随着 V_{cb} 的增加,相同 V_{be} 下的 I_e 会增大。这主要是由于存在厄利效应,V_{cb} 增大,导致基区电子浓度梯度增加,I_{ne} 增大,即 I_e 增大。而输出特性则与理想情况差别不大。但随着 V_{cb} 的增加,为了抵消厄利效应

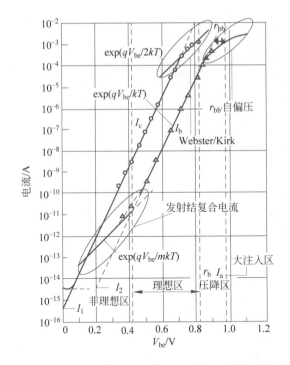

图 2-36　实际 Si 基 NPN BJT 的 I_c、I_b 对 V_{be} 的依赖关系

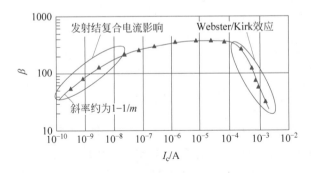

图 2-37　实际 Si 基 NPN BJT 的 β 与 I_c 的关系

增大 I_e 的作用,必然要求 V_{be} 要跟着下降,以满足参变量 I_e 保持不变的要求。图 2-39 给出了实际晶体管共射极接法情况下的输入与输出特性。与图 2-24 所示理想情况不同的是,对于输入特性来说,当 $V_{be}=0$V 时,$I_b=I'_{cbo} \approx I_{cbo} \neq 0$;随着参变量 V_{ce} 的增加,由于厄利效应,基区复合电流减小,导致相同 V_{be} 情况下 I_b 下降。对于输出特性来说,厄利效应导致实际 I_c 表现与理想情况差异巨大,主要体现在输出阻抗由理想的无穷大变为较小的有限值。对应于放大区 I_c 随 V_{ce} 增大而增大,且不同参变量 I_b 情况下放大区 I_c 反向延长线交于 $I_c=0$ 时 V_{ce} 负轴上的一点,这一点对应的电压为 V_a,V_a 就是厄利电压。V_{ce} 增大,主要压降都降落在反偏的集电结上,因此厄利效应明显,基区内的电子浓度梯度变大,I_c 随之增大。同时,厄利效应会导致基区复合电流随 V_{ce} 增大而减小,即 I_b 会减小,但在输出特性曲线上要求 I_b 不变,因此必然要求 V_{be} 要随之些许增大以满足 I_b

不变的条件。V_{be} 的增加,进一步推高了 I_c。因此,在共射极输出特性曲线上,厄利效应将起到双重推高 I_c 的作用,导致了非常明显的阻抗变小现象。

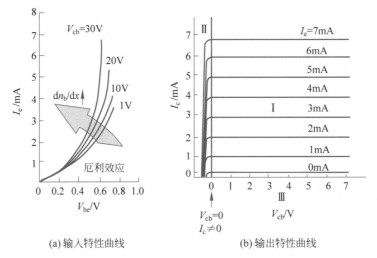

(a) 输入特性曲线　　　　　　　　(b) 输出特性曲线

图 2-38　实际 NPN BJT 共基极输入与输出特性曲线

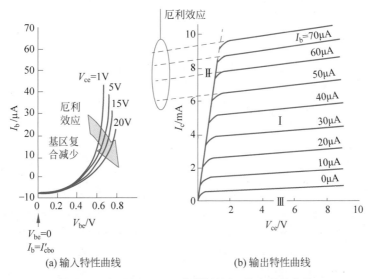

(a) 输入特性曲线　　　　　　　　(b) 输出特性曲线

图 2-39　实际 NPN BJT 共射极输入、输出特性曲线

2.4　反向特性

2.4.1　晶体管的反向电流

图 2-40 给出了 PN 结反偏情况下的少子分布情况。实际 PN 结的反向电流 I_R 包含理想情况下的扩散电流分量 I_d,在耗尽区存在的产生电流分量 I_g 和工艺相关的漏电流 I_l,如式(2-115)所示,其中 I_d 由式(2-116)确定。在式(2-117)的优选条件下结合式(2-118)

视频

关于产生率的定义,可得耗尽区产生电流 I_g,如式(2-119)所示,其中 E_t 为复合中心能级,r_n 和 r_p 分别为电子和空穴的俘获系数,G 为产生率,U 为复合率,x_D 为耗尽区宽度。对于 P^+N 结,扩散电流密度 J_{rd} 如式(2-120)所示,而式(2-121)则给出了 J_{rd} 与产生电流密度 J_G 的比值。由式(2-121)可知,在相同掺杂条件下,Ge 材料 P^+N 结中 n_i 比 Si 材料 P^+N 结的 n_i 高 3 个数量级。同时这里的 J_G 是按照比较理想的最大 J_G 来估算的,实际 J_G 比这个估算值要小很多。实验测试表明,一般 Ge 材料 PN 结以 I_d 为主,相应的 Si 材料

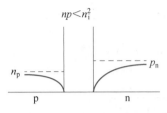

图 2-40   PN 结反偏情况下两边少子的分布情况

(虚线表示平衡态下少子的分布)

PN 结就以 I_g 为主。

$$I_R = I_d + I_g + I_l \tag{2-115}$$

$$I_d = qA\left(\frac{D_n n_p^0}{L_n} + \frac{D_p p_n^0}{L_p}\right) \tag{2-116}$$

$$n_i \gg n, n_i \gg p; \quad E_t = E_i; \quad r_n = r_p = r \tag{2-117}$$

$$G = -U = \frac{n_i}{2\tau} \tag{2-118}$$

$$I_g = qA n_i x_D / 2\tau \tag{2-119}$$

$$J_{rd} = J_s = \frac{qD_p n_i^2}{L_p N_D} \tag{2-120}$$

$$\frac{J_{rd}}{J_G} = 2\frac{n_i}{N_D}\frac{L_p}{x_D} \tag{2-121}$$

1. I_{cbo}

由于 NPN BJT 基区宽度 W_b 很薄,造成发射结和集电结都不是上述这种普通 PN 结,因此其反向电流表现也不同于上述推导。如图 2-41 所示,发射极开路条件下,求解理想 BJT 的集电结反向电流 I_{cbo}。对于 Si BJT 来说,由于是 I_g 为主,因此不受 W_b 很小的影响,直接可以写为式(2-122),其中 x_c 是集电结耗尽区宽度。而对于 Ge NPN BJT 来说,符合前面关于 BJT 电流特性的分析,在 $I_e = 0$ 的条件下用式(2-70)获得约束条件,代入式(2-71)后结合式(2-56)可得 I_{cbo},如式(2-123)所示。显然,I_{cbo} 虽小,但不为零。因此,对 BJT 来说集电结实际工作在反偏电压下时,正确的 I_c 电流表达式应该是式(2-124),其中 αI_e 部分代表具有"放大"意义的电流分量。此外,式(2-70)在 $V_{bc} \ll 0$ 和 $I_e = 0$ 的条件下,可以直接求解得到 $V_{eb} > 0$。集电结反偏时,基区电子被抽取至集电极,基区太薄导致抽走的电子直接降低了发射结耗尽区基区边界处的电子浓度,进而导致发射结耗尽区两侧电子扩散漂移平衡被破坏,发射区电子将更多扩散至基区,从而破坏发射区电中性,发射极对基极呈现正电势差。由于发射极

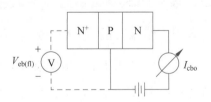

图 2-41 I_{cbo} 测量电路

开路,因此这个电压是浮空电压,写为 $V_{\mathrm{eb(fl)}}$。

$$I_{\mathrm{cbo}}=\frac{qAn_{\mathrm{i}}x_{\mathrm{c}}}{2\tau} \tag{2-122}$$

$$I_{\mathrm{cbo}}=qA\left[\frac{D_{\mathrm{nb}}n_{\mathrm{pb}}^{0}}{W_{\mathrm{b}}}(1-\gamma)+\frac{D_{\mathrm{pc}}p_{\mathrm{nc}}^{0}}{L_{\mathrm{pc}}}\right] \tag{2-123}$$

$$I_{\mathrm{c}}=\alpha I_{\mathrm{e}}+I_{\mathrm{cbo}} \tag{2-124}$$

2. I_{ebo}

与 I_{cbo} 测量类似,当集电极开路时如图 2-42 所示,可以测量 I_{ebo}。同样,对于 Si BJT 来说仍然以产生电流为主,与基区宽度关系不大,因此仍然可以用式(2-122)来表达 I_{ebo},只不过要用发射结耗尽区宽度 x_{e} 来代替 x_{c}。对于 Ge BJT 来说,也可以得到一个类似式(2-123)的式(2-125),只不过要把式(2-123)中表示集电极的下标 c 改为表示发射极的 e,同时要把 BJT 正常工作时使用的发射效率 γ 改为反向工作发射效率 γ_{I},即把发射极和集电极对调使用后的 BJT 的发射效率。当然,此时的 V_{cb} 也是一个正值浮空电压。

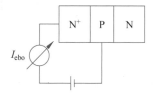

图 2-42 I_{ebo} 测量电路

$$I_{\mathrm{ebo}}=qA\left[\frac{D_{\mathrm{nb}}n_{\mathrm{pb}}^{0}}{W_{\mathrm{b}}}(1-\gamma_{\mathrm{I}})+\frac{D_{\mathrm{pe}}p_{\mathrm{ne}}^{0}}{L_{\mathrm{pe}}}\right] \tag{2-125}$$

3. I_{ceo}

与 I_{cbo} 和 I_{ebo} 这两种相对简单 PN 结反向电流不同,非常体现 BJT 放大属性的 I_{ceo} 对应基极开路情况下的电流,测量电路如图 2-43 所示。根据式(2-126)和式(2-127)(此时只考虑电流大小),由于 $I_{\mathrm{b}}=0$,易得式(2-128),此时 $I_{\mathrm{e}}=I_{\mathrm{c}}=I_{\mathrm{ceo}}$。由式(2-128)易得式(2-129),即 I_{ceo} 是 I_{cbo} 的 $1+\beta$ 倍。重写式(2-3)为式(2-130)。在图 2-43 的配置中,当集电结反偏时流过其耗尽区的 $I_{\mathrm{cbo}}(=I_{\mathrm{pc}}+I_{\mathrm{nb}})$ 进入基区后,I_{nb} 因产生电流原因也将转化为空穴电流,这就相当于一股大小等于 I_{cbo} 的空穴电流流入基区。这股电流会产生与图 2-9 中 I_{b} 一样的作用,即 $I_{\mathrm{b}}=I_{\mathrm{cbo}}=I_{\mathrm{vb}}+I_{\mathrm{pe}}$。于是 $I_{\mathrm{nc}}=\beta I_{\mathrm{b}}=\beta I_{\mathrm{cbo}}$,自然就有式(2-129)。当基区很厚时,$I_{\mathrm{vb}}$ 主导 I_{cbo},I_{pe} 很小,V_{be} 也很小,I_{ne} 全部转化为 I_{vb},晶体管失去放大能力,图 2-43 就变成两个背靠背 PN 结二极管的串联,$\beta=0$。当基区很薄时,I_{vb} 很小,I_{pe} 主导 I_{cbo},V_{be} 较大,$\beta>0$,于是就出现明显的 I_{nc},生动体现了薄基区 BJT 的放大作用。此外,根据式(2-126)和式(2-129)可以得到式(2-131)。式(2-131)与式(2-5)相比,多了一项 I_{ceo},这是可以理解的,因为式(2-5)的定义中使用了共基极电流放大系数 α,而 α 的定义中使用了 $V_{\mathrm{cb}}=0$ 的条件,此时 $I_{\mathrm{cbo}}=0$,I_{ceo} 自然为 0。

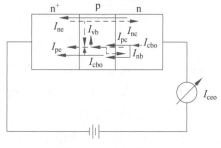

图 2-43 I_{ceo} 测量电路

(实线是电流方向,虚线是载流子方向)

所以实际 BJT 中 $V_{cb}\neq0$，$I_{cbo}\neq0$，这就要求将实际 BJT 按照图 2-10 对应的 $V_{cb}=0$ 的共基极电路的测量设置与图 2-43 基极开路的测量设置重叠在一起考虑，这样最符合真实的器件工作原理。而且这两种设置互不干扰，独立运作，但只有前者是有放大意义的。I_{ceo} 也称为反向穿透电流。

$$I_c = \alpha I_e + I_{cbo} \tag{2-126}$$

$$I_e = I_b + I_c \tag{2-127}$$

$$I_{ceo} = \alpha I_{ceo} + I_{cbo} \tag{2-128}$$

$$I_{ceo} = \frac{1}{1-\alpha}I_{cbo} = (1+\beta)I_{cbo} \tag{2-129}$$

$$I_b = I_{pe} + I_{vb} - I_{cbo} \tag{2-130}$$

$$I_c = \frac{\alpha}{1-\alpha}I_b + \frac{1}{1-\alpha}I_{cbo} = \beta I_b + (1+\beta)I_{cbo} = \beta I_b + I_{ceo} \tag{2-131}$$

视频

2.4.2　晶体管反向击穿电压

1. BV_{ebo}

BV_{ebo} 是集电极开路时发射结的反向击穿电压，其测量电路如图 2-44 所示，其对应的典型击穿曲线如图 2-45 所示。一般因为 NPN 平面管的基区掺杂浓度较低，BV_{ebo} 通常是雪崩击穿电压。如果基区掺杂浓度较高，也可能表现为齐纳击穿。如图 2-6(b) 所示的平面管，非本征基区对应的发射结部分，往往在 Si 片表面部分基区和发射区的掺杂浓度都较高，因此发射结反向击穿往往容易发生在近表面区域。因为正常工作的 NPN BJT 发射结都是正偏的，所以通常要求 $BV_{ebo} > 4V$。

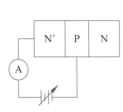

图 2-44　BV_{ebo} 的测量电路

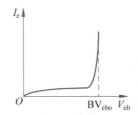

图 2-45　BV_{ebo} 对应的电流-电压曲线

2. BV_{cbo}

与 BV_{ebo} 类似，也存在一个发射极开路情况下集电结的反向击穿电压 BV_{cbo}，其测量电路如图 2-46 所示，典型击穿曲线如图 2-47 所示。对照图 2-6(b)，显然平面管集电结两侧的掺杂浓度都不高，特别是衬底集电区的掺杂浓度一定不高，由它决定了集电结的反向承压能力。也因此导致 BV_{cbo} 通常表现为雪崩击穿电压。由于集电区掺杂浓度更低，集电结耗尽区更多存在于集电区，因此与同样掺杂正常 PN 结类似，也存在大小类似的 BV_{cbo}。因为 BJT 正常工作时集电结就是反偏的，因此 BV_{cbo} 越大越好，以便扩大 BJT 的工作范围。

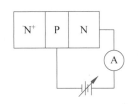

图 2-46 BV_{cbo} 的测量电路

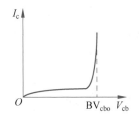

图 2-47 BV_{cbo} 对应的电流-电压曲线

3. BV_{ce}

对于共射极接法的 BJT,其 V_{ce} 对应的击穿电压 BV_{ce} 取决于基极电路的接法。当基极开路时,如图 2-48 所示,$BV_{ce} = BV_{ceo}$。基极开路时,V_{ce} 主要降落在反偏的集电结上,此时的击穿主要是雪崩击穿。现考虑雪崩击穿发生时的电流关系,如式(2-132)所示,其中 M 是击穿后的电流倍增因子。由于基极开路,$I_c = I_e = I_{ceo}$。于是,击穿时有式(2-133)。击穿时 $I_{ceo} \to \infty$,反映到式(2-133)上,就是要求式(2-134)要成立。此时,$M = 1/\alpha$,因为 $\alpha \to 1$,所以 M 并不是很大的数,意味着击穿比较容易发生,即 $BV_{ceo} <$ BV_{cbo}。这也是显然的,因为如 I_{ceo} 的讨论,这种基极开路的接法内部包含了 I_{cbo} 被放大的机制,如式(2-129)所示。M 因子的经验公式符合式(2-135)的描述,其中 V_{br} 就是集电结的反向击穿电压 BV_{cbo},n 是与具体器件有关的数,如式(2-136)所示。根据式(2-135)可以得到击穿时的 BV_{ceo},如式(2-137)所示。显见,β 越大,BV_{ceo} 越小,这就是图 2-43 显示的内部放大的作用。

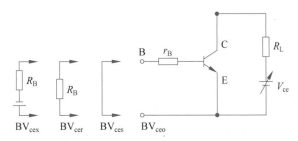

图 2-48 BV_{ce} 对应的几种测量电路

BV_{ceo} 还存在负阻特性,如图 2-49 所示。图 2-50 给出了负阻特性背后的逻辑:集电结因为承压大会先出现雪崩击穿,此时大量的空穴注入基区;因为基区开路空穴无法及时流出,开始填充发射结耗尽区导致发射结 V_{be} 增大,发射结耗尽区电场被削弱,直接由发射极外接电源提供电子的基区 I_{ne} 迅速按自然指数增大。相应的,弱正偏条件下因为发射结耗尽区内复合电流的影响随着 V_{be} 增大而逐渐减小,α 随 I_c 增大(放大作用且 I_{ne} 流经集电结耗尽区继续参与雪崩倍增过程,此时集电极倍增因子大于 1);集电结雪崩注入基区的空穴也会填充集电结耗尽区,导致 $V_{cb}(V_{ce})$ 减小耗尽区宽度减薄,由式(2-135)可知此时 M 也减小(耗尽区减薄雪崩倍增效应减弱)。但 M 减小的同时,α 在变大,所以

$\alpha M=1$ 的关系仍成立,这就意味着 V_{ce} 减小的同时,I_c 仍在变大,这就是负阻效应的原因。显然,其本质仍是 BJT 超薄基区特有的放大能力在起作用。既然发生负阻的主要原因与集电结雪崩注入基区的空穴填充发射结和集电结的耗尽区有关,那么只要将基区的空穴适当引出减少对两个结耗尽区的填充过程,就可以弱化放大作用而增加 BV_{ce}。如图 2-48 和图 2-49 所示,可以直接将 B、E 极短路而得到 BV_{ces};也可以是在 B、E 间跨接一个电阻,因为部分限制了空穴的引出而得到一个小于 BV_{ces} 的 BV_{cer};也可以在 BV_{cer} 的基础上再串联一个反向电源来更有效地引出空穴,从而得到一个比 BV_{cer} 大的 BV_{cex}。V_{sus} 对应负阻效应消失后所需的维持电压。图 2-51 给出了与图 2-49 对应的测量电路图。

$$I_c = \alpha M I_e + M I_{cbo} \tag{2-132}$$

$$I_{ceo} = \frac{M I_{cbo}}{1 - \alpha M} \tag{2-133}$$

$$1 - \alpha M = 0 \tag{2-134}$$

$$M = \frac{1}{1 - (V/V_{br})^n} = \frac{1}{\alpha} \tag{2-135}$$

$$n(\mathrm{Si}) = \begin{cases} 4, & \mathrm{npn} \\ 2, & \mathrm{pnp} \end{cases}, \quad n(\mathrm{Ge}) = \begin{cases} 3, & \mathrm{npn} \\ 6, & \mathrm{pnp} \end{cases} \tag{2-136}$$

$$BV_{ceo} = \frac{BV_{cbo}}{\sqrt[n]{1+\beta}} \tag{2-137}$$

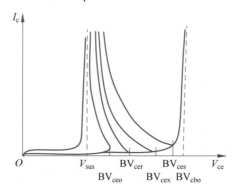

图 2-49 BV_{ce} 对应的几种击穿特性曲线

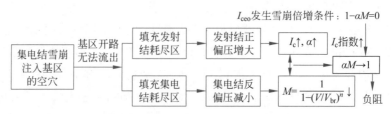

图 2-50 BV_{ceo} 存在负阻特性的逻辑关系

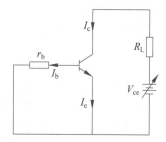

图 2-51　不同基区接法情况下测量 $\mathrm{BV_{ce}}$ 对应的电路图

视频

2.4.3　晶体管穿通电压

1. 基区穿通

如图 2-52 所示,集电结反偏电压 V_{cb} 持续增加时,其对应的耗尽区将向基区扩展。当耗尽区完全占据基区以致接触到发射区时,就发生了基区穿通现象。显然,对于基区掺杂浓度在三个区中最低的合金管来说,由于耗尽区更多向基区扩展,其容易发生基区穿通;而对于常用的平面管来说,因为基区浓度比集电区高,所以其相对不容易发生基区穿通。为了防止基区穿通,需要在 V_{cb} 达到 $\mathrm{BV_{cbo}}$ 前集电结的耗尽区都不能扩展到发射区,即穿通电压 $V_{\mathrm{pt}} > \mathrm{BV_{cbo}}$。以 $V_{\mathrm{pt}} = \mathrm{BV_{cbo}}$ 为临界条件,计算此时的基区宽度。x_{c} 为集电结耗尽区宽度,N_{eff} 为有效掺杂浓度,则此时 V_{pt} 由式(2-138)决定(忽略了 V_{bi})。穿通时,在基区的耗尽区宽度满足式(2-139),进而可以得到临界基区宽度,如式(2-140)所示。只要基区宽度满足式(2-140),就可以防止发生基区穿通,因为集电结击穿会先发生。对于平面管来说,如图 2-52 所示,由于基区杂质分布往往是靠近表面的区域浓度高,进而导致在近表面区域的发射结实际上更接近 $\mathrm{P^+N^+}$ 结。当基区穿通时,发射区与集电区将通过全耗尽基区直接连通,此时基区就像一个普通电阻,导致集电区的负电压直接施加到发射区,引起发射结的反偏。由于表层区域的发射结像 $\mathrm{P^+N^+}$ 结,这个反偏电压将很容易引起这部分的发射结发生齐纳击穿。齐纳击穿的发生将导致表观上集电结击穿现象,但这时的 $\mathrm{BV_{cbo}}$ 要比理想的 $\mathrm{BV_{cbo}}$ 小得多,有 $\mathrm{BV_{cbo}} = V_{\mathrm{pt}} + \mathrm{BV_{ebo}}$,如图 2-53 所示。

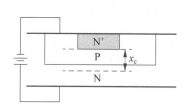

图 2-52　集电结反偏导致基区穿通示意图

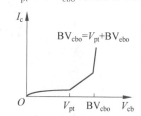

图 2-53　平面管基区穿通和集电结击穿特性示意图

$$V_{\mathrm{pt}} = \frac{1}{2} \frac{qN_{\mathrm{eff}}}{\varepsilon_{\mathrm{s}}} x_{\mathrm{c}}^2 \tag{2-138}$$

$$W_{\mathrm{b}} = \frac{N_{\mathrm{c}}}{N_{\mathrm{c}} + N_{\mathrm{b}}} x_{\mathrm{c}} \tag{2-139}$$

$$W_b = \left(\frac{2\varepsilon_s V_{pt}}{qN_b^2/N_{eff}}\right)^{1/2} \geqslant \left(\frac{2\varepsilon_s V_{cbo}}{qN_b^2/N_{eff}}\right)^{1/2} \qquad (2\text{-}140)$$

2. 集电区穿通

如图 2-25 所示,实际 NPN 平面管的集电区都是制备在 N⁺ 衬底上的,以便降低集电极串联电阻。对于平面管来说,随着 V_{cb} 的增加,因为集电区掺杂浓度比基区低集电结耗尽区将更多地向集电区扩展。在集电结击穿前,如果耗尽区接触到衬底 N⁺,就发生了集电区穿通。集电区穿通带来的负面影响是明显降低集电结的击穿电压,使得晶体管的耐压工作能力降低。如图 2-54 所示,当发生集电区穿通时,由于集电结耗尽区主要都分布在集电区且整个集电区全部耗尽,因此其内部电场存在式(2-141)的关系。因为衬底 N⁺ 区的掺杂浓度很高,如果进一步增加 V_{cb},N⁺ 区也将发生耗尽,但由式(2-141)可知其内部电场梯度将很大,即 N⁺ 区内部的耗尽区将很窄,可以忽略。如果进一步加大 V_{cb},则会导致集电区耗尽区内部的电场分布在保持各处梯度不变的情况下平行增大,直至其峰值电场达到击穿场强 E_{max},如图 2-54 所示。显然,阴影区的面积(忽略集电结内建电势差 V_{bi})就是此时的 BV_{cbo},其明显小于没有 N⁺ 衬底区时对应峰值电场耗尽区宽度为 x'_{mc} 时对应的 BV_{cbo}(三角形的面积),即集电结正常击穿电压 V_{br}。忽略 V_{bi},计算集电区穿通时的 BV_{cbo},即图 2-54 中梯形阴影区的面积。式(2-142)和式(2-143)可以组合给出用 V_{br} 表示的 E_{max},进而利用相似三角形关系可以得到式(2-144),再得到式(2-145)给出的 BV_{cbo},即此时的梯形面积。因为 $W_c/x'_{mc}<1$,所以式(2-145)直接表明

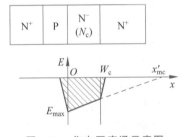

图 2-54 集电区穿通示意图

此时的 $BV_{cbo}<V_{br}$。

$$\frac{dE}{dx}=\frac{qN_d}{\varepsilon_s} \qquad (2\text{-}141)$$

$$x'_{mc}=\left(\frac{2\varepsilon_s}{q}\frac{V_{br}}{N_c}\right)^{1/2} \qquad (2\text{-}142)$$

$$\frac{1}{2}E_{max}x'_{mc}=V_{br} \qquad (2\text{-}143)$$

$$\frac{1}{2}\left(\frac{x'_{mc}-W_c}{x'_{mc}}E_{max}\right)(x'_{mc}-W_c)=V_{br}-BV_{cbo} \qquad (2\text{-}144)$$

$$BV_{cbo}=V_{br}\left[\frac{W_c}{x'_{mc}}\left(2-\frac{W_c}{x'_{mc}}\right)\right] \qquad (2\text{-}145)$$

2.5 晶体管模型

对照图 2-55,在端电流流入为正方向的规则下,观察 NPN BJT 电流分量的表达式式(2-146)和式(2-147)可以发现,I_e 和 I_c 在形式上是两个 PN 结即发射结和集电结的赋

权并联,相应的权重系数用式(2-148)～式(2-150)表示。如果再考虑 I_b,那么 I_e 的电流组成可以看作一个发射结二极管并联一个受 V_{bc} 控制的电流源,如图 2-56 所示。由于 $a_{11}<0$,发射结二极管的电流正方向与 I_e 相反;由于 $a_{12}>0$,这个受控电流源的电流正方向与 I_e 相同。同理,I_c 的两个电流分量的组成分析与此类似,最终得到图 2-56 所示的晶体管模型简图。根据图 2-56 中的符号定义,重新书写 I_e、I_c 和 I_b,如式(2-151)～式(2-153)所示,其中 α_F 和 α_R 分别为 NPN BJT 正向和反向工作时的共基极电流放大系数,I_F 和 I_R 分别为发射结和集电结作为正常 PN 结时的电流,如式(2-154)和式(2-155)所示。

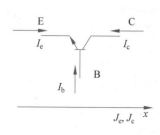

图 2-55　规定端电流流入为正方向的
NPN 晶体管电流分量图

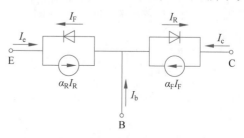

图 2-56　规定端电流流入为正方向的本征
NPN 晶体管模型简图

$$I_e = a_{11}\left[\exp\left(\frac{qV_{be}}{kT}\right)-1\right]+a_{12}\left[\exp\left(\frac{qV_{bc}}{kT}\right)-1\right] \tag{2-146}$$

$$I_c = a_{21}\left[\exp\left(\frac{qV_{be}}{kT}\right)-1\right]+a_{22}\left[\exp\left(\frac{qV_{bc}}{kT}\right)-1\right] \tag{2-147}$$

$$a_{11} = -qA\left[\frac{D_{nb}n_{pb}^0}{L_{nb}}\coth\left(\frac{W_b}{L_{nb}}\right)+\frac{D_{pe}p_{ne}^0}{L_{pe}}\right] \tag{2-148}$$

$$a_{12} = a_{21} = \frac{qAD_{nb}n_{pb}^0}{L_{nb}}\operatorname{csch}\left(\frac{W_b}{L_{nb}}\right) \tag{2-149}$$

$$a_{22} = -qA\left[\frac{D_{nb}n_{pb}^0}{L_{nb}}\coth\left(\frac{W_b}{L_{nb}}\right)+\frac{D_{pc}p_{nc}^0}{L_{pc}}\right] \tag{2-150}$$

$$I_e = -I_F + \alpha_R I_R \tag{2-151}$$

$$I_c = -I_R + \alpha_F I_F \tag{2-152}$$

$$I_b = (1-\alpha_F)I_F + (1-\alpha_R)I_R \tag{2-153}$$

$$I_F = I_{F0}\left[\exp(qV_{be}/kT)-1\right] \tag{2-154}$$

$$I_R = I_{R0}\left[\exp(qV_{bc}/kT)-1\right] \tag{2-155}$$

结合式(2-146)和式(2-147),易得式(2-156)和式(2-157),这两个式子称为 Ebers-Moll 方程组。其中,a_{11}、a_{12}、a_{21} 和 a_{22} 通过式(2-158)～式(2-160)与 α_F、α_R、I_F 和 I_R 建立关系。根据实验直接可测量 I_{ebo} 和 I_{cbo} 的值,利用式(2-156)和式(2-157)可得式(2-161)和式(2-162),为实验测量与模型建立之间搭建必要关联,得到新的 Ebers-Moll 方程组,如式(2-163)～式(2-165)所示。在这三个方程中,只要知道与 α_F、α_R、I_{ebo} 和 I_{cbo} 中的三

个,就可以利用式(2-163)和式(2-164)仿真出 BJT 的输入和输出特性。例如,在已知 α_F(β_F)、α_R(β_R)和 I_{ebo} 或 I_{cbo} 时,针对某一固定 I_b,利用式(2-166)的约束关系可以获得 V_{be} 和 V_{bc} 的一组约束关系;针对某一固定 V_{ce},又可根据式(2-167)的关系获得另一组 V_{be} 和 V_{bc} 的约束关系,从而可以直接求解出具体的 V_{be} 和 V_{bc}。将 V_{be} 和 V_{bc} 代入式(2-164),可以求得此时的 I_c;固定 I_b,变换 V_{ce},按上述逻辑可以求得一组新的 V_{be} 和 V_{bc},进而求得一个新的 I_c。如此反复,就可以仿真出某一固定 I_b 条件下的共射极输出特性曲线,这就是图 2-57 的绘制逻辑。上述的这种操作可以直接利用 MATLAB 等程序自动进行,具体案例见附录 A。图 2-57 也显示出 BJT 反向使用时,共射极电流放大系数也可以大于 1。

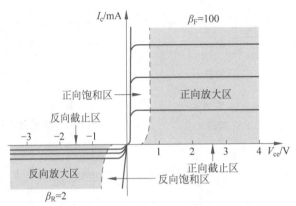

图 2-57 $\beta_F = 100$,$\beta_R = 2$ 时,已知 I_{ebo} 或 I_{cbo} 情况下 NPN BJT 共射极输出特性曲线模拟图

$$I_e = -I_{F0}[\exp(qV_{be}/kT) - 1] + \alpha_R I_{R0}[\exp(qV_{bc}/kT) - 1] \qquad (2\text{-}156)$$

$$I_c = \alpha_F I_{F0}[\exp(qV_{be}/kT) - 1] - I_{R0}[\exp(qV_{bc}/kT) - 1] \qquad (2\text{-}157)$$

$$a_{11} = -I_{F0} \qquad (2\text{-}158)$$

$$a_{12} = a_{21} = \alpha_F I_{F0} = \alpha_R I_{R0} \qquad (2\text{-}159)$$

$$a_{22} = -I_{R0} \qquad (2\text{-}160)$$

$$I_{ebo} = (1 - \alpha_F \alpha_R) I_{F0} \qquad (2\text{-}161)$$

$$I_{cbo} = (1 - \alpha_F \alpha_R) I_{R0} \qquad (2\text{-}162)$$

$$I_e = -\frac{1}{1 - \alpha_F \alpha_R} I_{ebo}\left[\exp\left(\frac{qV_{be}}{kT}\right) - 1\right] + \frac{\alpha_R}{1 - \alpha_F \alpha_R} I_{cbo}\left[\exp\left(\frac{qV_{bc}}{kT}\right) - 1\right] \qquad (2\text{-}163)$$

$$I_c = \frac{\alpha_F}{1 - \alpha_F \alpha_R} I_{ebo}\left[\exp\left(\frac{qV_{be}}{kT}\right) - 1\right] - \frac{1}{1 - \alpha_F \alpha_R} I_{cbo}\left[\exp\left(\frac{qV_{bc}}{kT}\right) - 1\right] \qquad (2\text{-}164)$$

$$a_{12} = a_{21} = \alpha_F I_{F0} = \alpha_R I_{R0} \qquad (2\text{-}165)$$

$$I_b = -(I_e + I_c) \qquad (2\text{-}166)$$

$$V_{ce} = -V_{bc} + V_{be} \qquad (2\text{-}167)$$

以上分析都是基于本征 BJT 进行的,考虑到基区宽度调制效应和一系列电阻和电容,实际 BJT 的模型是比较复杂的,典型的模型如图 2-58 所示。在这个模型中是通过在

本征 BJT 模型的基础上添加厄利反馈电流源和各个区的寄生电阻(r_{es}、r_{cs}、$r_{bb'}$)及发射结和集电结对应的电容(C_e、C_c)和漏电(g_{le}、g_{lc})简单实现的,还是一种比较粗糙的模型。

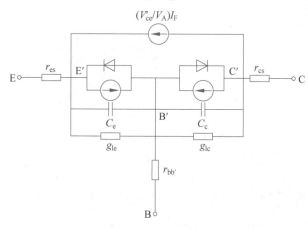

图 2-58　实际 **BJT** 模型简图

2.6　频率特性

2.6.1　晶体管的放大作用

视频

　　频率特性相对于直流特性来说主要是处理交流信号,因此有必要先了解交流信号下 BJT 的放大作用。如图 2-59 所示,在共基极直流放大偏置正常工作条件下,分别分析从左右两侧看进去的输入和输出回路的电路特性,特别是电阻、电压和功率,如式(2-168)～式(2-173)所示。相应的电流、电压和功率增益如式(2-174)～式(2-176)所示。这些式中的下标"i"代表输入回路,下标"o"代表输出回路,r、i、v 和 p 分别代表交流信号对应的电阻、电流、电压和功率。r_e 和 r_c 分别代表在当前直流偏置条件下的发射结和集电结的动态电阻(kT/qI)。显然,发射结正偏时的 r_e 是很小的,而集电结反偏时的 r_c 是很大的,因此输入电阻 r_i 近似是 r_e,而输出电阻 r_o 近似是 R_L。根据共基极的直流放大原理,易知交流电流的放大系数 $G_I \approx 1$,但电压和功率增益是可以远大于 1 的,如式(2-175)和式(2-176)所示。实际上,功率增益大于 1 才是最受关注的,因为衡量电器行为的主要因素是功率。当然,放大的功率主要来自输出回路的直流偏置电源。同理,针对图 2-60 所

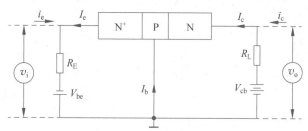

图 2-59　**NPN BJT** 共基极接法下的交流放大原理图

示的 NPN BJT 共射极接法的交流特性分析,也可以得到式(2-177)~式(2-185)的系列结论。当然,因为共射极直流电流放大系数 $\beta \gg 1$,所以交流情况下的电流、电压、功率增益都远大于 1。

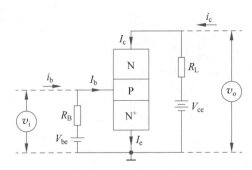

图 2-60 NPN BJT 共射极接法下的交流放大原理图

$$r_i = \frac{r_e R_E}{r_e + R_E} \approx r_e \tag{2-168}$$

$$v_i = i_e r_e \tag{2-169}$$

$$p_i = i_e^2 r_e \tag{2-170}$$

$$r_o = \frac{r_c R_L}{r_c + R_L} \approx R_L \tag{2-171}$$

$$v_o = i_c R_L \tag{2-172}$$

$$p_o = i_c^2 R_L \tag{2-173}$$

$$G_I = \frac{i_c}{i_e} \approx 1 \tag{2-174}$$

$$G_V = \frac{v_o}{v_i} = \frac{i_c R_L}{i_e r_e} \approx \frac{R_L}{r_e} \gg 1 \tag{2-175}$$

$$G_P = \frac{p_o}{p_i} = \frac{i_c^2 R_L}{i_e^2 r_e} \approx \frac{R_L}{r_e} \gg 1 \tag{2-176}$$

$$r_i = \frac{r_e R_B}{r_e + R_B} \approx r_e \tag{2-177}$$

$$v_i = i_b r_e \tag{2-178}$$

$$p_i = i_b^2 r_e \tag{2-179}$$

$$r_o = \frac{r_c R_L}{r_c + R_L} \approx R_L \tag{2-180}$$

$$v_o = i_c R_L \tag{2-181}$$

$$p_o = i_c^2 R_L \tag{2-182}$$

$$G_{\mathrm{I}} = \frac{i_{\mathrm{c}}}{i_{\mathrm{b}}} = \beta \gg 1 \tag{2-183}$$

$$G_{\mathrm{V}} = \frac{v_{\mathrm{o}}}{v_{\mathrm{i}}} = \frac{i_{\mathrm{c}} R_{\mathrm{L}}}{i_{\mathrm{b}} r_{\mathrm{e}}} \approx \beta \frac{R_{\mathrm{L}}}{r_{\mathrm{e}}} \gg 1 \tag{2-184}$$

$$G_{\mathrm{P}} = \frac{p_{\mathrm{o}}}{p_{\mathrm{i}}} = \frac{i_{\mathrm{c}}^{2} R_{\mathrm{L}}}{i_{\mathrm{b}}^{2} r_{\mathrm{e}}} \approx \beta^{2} \frac{R_{\mathrm{L}}}{r_{\mathrm{e}}} \gg 1 \tag{2-185}$$

2.6.2 低频交流小信号等效电路

如图 2-61 所示,使用一个四端黑箱来推导 BJT 的低频交流小信号等效电路。其中,下标"i"代表输入回路,下标"o"代表输出回路,交流电流的正方向定义为端电流的流入方向,定义 v_{i} 和 v_{o} 端电流流入黑箱的一端为正极性。由图 2-61 可知,输入输出回路一共有 4 个量,即输入电流、电压和输出电流、电压,分析等效电路本质上是得到各自回路的电流与电压关系式。因此,以 v_{i}、v_{o} 为自变量,i_{i}、i_{o} 为因变量的思路将导致 y 参数等效电路模型;以 i_{i}、i_{o} 为自变量,v_{i}、v_{o} 为因变量的思路将导致 z 参数等效电路模型;以 i_{i}、v_{o} 为自变量,v_{i}、i_{o} 为因变量的思路将导致 h 参数等效电路模型。下面分别推导特别适合共基极接法和共射极接法的 y 参数和 h 参数等效电路。低频意味着分析中不需要考虑电容影响,小信号意味着分析中 BJT 始终处于正常的放大区。

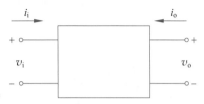

图 2-61　低频交流小信号等效电路分析使用的四端定义系统

1. y 参数等效电路(共基极)

图 2-62 再次给出了本征 NPN BJT 直流工作原理模型。显见,这就是一个典型的共基极接法的 NPN BJT 电路,适合推导 y 参数等效电路。根据 y 参数等效电路的定义,在已知 v_{eb}、v_{cb} 的前提下求解 i_{e} 和 i_{c},即推导 $i_{\mathrm{e}} = i_{\mathrm{e}}(v_{\mathrm{eb}}, v_{\mathrm{cb}})$ 和 $i_{\mathrm{c}} = i_{\mathrm{c}}(v_{\mathrm{eb}}, v_{\mathrm{cb}})$。注意,这里电压符号按照图 2-61 定义的极性体系书写,下标符号中正极性端符号在前。对应图 2-62,式(2-186)~式(2-190)书写出直流稳态下的 I_{e} 和 I_{c}。式(2-186)和式(2-187)已经给出了直流稳态下的 $I_{\mathrm{e}}(V_{\mathrm{be}}, V_{\mathrm{bc}})$ 和 $I_{\mathrm{c}}(V_{\mathrm{be}}, V_{\mathrm{bc}})$,具备直接推导 y 参数等效电路的条件。在小信号前提的约束下,可以直接对两式进行微分,得到式(2-191)和式(2-192)。利用

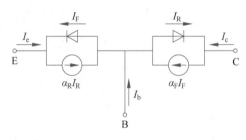

图 2-62　本征 NPN BJT 的直流工作原理模型

式(2-193)~式(2-196)定义式(2-191)和式(2-192)，微分后得到一系列 y 系数；利用式(2-197)~式(2-200)定义各个交流电流、电压，在转换时，注意极性的定义。系数 y_{xx} 都是电导，即电阻的倒数，单位一般是 S。进而得到形式上非常简单的输入和输出回路电流与电压关系，如式(2-201)和式(2-202)所示。

$$I_e = a_{11}\left[\exp\left(\frac{qV_{be}}{kT}\right) - 1\right] + a_{12}\left[\exp\left(\frac{qV_{bc}}{kT}\right) - 1\right] \tag{2-186}$$

$$I_c = a_{21}\left[\exp\left(\frac{qV_{be}}{kT}\right) - 1\right] + a_{22}\left[\exp\left(\frac{qV_{bc}}{kT}\right) - 1\right] \tag{2-187}$$

$$a_{11} = -I_{F0} < 0 \tag{2-188}$$

$$a_{12} = a_{21} = \alpha_F I_{F0} = \alpha_R I_{R0} > 0 \tag{2-189}$$

$$a_{22} = -I_{R0} < 0 \tag{2-190}$$

$$dI_e = \frac{qa_{11}}{kT}\exp\left(\frac{qV_{be}}{kT}\right)dV_{be} + \frac{qa_{12}}{kT}\exp\left(\frac{qV_{bc}}{kT}\right)dV_{bc} \tag{2-191}$$

$$dI_c = \frac{qa_{21}}{kT}\exp\left(\frac{qV_{be}}{kT}\right)dV_{be} + \frac{qa_{22}}{kT}\exp\left(\frac{qV_{bc}}{kT}\right)dV_{bc} \tag{2-192}$$

$$y_{11} = -\frac{qa_{11}}{kT}\exp\left(\frac{qV_{be}}{kT}\right) = \frac{\partial I_e}{\partial V_{eb}} > 0 \tag{2-193}$$

$$y_{12} = -\frac{qa_{12}}{kT}\exp\left(\frac{qV_{bc}}{kT}\right) = \frac{\partial I_e}{\partial V_{cb}} < 0 \tag{2-194}$$

$$y_{21} = -\frac{qa_{21}}{kT}\exp\left(\frac{qV_{be}}{kT}\right) = \frac{\partial I_c}{\partial V_{eb}} < 0 \tag{2-195}$$

$$y_{22} = -\frac{qa_{22}}{kT}\exp\left(\frac{qV_{bc}}{kT}\right) = \frac{\partial I_c}{\partial V_{cb}} > 0 \tag{2-196}$$

$$i_e = dI_e \tag{2-197}$$

$$v_e = -dV_{be} \tag{2-198}$$

$$i_c = dI_c \tag{2-199}$$

$$v_c = -dV_{bc} \tag{2-200}$$

$$i_e = y_{11}v_e + y_{12}v_c \tag{2-201}$$

$$i_c = y_{21}v_e + y_{22}v_c \tag{2-202}$$

显然，式(2-201)和式(2-202)都表示一个电流由两个分量相加组成，即输入和输出回路都是由两个并联分路组成的。输入回路的输入电压就是 v_e，因此式(2-201)中的 $y_{11}v_e$ 代表流经跨接在 v_e 上的电阻 $1/y_{11}$ 的电流分量，且 $y_{11} > 0$；而 $y_{12}v_c$ 因为无法体现输入回路的控制，而应被看作一个输出电压 v_c 控制的电流源，且 $y_{12} < 0$。因此，利用上述分析就可以得到共基极 NPN BJT 输入回路的交流小信号等效电路，如图 2-63 所示，图中电流源的正方向与 i_e 相反，因为 $y_{12} < 0$。同理，分析式(2-202)可以得到图 2-63 右半部的输出回路的等效电路。在放大偏置时，还可以进一步简化图 2-63。放大偏置时，$V_{bc} <$

$0,\exp(qV_{bc}/kT)\approx 0$,所以 $y_{12}=y_{22}\approx 0$,如式(2-203)所示,这样输入回路中的 $y_{12}v_c$ 支路就可以按开路处理,而输出回路中的 $y_{22}v_c$ 支路就可以按照并联一个无穷大的电阻 r_c 处理。根据 y_{11} 的定义式(2-193),易得式(2-204),即电阻 $1/y_{11}$ 就是当前直流偏置下对应的发射结动态电阻 r_e。在 y_{11} 得到简化的同时,可以进一步简化 y_{21},利用式(2-188)、式(2-189)可得式(2-205),进而可得式(2-206)。这样,图 2-63 在放大偏置下就可以简化为图 2-64,也就得到了 NPN BJT 共基极接法下的正常放大条件下的交流小信号 y 参数等效电路。

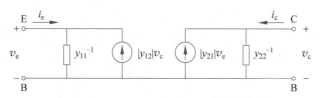

图 2-63　共基极 y 参数交流小信号等效电路

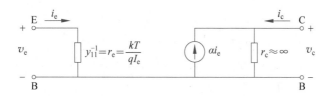

图 2-64　正向偏置下共基极 y 参数交流小信号等效电路的简化

$$y_{12}=y_{22}\approx 0 \tag{2-203}$$

$$y_{11}=-\frac{qa_{11}}{kT}\exp\left(\frac{qV_{be}}{kT}\right)=\frac{\partial I_e}{\partial V_{eb}}\approx\frac{qI_F}{kT}=\frac{1}{r_e} \tag{2-204}$$

$$y_{21}/y_{11}=a_{21}/a_{11}=-\alpha_F \tag{2-205}$$

$$|y_{21}|v_e=\alpha_F y_{11}v_e=\alpha_F i_e \tag{2-206}$$

2. h 参数等效电路(共发射极)

如图 2-65 所示,共射极接法下 h 参数等效电路的自变量是输入电流 i_b 和输出电压 v_{ce},因变量是输入电压 v_{be} 和输出电流 i_c。在交流小信号的前提下,通过全微分式(2-207)和式(2-208)就可以形式上完成等效电路模型的推导。类似式(2-197)~式(2-200)的处理,将微分量替换为交流量得到式(2-209)和式(2-210)。分析得出 h_{xx} 系数就可以得到最终的等效电路模型。

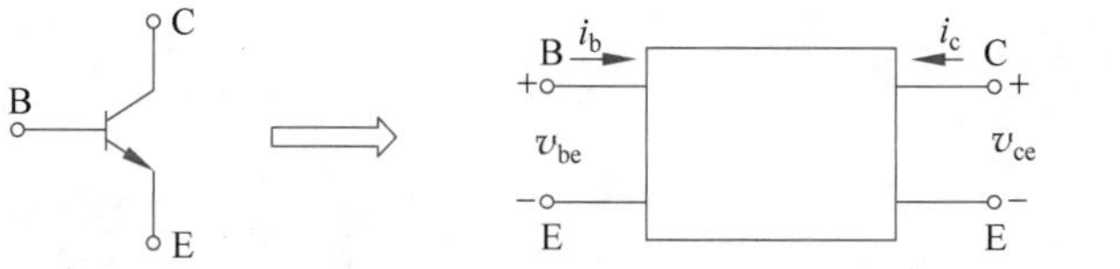

h 参数 $\Rightarrow$ 以 i_b、v_{ce} 为自变量求 $v_{be}(i_b, v_{ce})$、$i_c(i_b, v_{ce})$

图 2-65　NPN BJT 共射极接法下交流小信号等效电路推导使用的四端变量定义

$$dV_{be} = \frac{\partial V_{be}}{\partial I_b}\bigg|_{V_{ce}} dI_b + \frac{\partial V_{be}}{\partial V_{ce}}\bigg|_{I_b} dV_{ce} \qquad (2\text{-}207)$$

$$dI_c = \frac{\partial I_c}{\partial I_b}\bigg|_{V_{ce}} dI_b + \frac{\partial I_c}{\partial V_{ce}}\bigg|_{I_b} dV_{ce} \qquad (2\text{-}208)$$

$$v_{be} = h_{11} i_b + h_{12} v_{ce} \qquad (2\text{-}209)$$

$$i_c = h_{21} i_b + h_{22} v_{ce} \qquad (2\text{-}210)$$

根据式(2-211)的定义，h_{11} 就是在直流偏压 V_{ce} 固定条件下，即共射极输出端交流短路时的输入电阻。获取 h_{11} 的核心是知道 I_b 与 V_{be} 的关系。根据式(2-156)、式(2-157)和式(2-166)可以得到式(2-212)。在正常放大条件下，即 $V_{bc}<0$、$V_{be}\gg kT/q$ 时，式(2-212)简化为式(2-213)，这就获得了 I_b 与 V_{be} 的关系。对比式(2-204)，通过式(2-214)得到式(2-215)，即 h_{11}。

$$h_{11} = \frac{\partial V_{be}}{\partial I_b}\bigg|_{V_{ce}} = 1\bigg/\frac{\partial I_b}{\partial V_{be}}\bigg|_{V_{ce}} \qquad (2\text{-}211)$$

$$I_b = (1-\alpha_F)I_{F0}\left[\exp(qV_{be}/kT)-1\right] + \\ (1-\alpha_R)I_{R0}\left[\exp(qV_{bc}/kT)-1\right] \qquad (2\text{-}212)$$

$$I_b \approx (1-\alpha_F)I_{F0}\exp(qV_{be}/kT) \qquad (2\text{-}213)$$

$$\frac{\partial I_b}{\partial V_{be}}\bigg|_{V_{ce}} = \frac{qI_b}{kT} \qquad (2\text{-}214)$$

$$h_{11} = h_{ie} = \frac{kT}{qI_b} = \beta r_e \qquad (2\text{-}215)$$

根据式(2-216)的定义，h_{12} 是 I_b 固定，即共射极输入端交流开路时($i_b=0$)的电压反馈系数。由图 2-65 可知，串联关系导致 v_{ce} 增加时，v_{be} 也是增加的，因此 $h_{12}>0$。通过式(2-217)的变换，将 h_{12} 的求解转化为 V_{be} 和 V_{bc} 关系的推导。而式(2-212)正好可以被充分利用为式(2-218)，再利用式(2-219)可得式(2-220)，由于 $V_{ce}\gg kT/q$ 最终得到式(2-221)表示的 h_{12}。从理论上看，h_{12} 是非常小的量，这也可以理解，因为 V_{ce} 电压需要通过串联关系分配到集电结和发射结的耗尽区，而集电结是反偏，发射结是正偏，因此集电结耗尽区的电阻应该远大于发射结耗尽区电阻。对实际器件的 h_{12} 测量结果却表明 $h_{12}\approx 10^{-4}$，比理论预期大得多。这主要是基区宽度调制效应造成的：V_{ce} 增大，基区中性区宽度减小，进而导致基区复合电流 I_{vb} 减小，为了维持 I_b 不变，V_{be} 只能变大，以通过 I_{pe} 的增加补偿 I_{vb} 的减小，这导致 V_{be} 的额外增加；此外，基区中性区宽度减小，导致基区 $r_{bb'}$ 增大，为了维持 I_b 不变，也导致需要额外增大 V_{be}。

$$h_{12} = \frac{\partial V_{be}}{\partial V_{ce}}\bigg|_{I_b} > 0 \qquad (2\text{-}216)$$

$$\frac{\partial V_{be}}{\partial V_{ce}}\bigg|_{I_b} = 1\bigg/\frac{\partial V_{ce}}{\partial V_{be}}\bigg|_{I_b} = 1\bigg/\frac{\partial(V_{be}-V_{bc})}{\partial V_{be}}\bigg|_{I_b} = 1\bigg/\left(1-\frac{\partial V_{bc}}{\partial V_{be}}\right)\bigg|_{I_b} \qquad (2\text{-}217)$$

$$dI_b = (1-\alpha_F)I_{F0}\frac{q}{kT}\exp\left(\frac{qV_{be}}{kT}\right)dV_{be} +$$

$$(1-\alpha_R)I_{R0}\frac{q}{kT}\exp\left(\frac{qV_{bc}}{kT}\right)\mathrm{d}V_{bc}=0 \tag{2-218}$$

$$\alpha_F I_{F0}=\alpha_R I_{R0} \tag{2-219}$$

$$\frac{\partial V_{bc}}{\partial V_{be}}\bigg|_{I_b}=-\frac{1-\alpha_F}{1-\alpha_R}\frac{I_{F0}}{I_{R0}}\frac{\exp(qV_{be}/kT)}{\exp(qV_{bc}/kT)}$$

$$=-\frac{1-\alpha_F}{1-\alpha_R}\frac{\alpha_R}{\alpha_F}\exp\left(\frac{qV_{ce}}{kT}\right)=-\frac{\beta_R}{\beta_F}\exp\left(\frac{qV_{ce}}{kT}\right)<0 \tag{2-220}$$

$$h_{12}=h_{re}=\frac{\partial V_{be}}{\partial V_{ce}}\bigg|_{I_b}=\frac{1}{1+\dfrac{\beta_R}{\beta_F}\exp\left(\dfrac{qV_{ce}}{kT}\right)}$$

$$\approx\frac{\beta_F}{\beta_R}\exp\left(-\frac{qV_{ce}}{kT}\right)\approx 0\,(<10^{-15}) \tag{2-221}$$

根据式(2-222)的定义可知,h_{21} 是共射极输出端交流短路($v_{ce}=0$)时的正向电流传输比。为了推导 I_b 和 I_c 的显性关系式,联立式(2-223)、式(2-224)和式(2-225),再考虑到正常放大条件下 $V_{bc}<0$,可得式(2-226)。结合图 2-37 可知 β_F 并不是一个常数,由式(2-226)推导式(2-222)可得式(2-227)。图 2-37 显示在中等电流 I_b 的条件下,存在式(2-228)的近似关系,从而最终得到 h_{21} 的表达式(2-229)。

$$h_{21}=\frac{\partial I_c}{\partial I_b}\bigg|_{V_{ce}} \tag{2-222}$$

$$I_b=(1-\alpha_F)I_{F0}\big[\exp(qV_{be}/kT)-1\big]+$$
$$(1-\alpha_R)I_{R0}\big[\exp(qV_{bc}/kT)-1\big] \tag{2-223}$$

$$I_c=\alpha_F I_{F0}\big[\exp(qV_{be}/kT)-1\big]-I_{R0}\big[\exp(qV_{bc}/kT)-1\big] \tag{2-224}$$

$$I_{cbo}=(1-\alpha_F\alpha_R)I_{R0} \tag{2-225}$$

$$I_c=\beta_F I_b-(1+\beta_F)I_{cbo}\big[\exp(qV_{bc}/kT)-1\big]\approx\beta_F I_b+I_{ceo} \tag{2-226}$$

$$h_{21}=h_{fe}=\frac{\partial I_c}{\partial I_b}\bigg|_{V_{ce}}=\beta_F+I_b\frac{\partial\beta_F}{\partial I_b}\bigg|_{V_{ce}} \tag{2-227}$$

$$\frac{\partial\beta_F}{\partial I_b}\bigg|_{V_{ce}}\approx 0 \tag{2-228}$$

$$h_{21}=h_{fe}=\beta_F \tag{2-229}$$

根据式(2-230)的定义可知,h_{22} 就是共射极输入端交流开路时($i_b=0$)的输出电导。显然,由于厄利效应,式(2-231)表明,$h_{22}\neq0$,即输出阻抗 r_{ce} 不是无穷大。重写 h 参数等效电路的方程式(2-232)和式(2-233),分析等效电路图的画法,各个 h 参数由式(2-234)～式(2-237)分别表示。由式(2-232)可知,这表示输入电压 v_{be} 由两个分量组成,即输入回路由串联的两个分量组成,一个是输入电流直接流过的输入电阻 h_{11},另一个是输出回路的反馈电压源 $h_{12}v_{ce}(>0)$。图 2-66 显示出了如上所述的输入回路构成方式。式(2-233)表示输出电流由两个分量组成,一个是受控电流源 $h_{21}i_b$,另一个是输出电导 h_{22},两者呈现并联关系。图 2-66 也显示了如上所述的输出回路构成方式。图 2-66 就是正常放大条件下 NPN BJT 共射极接法下的交流小信号等效电路。

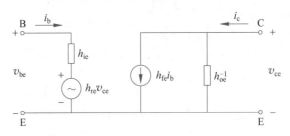

图 2-66　正常放大条件下 NPN BJT 共射极接法下交流小信号等效电路

$$h_{22} = h_{oe} = \frac{\partial I_c}{\partial V_{ce}} \bigg|_{I_b} \qquad (2\text{-}230)$$

$$\frac{\partial I_c}{\partial V_{ce}} \neq 0 \qquad (2\text{-}231)$$

$$v_{be} = h_{11} i_b + h_{12} v_{ce} \qquad (2\text{-}232)$$

$$i_c = h_{21} i_b + h_{22} v_{ce} \qquad (2\text{-}233)$$

$$h_{11} = h_{ie} = \frac{kT}{qI_b} = \beta r_e \qquad (2\text{-}234)$$

$$h_{12} = h_{re} \approx 10^{-4} > 0 \qquad (2\text{-}235)$$

$$h_{21} = h_{fe} = \beta_F \qquad (2\text{-}236)$$

$$h_{22} = h_{oe} \gg 0 \qquad (2\text{-}237)$$

视频

2.6.3　放大系数的频率特性

以上内容虽然也考虑的是 BJT 的频率效应,但限制在低频,即不考虑电容作用。本节考虑高频,即必须考虑电容效应。如图 2-67 所示,高频下很多电容对应的电流分量就体现出来,例如发射结扩散电容对应的电流 $i_{C_{De}}$、势垒电容对应的 $i_{C_{Te}}$,集电结势垒电容对应的 $i_{C_{Tc}}$ 等。此外,高频变化导致基区少子分布时刻在变,$\frac{\partial n}{\partial t} \neq 0$,且随着频率上升,容抗下降,发射极总电流中将有更大比例的无法传递到集电极的交流电流分量,直接导致 BJT 放大性能下降的同时,还会引起 i_e 与 i_c 间的明显相位差。注意,能放大的电流都是需要从发射极流出经过基区再被集电区收集到的电流。

1. $\gamma(\omega)$ 和发射极延迟时间 τ_e

现在考虑高频下发射结的发射效率 $\gamma(\omega)$。不考虑电容效应时,直流或低频下的发射效率 γ_0 是常数,由式(2-238)定义。交流情况下的 $\gamma(\omega)$ 定义如式(2-239)所示,实质还是流经发射结的电子电流在发射极总交流电流中的比例。不过,此时的发射极交变电流 i_e 不再仅是由流经发射结动态电阻 r_e 的 i_{ne} 和 i_{pe} 组成,而是又增加了一个 $i_{C_{Te}}$,如

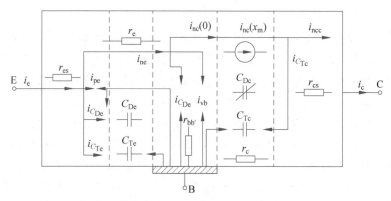

图 2-67　高频下 NPN BJT 内部交流电流分量构成图

(图中箭头分别表示电子和空穴运动的方向)

式(2-240)。最终流经发射结的交流电流分量构成如图 2-68 所示。利用式(2-241)的适当处理,结合图 2-68 可以得到 $\gamma(\omega)$ 与 γ_0 的关系。式(2-241)变形的关键是容性电流 $i_{C_{Te}}$ 与流经 r_e 的阻性电流是并联关系,因此二者的电流比实际上是电阻 r_e 与容抗 $1/\mathrm{i}\omega C_{Te}$ 之比。用式(2-242)定义发射极延迟时间 τ_e,则式(2-241)表明随着频率 ω 的增加,$\gamma(\omega)$ 单调下降。这个结论是容易理解的:由图 2-68 可知,随着频率增加,$i_{C_{Te}}$ 增加,而 $i_{C_{Te}}$ 对应的电子电流分量是不需要流经发射结进入基区的,因而根本不会被集电结收集而产生放大效应,但其客观上减小了流经发射结进入基区的电子电流 i_{ne} 在 i_e 中的比例,所以发射效率自然减小;同时,由于 r_e 与 C_{Te} 呈现并联关系,两者的端电压必须一致,因此 C_{Te} 的存在导致必须等待 C_{Te} 充放电完成后,即延迟一段时间 τ_e 后流经 r_e 的电流才能流过发射结进入基区,所以叫发射极延迟时间。由于发射结正常工作时处于正偏,因此一般此时的 C_{Te} 为零偏时 C_{Te} 的 2.5～4 倍。

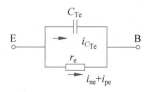

图 2-68　高频下 NPN BJT 发射结交流电流分量构成图

(箭头方向为电子运动方向)

$$\gamma_0 = \frac{I_{ne}}{I_e} = \frac{I_{ne}}{I_{ne} + I_{pe}} \tag{2-238}$$

$$\gamma(\omega) = \frac{i_{ne}}{i_e} = \frac{i_{ne}}{i_{ne} + i_{pe} + i_{C_{Te}}} \tag{2-239}$$

$$i_e = i_{ne} + i_{pe} + i_{C_{Te}} \tag{2-240}$$

$$\gamma(\omega) = \frac{i_{ne}}{i_e} = \frac{\dfrac{i_{ne}}{i_{ne} + i_{pe}}}{1 + \dfrac{i_{C_{Te}}}{i_{ne} + i_{pe}}} = \frac{\gamma_0}{1 + \mathrm{i}\omega r_e C_{Te}} = \frac{\gamma_0}{1 + \mathrm{i}\omega \tau_e} \tag{2-241}$$

$$\tau_e = r_e C_{Te} \tag{2-242}$$

2. $\beta^*(\omega)$和基区渡越时间 τ_b

当交流电流进入基区后,除同样面临直流稳态下 I_{ne} 分解成 I_{vb} 和 I_{nc} 的情况外,还会增加一个交流情况下的分量,即基区扩散电容对应的电流 $i_{C_{De}}$。显然这个容性电流的作用是减少能被集电极收集到的 i_{ne},因而客观上是会降低基区输运系数的。先考虑电子进入基区后输运到集电结耗尽区边界所需的时间,即基区渡越时间 τ_b。因为中性基区不需考虑电场的作用,如果注入基区的电子尚未扩散到达集电结交流信号就发生变化,那么这些电子是跟不上信号变化的。因此,基区渡越时间本质上可以反映器件的最高工作频率。假设基区非常薄,以至于可以忽略 I_{vb},则基区稳态电子浓度的分布如图 2-69 所示。此时基区稳态电子电流 $I_{nb}(x)$ 可以用式(2-243)表示,式中包含了电子的速度 $v(x)$。因为电子浓度 $n_{pb}(x)$ 分布是一个线性衰减的分布,如式(2-244)所示,各处浓度均不同,所以 $v(x)$ 各处也不同,而且是 x 越大的位置,$n_{pb}(x)$ 越小,$v(x)$ 越大。根据式(2-245)可以直接得到一个电子在基区的渡越时间 τ_b。这也是一个电子进入基区后加速跑向集电区、渡过中性基区所需的时间。

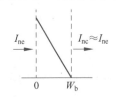

图 2-69　直流稳态 NPN BJT 超薄基区电子浓度分布图

(箭头方向为电子移动方向)

结合式(2-243)、式(2-246)和式(2-247)可以发现,τ_b 也是建立图 2-69 所示电子在基区稳态分布所需要的充电时间。假设 $t=0$ 时刻电子开始注入基区,过了 τ_b 时间后,最初进入基区的电子开始到达集电结耗尽区边界即将被收集到集电区。这以后发射结进入基区多少电子,$x=W_b$ 处就会流出多少电子进入集电区,从而在基区建立起一个稳定的电子分布,如图 2-69 所示。对基区电子分布积分如式(2-246),求得基区电子总电量 Q,进而得到其基区内的低频扩散电容 C_{De},如式(2-248)所示。结合式(2-249)的发射结动态电阻,式(2-248)表示 τ_b 就是交流情况下流经发射结 r_e 的电流对 C_{De} 充放电的特征时间。于是,仿照 τ_e 的处理,利用图 2-70 近似推导交流情况下的基区输运系数 $\beta^*(\omega)$。尽管本节设定 i_{vb} 是可以忽略的,但为了保持形式上的完整性,式(2-250)中还是放入了 i_{vb}。如图 2-70 所示,流入基区的交流电子电流形式上分为并联的两部分,一个是流过 r_e 的阻性电流 $i_{ne}=i_{nb}(W_b)+i_{vb}$,另一个是容性电流 $i_{C_{De}}$。式(2-250)的分子部分对应直流稳态情况下的基区输运系数,分母部分对应两个并联分量的阻、容抗比。最终得到一个非常简化、形式上完全类似式(2-241)的结果。当然,以上关于基区渡越时间的分析是一个比较简化的模型,实际情况远比以上分析复杂,还牵涉到相位延迟等,感兴趣的读者可参见附录 B。

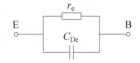

图 2-70　高频下 NPN BJT 基区交流电流分量构成图

$$I_{nc}=I_{nb}(x) \approx I_{ne}=qAn_{pb}(x)v(x)=qD_{nb}\frac{n_{pb}(0)}{W_b}A \tag{2-243}$$

$$n_{pb}(x) = n_{pb}(0)\left(1 - \frac{x}{W_b}\right) \tag{2-244}$$

$$\tau_b = \int_0^{W_b} \frac{1}{v(x)} dx = \int_0^{W_b} \frac{qAn_{pb}(x)}{I_{nb}(x)} dx = \frac{W_b^2}{2D_{nb}} \tag{2-245}$$

$$Q = \frac{1}{2}qAn_{pb}(0)W_b \tag{2-246}$$

$$\tau_b = \frac{Q}{I_{ne}} = \frac{W_b^2}{2D_{nb}} \tag{2-247}$$

$$C_{De} = \frac{dQ}{dV_{be}} = \frac{q}{kT}\frac{1}{2}qAn_{pb}^0 \exp\left(\frac{qV_{be}}{kT}\right)W_b = \frac{q}{kT}\frac{W_b^2}{2D_{nb}}I_e$$

$$= \frac{qI_e}{kT}\tau_b = \frac{\tau_b}{r_e} \tag{2-248}$$

$$r_e = \frac{kT}{qI_e} \tag{2-249}$$

$$\beta^*(\omega) = \frac{i_{nb}(W_b)}{i_{nb}(0)} = \frac{\dfrac{i_{nb}(W_b)}{i_{nb}(W_b) + i_{vb}}}{1 + \dfrac{i_{C_{De}}}{i_{nb}(W_b) + i_{vb}}} = \frac{\beta_0^*}{1 + i\omega r_e C_{De}}$$

$$= \frac{\beta_0^*}{1 + i\omega\tau_b} \tag{2-250}$$

3. 集电结势垒区输运系数 $\beta_d(\omega)$ 和集电结渡越时间 τ_d

当电子电流进入集电结耗尽区之后,在直流稳态情况下这些电子电流快速无损漂移渡越整个耗尽区进入集电区。尽管正常放大条件下,Si 基 NPN BJT 集电结耗尽区内部的电场很强,往往大于 10^4 V/cm,电子在其中的漂移速度往往接近热运动的平均速度,达到 8.5×10^6 cm/s 左右,此时其速度已经达到饱和速度 v_s。然而,集电结因为强烈反偏,其耗尽区宽度 x_m 较大,电子在耗尽区的漂移仍需要时间 t_d,如式(2-251)所示。正是因为需要这段时间,进入耗尽区的电子浓度、漂移电流在空间和时间上将呈现交变现象,如图 2-71 所示。进入耗尽区的传导电流表达式如式(2-252)所示,其中 n 为电子浓度,可用式(2-253)表示。此时耗尽区内部传导电子的连续性方程为式(2-254),进而得到电子分布规律(式(2-255))和电子浓度分布的具体表现形式(式(2-256))。结合式(2-252)和式(2-253),可得传导电流在耗尽区内部的分布式(2-257)。式(2-257)表示某一时刻 t,耗尽区内部不同位置 x 处的 j_{nc} 是不同的。用式(2-258)分析流出集电结耗尽区的 $j_{nc}(x_m)$ 与流入耗尽区的 $j_{nc}(0)$ 的比值,并定义其为集电

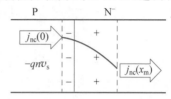

图 2-71 高频下 NPN BJT 集电结电流流经耗尽区示意图

（箭头方向为电子运动方向）

结势垒区输运系数 β_d。如果 $\omega t_d \ll 1$，即交变电流在整个耗尽区远没有完成一个周期的变化，则式(2-258)可以简化处理得到与式(2-241)、式(2-250)类似的反映交流频率影响输运效率的结论。式(2-259)定义了集电结势垒区渡越时间 τ_d，与式(2-251)一致。

当然，从电容充放电的角度分析，流入耗尽区的电子让耗尽区净掺杂浓度由 qN_c 变为 $q(N_c - n)$。在 V_{cb} 保持不变的条件下，耗尽区的宽度 x_m 也要相应改变，从而使耗尽区的总空间电荷量 Q_{sc} 改变。这种随着 V_{be} 变化，导致 j_c 变化，进而 Q_{sc} 跟着变化的效应，也构成了一种特殊的电容效应，即 dQ_{sc}/dV_{be}。τ_d 就是这个电容充放电的时间常数。定性地说，为了维持耗尽区的承压 V_{cb} 保持不变，耗尽区的 Q_{sc} 和 x_m 都有保持不变的趋势，因此从基区每流入一个电子就需要从耗尽区流出一个电子到集电区，即使这个电子并未真正渡越过耗尽区。这相当于加速了电子在集电结耗尽区的传导，所以严格计算的 τ_d 比按照简单漂移渡越过集电结耗尽区的 τ_d 要快，而这就需要考虑传导电流的变化在耗尽区内部激发出的位移电流。这时 $\tau_d = x_m/2v_s$，详见附录 C。

$$t_d = \frac{x_m}{v_s} \tag{2-251}$$

$$j_{nc} = -qnv_s \tag{2-252}$$

$$n(x,t) = n(x)\exp(\mathrm{i}\omega t) \tag{2-253}$$

$$\frac{\partial n}{\partial t} = \frac{1}{q}\frac{\partial j_{nc}}{\partial x} \tag{2-254}$$

$$\frac{\mathrm{d}n(x)}{\mathrm{d}x} = \frac{-\mathrm{i}\omega n(x)}{v_s} \tag{2-255}$$

$$n(x) = n(0)\exp(-\mathrm{i}\omega x/v_s) \tag{2-256}$$

$$j_{nc}(x,t) = -qv_s n(0)\exp\left[\mathrm{i}\omega\left(t - \frac{x}{v_s}\right)\right] \tag{2-257}$$

$$\beta_d(\omega) = \frac{j_{nc}(x_m,t)}{j_{nc}(0,t)}\bigg|_{V_{bc}} = \exp(-\mathrm{i}\omega t_d) \approx 1 - \mathrm{i}\omega t_d \approx \frac{1}{1 + \mathrm{i}\omega \tau_d} \tag{2-258}$$

$$\tau_d = t_d = \frac{x_m}{v_s} \tag{2-259}$$

4. 集电极衰减因子 α_c 和集电极延迟时间 τ_c

如图 2-67 所示，当一个增大中的传导电流 $i_{nc}(x_m)$ 流出集电结后，由于集电区存在串联电阻 r_{cs}，将导致流出集电区的电流 i_{ncc} 在 r_{cs} 上产生分压。在直流偏置 V_{bc} 固定不变的前提下，这将减小在集电结上的有效压降，即集电结耗尽区宽度将变窄，在集电区一侧的耗尽区需要额外电子来中和耗尽区内的固定正电荷，形成对集电结势垒电容的充电电流。这样 $i_{nc}(x_m)$ 面临两个分流：一个是集电结势垒电容的充放电电流 $i_{C_{Tc}}$，另一个是流过 r_{cs} 的阻性电流 i_{ncc}。因为 V_{bc} 固定不变，在交流情况下等效 $v_{bc} = 0$ 形成交流短路，且集电区一侧对 C_{Tc} 的充放电电流 $i_{C_{Tc}}$ 并不流经 $r_{bb'}$，所以 C_{Tc} 就与 r_{cs} 在交流情况下形成并联结构,如图 2-72 所示。这样实际能最终流出集电区的电流 i_{ncc} 只是 $i_{nc}(x_m)$ 的一部分,缺少的那一部分用来完成 C_{Tc} 的充放电。用式(2-260)定义集电极衰减因子 α_c,用式(2-261)定义集电极延迟时间 τ_c。之所以称为延迟时间,这与式(2-242)定义的发射极延迟时间 τ_e 一样,都是因为电阻和电容是并联关系,必须等待电容充放电完成,延迟一段时间后,电阻上的电流才能流出并联结构。

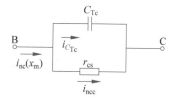

图 2-72 高频下 NPN BJT 集电区交流电流分量构成图
（箭头方向为电子运动方向）

$$\alpha_c(\omega) = \frac{i_{ncc}}{i_{nc}} = \frac{i_{ncc}}{i_{nnc} + i_{C_{Tc}}} = \frac{1}{1 + \dfrac{i_{C_{Tc}}}{i_{nnc}}} = \frac{1}{1 + \dfrac{r_{cs}}{1/i\omega C_{Tc}}}$$

$$= \frac{1}{1 + i\omega r_{cs} C_{Tc}} = \frac{1}{1 + i\omega \tau_c} \tag{2-260}$$

$$\tau_c = r_{cs} C_{Tc} \tag{2-261}$$

5. $\alpha(\omega)$ 和 f_α

上述关于发射极电子传输出集电极各个输运环节的分析表明,电容效应都是在不停地引起发射极电流分流,导致能被传输出集电极的电流减小,而且频率越高电容效应导致的分流越大,即 BJT 的放大效应一定随频率上升而下降。当然,对式(2-258)的分析表明,集电结势垒区的输运过程在实质上也类似一个电容充放电过程。电容效应除造成分流外,也会导致相位延迟。低频情况下($\omega \ll 1/\tau$),交流情况下的共基极电流放大系数 $\alpha(\omega)$ 可以用式(2-262)表示,α_0 代表直流情况下对应的共基极电流放大系数,τ_{ce} 用式(2-263)定义,它表征了从发射极流入直至流出集电区的电子在交流情况下的特征延迟时间。利用式(2-264)将圆频率 ω 转换成通用频率 f(单位为 Hz),并用式(2-265)定义 ω_α,得到式(2-266)。其中 f_α 就是共基极截止频率,由式(2-267)定义。式(2-266)给出了交流情况下共基极电流放大系数随频率变化的依赖关系。当 $f = f_\alpha$ 时,$\alpha(f)$ 减小到 $0.7\alpha_0$ 左右,如式(2-268)所示。通常 $\tau_b \gg \tau_e, \tau_b \gg \tau_d, \tau_b \gg \tau_c$,为了提高交流情况下 BJT 仍具有较大放大能力的频率上限,就必须降低 τ_b。共基极电流放大系数与共射极电流放大系数一般相差较大,且感兴趣的频率范围也相当大。当把这两者放到同一张频响图上时,习惯使用双对数坐标图,如图 2-73 所示。此时通常使用分贝(dB)来重新定义放大系数,适当放大对数化后放大系数对频率的响应,如式(2-269)和式(2-270)所示。显然,$f = f_\alpha$ 时,$\alpha(f_\alpha) = -3\text{dB}$;同时,由于 α 从 0dB 减小到 -3dB,变化比较有限,因此共基极电流放大系数在图 2-73 上很大一段中低频范围内变化不明显。

$$\alpha(\omega) = \gamma \beta^* \beta_d \alpha_c = \frac{\alpha_0}{(1 + i\omega\tau_e)(1 + i\omega\tau_b)(1 + i\omega\tau_d)(1 + i\omega\tau_c)}$$

$$\approx \frac{\alpha_0}{1 + i\omega(\tau_e + \tau_b + \tau_d + \tau_c)} = \frac{\alpha_0}{1 + i\omega\tau_{ce}} \tag{2-262}$$

$$\tau_{ce} = \tau_e + \tau_b + \tau_d + \tau_c = r_e C_{Te} + \frac{W_b^2}{2D_{nb}} + \frac{x_m}{2v_s} + r_{cs} C_{Tc} \tag{2-263}$$

$$\omega = 2\pi f \tag{2-264}$$

$$\omega_a = \frac{1}{\tau_{ce}} \tag{2-265}$$

$$\alpha(\omega) = \frac{\alpha_0}{1 + i\omega\tau_{ce}} = \frac{\alpha_0}{1 + i\omega/\omega_a} = \frac{\alpha_0}{1 + if/f_a} \tag{2-266}$$

$$f_a = \frac{\omega_a}{2\pi} = \frac{1}{2\pi\tau_{ce}} = \frac{1}{2\pi(\tau_e + \tau_b + \tau_d + \tau_c)} \tag{2-267}$$

$$|\alpha(f_a)| = \frac{\alpha_0}{\sqrt{2}} \tag{2-268}$$

$$\alpha(dB) = 20\log\alpha \tag{2-269}$$

$$\beta(dB) = 20\log\beta \tag{2-270}$$

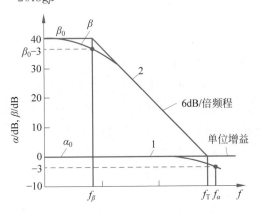

图 2-73　交流情况下 BJT 的共基极和共射极电流放大系数频率响应曲线

1—共基极；2—共射极。

6. $\beta(\omega)$ 和 f_β

在图 2-73 上对频率响应更敏感的是共射极电流放大系数 $\beta(f)$。然而,如图 2-74 所示,共射极接法时 V_{ce} 是固定的,因而交流情况下,$v_{ce}=0$,即 C、E 两端交流短路。此时,需要重新定义共基极电流放大系数 α_e,如式(2-271)所示。C、E 两端交流短路造成发射结和集电结的势垒电容并联,发射极电流 i_e 需要同时对这两个电容进行充放电。对集电结势垒电容的充放电电流,在共基极接法时是不存在的,但这个电流无疑分流了 i_e,减小了共基极电流放大系数。这个额外的 C_{Tc} 等效于在图 2-68 中增大了并联的势垒电容值,而其他输运环节与共基极基本一样(V_{ce} 电压基本都降落在集电结上)。因此,只需要将相应的发射极延迟时间

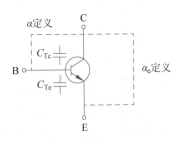

图 2-74　交流情况下 BJT 共射极接法下共基极电流放大系数 α_e 的定义

变为式(2-272)即可。应用新的共基极电流放大系数 α_e,式(2-273)给出了交流情况下的共射极电流放大系数 β。用式(2-274)定义共射极情况下的共基极电流放大系数,其中 f'_α 用式(2-275)表示。考虑到共射极接法下,V_{ce} 电压基本都降落在反偏的集电结上,集电结的耗尽区宽度远大于发射结的耗尽区宽度,因此存在式(2-276)的关系。如此一来,就可以忽略图 2-74 带来的额外发射极延迟时间的影响,从而得到简化的式(2-277)。进而,可以得到式(2-278)表示的 $\beta(f)$,其中 β_0 是直流情况下的共射极电流放大系数,f_β 定义为共射极截止频率,如式(2-279)所示。显然,$f_\beta \ll f_\alpha$,这在图 2-73 上显示得很明显。式(2-280)给出了 f_β 的具体表达式。若考虑到基区是非均匀掺杂的,则基区内部将会存在内建电场,从而改变基区输运系数,用式(2-281)定义的电场因子来表征基区非均匀掺杂的程度。若考虑基区对应的超相移因子 m(式(2-282)),且 τ_b 在式(2-280)中占绝对主导地位,则修正的 f_β 更新为式(2-283)。这表示实际 BJT 的共射极截止频率比式(2-279)的值还要低,即 $\beta(f)$ 对频率的响应更敏感。这也容易理解,因为 i_b 本来就是小量,电容效应特别是基区 $i_{C_{De}}$ 导致的 i_b 的增加,将明显改变 i_c/i_b 的值,即 β。

$$\alpha_e = \frac{i_c}{i_e}\bigg|_{V_{ce}} \tag{2-271}$$

$$\tau'_e = r_e(C_{Te} + C_{Tc}) \tag{2-272}$$

$$\beta = \frac{i_c}{i_e - i_c}\bigg|_{V_{ce}} = \frac{\alpha_e}{1 - \alpha_e} \tag{2-273}$$

$$\alpha_e = \frac{\alpha_0}{1 + i\omega(\tau'_e + \tau_b + \tau_d + \tau_c)} = \frac{\alpha_0}{1 + if/f'_\alpha} \tag{2-274}$$

$$f'_\alpha = \frac{1}{2\pi(\tau'_e + \tau_b + \tau_d + \tau_c)} \tag{2-275}$$

$$\tau'_e = r_e(C_{Te} + C_{Tc}) \approx r_e C_{Te} = \tau_e, C_{Te} \gg C_{Tc} \tag{2-276}$$

$$f'_\alpha \approx f_\alpha \tag{2-277}$$

$$\beta(f) = \frac{\alpha_e}{1 - \alpha_e} = \frac{\dfrac{\alpha_0}{1 + if/f'_\alpha}}{1 - \dfrac{\alpha_0}{1 + if/f'_\alpha}} = \frac{\alpha_0}{1 - \alpha_0 + if/f'_\alpha}$$

$$= \frac{\dfrac{\alpha_0}{1 - \alpha_0}}{1 + i\dfrac{1}{1 - \alpha_0}(f/f'_\alpha)}$$

$$\approx \frac{\beta_0}{1 + i(\beta_0 f/f'_\alpha)} = \frac{\beta_0}{1 + if/f_\beta} \tag{2-278}$$

$$f_\beta = \frac{f'_\alpha}{\beta_0} \approx \frac{f_\alpha}{\beta_0} \tag{2-279}$$

$$f_\beta = \frac{\omega_a}{2\pi\beta_0} = \frac{1}{2\pi\beta_0}(\tau_e + \tau_b + \tau_d + \tau_c)^{-1}$$

$$= \frac{1}{2\pi\beta_0}\left(r_e C_{Te} + \frac{W_b^2}{2D_{nb}} + \frac{x_m}{2v_s} + r_{cs}C_{Tc}\right)^{-1} \tag{2-280}$$

$$\eta = \ln\frac{N_b(0)}{N_b(W_b)} \tag{2-281}$$

$$m = 0.22 + 0.098\eta \tag{2-282}$$

$$f_\beta = \frac{f_\alpha}{\beta_0(1+m)} \tag{2-283}$$

7. f_T

根据式(2-278)可知,$\beta(f)$随着频率 f 的增加而下降。定义 $\beta(f)=1$ 时的 f 为 f_T,即共射极特征频率。根据式(2-284)可以求得 f_T,如式(2-285)所示。再根据式(2-278),当 $f_\beta < f < f_\alpha$ 时,近似有式(2-286),则进而可以得到式(2-287)。这个结论很重要,意味着 $f_\beta < f < f_\alpha$ 范围内在图 2-73 共射极电流放大系数频响曲线上存在一段斜率为 -20 的直线区,如式(2-288)所示。在这个直线区,利用式(2-288)计算可知,f 变为 $2f$ 时,β 减小 6dB,所以这个直线区也称为 6dB/倍频程区,而 f_T 也称为电流增益-带宽积。根据式(2-285)可知,f_T 的具体表达式如式(2-289)所示,即与 f_α 一致。在 BJT 中,通常基区渡越时间 $\tau_b \gg \tau_e, \tau_b \gg \tau_d, \tau_b \gg \tau_c$。为了提高共射极 BJT 交流情况下仍具备电流放大能力的频率范围,可以根据式(2-289)中各影响因子逐一设计相应的措施。

(1) 降低 τ_b:减小 W_b 显然是非常有效的方式,也可以通过基区非均匀掺杂增加 D_{nb} 进一步减小 τ_b。

(2) 降低 τ_e:增加直流工作点的 I_e 以减小 r_e,减小发射结面积 A_{je} 以减小 C_{Te}。

(3) 降低 τ_d:提高集电区掺杂浓度 N_c 以减小 x_m。

(4) 降低 τ_c:提高 N_c 降低 r_{cs},减小集电结面积 A_{jc} 或减小 N_c 以降低 C_{Tc}。显然,上述有的措施对器件设计来讲是矛盾的,因此需要针对器件的具体工作点抓住影响 f_T 的主要因素。

如图 2-75(a)所示,V_{ce} 固定情况下在 I_c 比较小的区间,这一段发射结 r_e 较大,τ_e 在几个延迟时间中占据主导,随 I_c 增加 r_e 快速减小,f_T 随之增大;当 I_c 足够大时,τ_b 主导整个延时,因为 V_{ce} 固定 W_b 相对稳定,f_T 有一段相对平稳的区间;当 I_c 进一步增大,以至于 Kirk 效应出现时,基区等效中性区宽度 W_b 变大,导致 f_T 随着 I_c 增大开始下降。如图 2-75(b)所示,当固定 I_c 在一个中等电流值区间时,V_{ce} 较小的情况下就是 τ_b 主导,随着 V_{ce} 增加厄利效应导致 W_b 减小,f_T 随之增加;但当进一步增加 V_{ce} 时,集电结耗尽区宽度 x_m 变大,τ_d 主导整个延时并随 x_m 变大而变大,f_T 随之下降。

$$\frac{\beta_0}{\sqrt{1+(f_T/f_\beta)^2}} = 1 \tag{2-284}$$

$$f_T \approx \beta_0 f_\beta = \frac{f_\alpha}{1+m}(\beta_0 \gg 1) \tag{2-285}$$

$$\beta \approx \frac{f_{\mathrm{T}}}{\mathrm{i}f} \ \text{或} \ \beta \approx \frac{\omega_{\mathrm{T}}}{\mathrm{i}\omega}(f_\beta < f < f_\alpha) \tag{2-286}$$

$$|\beta|f \approx f_{\mathrm{T}} \ \text{或} \ |\beta|\omega \approx \omega_{\mathrm{T}} \tag{2-287}$$

$$\beta(\mathrm{dB}) = 20\log(|\beta|) \approx 20\log f_{\mathrm{T}} - 20\log f \tag{2-288}$$

$$f_{\mathrm{T}} = \frac{1}{2\pi}(\tau_{\mathrm{e}} + \tau_{\mathrm{b}} + \tau_{\mathrm{d}} + \tau_{\mathrm{c}})^{-1} = \frac{1}{2\pi}\left(r_{\mathrm{e}}C_{\mathrm{Te}} + \frac{W_{\mathrm{b}}^2}{2D_{\mathrm{nb}}} + \frac{x_{\mathrm{m}}}{2v_{\mathrm{s}}} + r_{\mathrm{cs}}C_{\mathrm{Tc}}\right)^{-1} \tag{2-289}$$

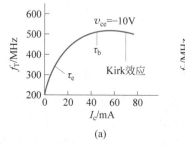 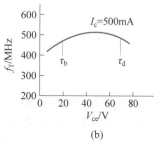

$$(a) \qquad\qquad (b)$$

图 2-75　f_{T} 与 BJT 直流工作点 I_{c}、V_{ce} 的关系

2.6.4　高频等效电路

1. h 参数等效电路

考虑电容效应后,需要重新推导共基极接法下的 h 参数等效电路。根据图 2-76 定义的共基极有效电路四端,可得式(2-290)~式(2-293)。式(2-292)表明,输入电路中有两个串联的电压分量,一个是 r_{e},另一个是反馈电压源。当 V_{cb} 增加时,厄利效应导致 I_{e} 有增大趋势,但式(2-290)第二项表明此时 I_{e} 不变。为了抵消 I_{e} 增大的趋势,需要减小 V_{be},即增加 V_{eb},所以反馈电压源的极性与图 2-76 输入端一致。但反馈系数 h_{12} 是很小的,因此这个反馈电压分量可以忽略。式(2-293)表明,输出电流由两个并联分量组成:一个是受控电流源,且与 i_{e} 同向;另一个是输出电阻 r_{ob},因为集电结反偏,这个等价于耗尽区电阻的 r_{ob} 通常很大,以至于可以按照开路处理。再根据前述发射极延时时间、基区渡越时间和集电极延迟时间的讨论可知,C_{Te}、C_{De} 都是与 r_{e} 呈现并联关系的,而 C_{Tc} 是并联在受控电流源上的,因此就有了考虑电容效应后的共基极高频 h 参数等效电路,如图 2-77 所示。由图可见,等效电路在形式上像字母"T",所以也称为共基极 T 型等效电路。

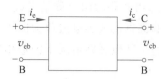

h参数⇒以i_{e}、v_{cb}为自变量求$v_{\mathrm{eb}}(i_{\mathrm{e}}, v_{\mathrm{cb}})$、$i_{\mathrm{c}}(i_{\mathrm{e}}, v_{\mathrm{cb}})$

图 2-76　共基极 h 参数等效电路四端定义

$$\mathrm{d}V_{\mathrm{eb}} = \left.\frac{\partial V_{\mathrm{eb}}}{\partial I_{\mathrm{e}}}\right|_{V_{\mathrm{cb}}} \mathrm{d}I_{\mathrm{e}} + \left.\frac{\partial V_{\mathrm{eb}}}{\partial V_{\mathrm{cb}}}\right|_{I_{\mathrm{e}}} \mathrm{d}V_{\mathrm{cb}} \tag{2-290}$$

$$\mathrm{d}I_{\mathrm{c}} = \left.\frac{\partial I_{\mathrm{c}}}{\partial I_{\mathrm{e}}}\right|_{V_{\mathrm{cb}}} \mathrm{d}I_{\mathrm{e}} + \left.\frac{\partial I_{\mathrm{c}}}{\partial V_{\mathrm{cb}}}\right|_{I_{\mathrm{e}}} \mathrm{d}V_{\mathrm{cb}} \tag{2-291}$$

$$v_{eb} = h_{11}i_e + h_{12}v_{cb} \qquad\qquad (2\text{-}292)$$

$$i_c = h_{21}i_e + h_{22}v_{cb} \qquad\qquad (2\text{-}293)$$

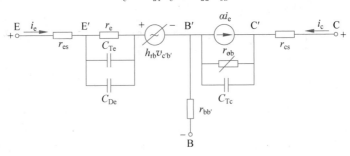

图 2-77　高频下共基极 h 参数 T 型等效电路

　　为了更好地理解考虑电容效应后的共射极 h 参数等效电路,重新观察图 2-78 的四端定义,以便在图 2-66 的基础上合理添加等效电容。如式(2-294)和式(2-296)所示,交流

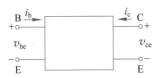

h参数⇒以i_b、v_{ce}为自变量求$v_{be}(i_b, v_{ce})$、$i_c(i_b, v_{ce})$

图 2-78　共射极 h 参数等效电路四端定义

电压 v_{be} 由两个串联的分量组成:第一个分量是在 C、E 两端交流短路的情况下考察输入电阻。当考虑电容时,就要考虑此时 $v_{ce}=0$,因此 B、E,B、C 间的电容都要考虑,而且两者对应的电容还是并联关系(忽略发射极串联电阻),所以在图 2-79 中就相当于在阻性负载上又并联了 C_{Te}、C_{De} 和 C_{Tc} 三个电容。第二个

分量代表基极交流开路,即 $i_b=0$ 时,输出电压 v_{ce} 导致的反馈电压源。在低频情况下,由于集电结耗尽区电阻非常大,因此这个反馈电压源可以忽略。而高频情况下容性负载主导导电过程,这个反馈电压源反而会相对明显。在基极交流开路的情况下,v_{be} 与 v_{cb} 呈现串联分压关系,即 C_{Te} 与 C_{De} 并联后再与 C_{Tc} 串联,因而有 $v_{be}=v_{ce}C_{Tc}/C_t$ 的简单分压关系,如图 2-79 所示,其中 C_t 由式(2-298)定义。再看式(2-295)和式(2-297),输出电流 i_c 由并联的两个分量组成:一个分量是在 C、E 交流短路情况下的受控电流源,电容的影响都直接放到电流放大因子 β 里,因而在形式上仍可以直接写为 βi_b。另一个分量表示的是基极开路情况下的输出电导 r_{oe},而低频情况下的这个输出电导近似为零(近似

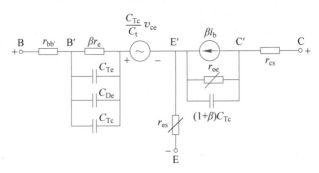

图 2-79　高频下共射极 h 参数 T 型等效电路

为集电结耗尽区等效电阻对应的电导），即输出电阻趋于无穷大，可以按开路情况处理。但容性负载仍可以在高频情况下有效导电，考虑到基极开路情况下流过集电结的电流类似 $I_{ceo}=(1+\beta)I_{cbo}$ 的情况，其也将被放大 $1+\beta$ 倍，即此时流过集电结的交流电流像是流经一个 $(1+\beta)C_{Tc}$ 电容而产生的。所以此时并联在受控电流源上的集电结垒电容需要等效处理为一个更大的电容，即 $(1+\beta)C_{Tc}$ 才能对应真实的高频输出电流，如图 2-79 所示。至此，高频情况下的共射极 h 参数等效电路就分析完成。类似地，它也称为共射极 T 型高频等效电路。

$$dV_{be}=\frac{\partial V_{be}}{\partial I_b}\bigg|_{V_{ce}}dI_b+\frac{\partial V_{be}}{\partial V_{ce}}\bigg|_{I_b}dV_{ce} \tag{2-294}$$

$$dI_c=\frac{\partial I_c}{\partial I_b}\bigg|_{V_{ce}}dI_b+\frac{\partial I_c}{\partial V_{ce}}\bigg|_{I_b}dV_{ce} \tag{2-295}$$

$$v_{be}=h_{11}i_b+h_{12}v_{ce} \tag{2-296}$$

$$i_c=h_{21}i_b+h_{22}v_{ce} \tag{2-297}$$

$$C_t=C_{Tc}+C_{Te}+C_{De} \tag{2-298}$$

为了避免上述分析中输入和输出回路间耦合反馈导致的分析复杂性，人们又引入了一种直接用反馈电阻简单关联输入和输出回路的共射极 h 参数 π 型等效电路，如图 2-80 所示。由图可知，在这种电路中通过一个直接关联输入和输出回路的反馈电阻 $r_{b'c}$ 来反映低频或直流情况下的等效电路。根据低频情况下的式（2-221），忽略图 2-80 内的电容可得式（2-299），进而得到反馈电阻 $r_{b'c}$ 的定义式（2-300）。显然，$r_{b'c}\gg r_e$。从式（2-294）可知，在高频可以忽略 $r_{b'c}$ 的情况下，图 2-80 的输入回路与图 2-79 的输入回路一致（忽略小量 C_{Tc}）。从式（2-295）看出，当 $v_{ce}=0$ 时，同样需要把电容的影响放入 β 因子后，图 2-80 输出回路中的受控电流源分量才与图 2-79 一致。但当基极交流开路（$i_b=0$）时，图 2-79 输出回路中的受控电流源 $\beta i_b=0$，而图 2-80 中流过发射结动态电阻 βr_e 上的可被放大的电流 i_b 不为零而是如式（2-301）所定义。那么此时这个容性 i_c 分量就是由两股电流，即 i_b 和 βi_b 组成的，如式（2-302）所示。考虑到正常放大条件下式（2-298）中的 $C_{De}(\tau_b)$，$C_{Te}(\tau_e)\gg C_{Tc}$，所以 $r_eC_t\approx\tau_b+\tau_e$。根据式（2-286）和式（2-289）可知，$1/(\tau_b+\tau_e)=\omega_T$，而 $\omega_T/\beta=i\omega$。式（2-302）这个容性电流就是图 2-79 的输出回路中 $(1+\beta)C_{Tc}$ 对应的电流。所以图 2-80 和图 2-79 实质上是一致的。

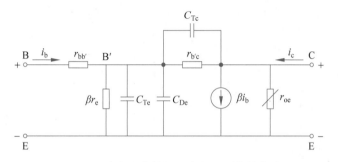

图 2-80　高频下共射极 h 参数 π 型等效电路

$$\frac{\beta r_{\mathrm{e}}}{\beta r_{\mathrm{e}} + r_{\mathrm{b'c}}} v_{\mathrm{ce}} = h_{\mathrm{re}} v_{\mathrm{ce}} \tag{2-299}$$

$$r_{\mathrm{b'c}} = \beta r_{\mathrm{e}} \left(\frac{1}{h_{\mathrm{re}}} - 1 \right) \tag{2-300}$$

$$i_{\mathrm{b}} = \frac{C_{\mathrm{Tc}}}{C_{\mathrm{t}}} \frac{v_{\mathrm{ce}}}{\beta r_{\mathrm{e}}} \tag{2-301}$$

$$i_{\mathrm{c}}(容性) = (1+\beta) \frac{C_{\mathrm{Tc}}}{C_{\mathrm{t}}} \frac{v_{\mathrm{ce}}}{\beta r_{\mathrm{e}}} \approx (1+\beta) \frac{C_{\mathrm{Tc}}}{\tau_{\mathrm{e}} + \tau_{\mathrm{b}}} \frac{v_{\mathrm{ce}}}{\beta}$$

$$= (1+\beta) \frac{\omega_{\mathrm{T}} C_{\mathrm{Tc}} v_{\mathrm{ce}}}{\beta} = \mathrm{i}\omega (1+\beta) C_{\mathrm{Tc}} v_{\mathrm{ce}} \tag{2-302}$$

2. 高频功率增益 $G_{\mathrm{p}}(\omega)$

晶体管的放大效应重要的体现是功率放大,必须考虑高频下的功率增益。如图 2-81 所示,当电容过大时高频下的电导行为近乎短路,加之 C_{Tc} 一般远小于 C_{t},因此输入回路里就剩下基区自偏压效应电阻 $r_{\mathrm{bb'}}$,如图 2-82 左侧所示。考虑到实际 BJT 制作中发射结都很浅且掺杂浓度很高,集电区都有高掺杂衬底,因此 r_{es} 和 r_{cs} 也都很小,可以忽略;而集电结耗尽区因为反偏而呈现很大的 r_{oe},可以按开路处理。于是,图 2-81 的输出回路部分就可以简化为图 2-82 的右半部。因此图 2-82 的输入电阻就是式(2-303),而输出电阻就是式(2-304)。在正常放大条件和工作频率下,可以利用式(2-286)替换式(2-304)分母中的 β,从而得到式(2-305)。进而又可以将输出回路中的 $(1+\beta)C_{\mathrm{Tc}}$ 电容作用等效为一个单独的电容 C_{Tc} 和一个电阻 $1/\omega_{\mathrm{T}} C_{\mathrm{Tc}}$ 的并联,如图 2-83 所示。输入功率的定义为式(2-306),输出功率的定义为式(2-307),其中 R_{L} 为输出回路的负载电阻。式(2-308)定义了功率增益,注意式中使用了 β' 来定义交流电流放大系数,这是因为输出功率式(2-307)表示的是能在输出回路外部负载电路中流动的 i_{c} 引起的功率。显然,图 2-83 变换后的电路表明受控电流源的电流可以在无负载情况下内部循环,意味着电流源的所有电流不是都能对外输出的。为了达到对外输出最大功率,需要考虑图 2-84 所示的共轭匹配,有式(2-309)和式(2-310)。此时,电流源的电流分配给 4 个分量,如式(2-311)所示,式中 i_{c} 是流经负载电阻 R_{L} 的电流,即对应输出功率的电流。进而可以得到式(2-312),此时得到最大功率增益如式(2-313)所示。

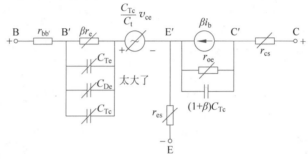

图 2-81　高频下共射极 h 参数 T 型等效电路的简化

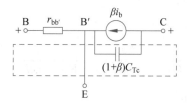

图 2-82　简化的高频共射极 h 参数 T 型等效电路

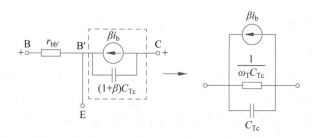

图 2-83　简化的高频共射极 h 参数 T 型等效电路输出回路的等效变换

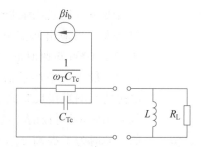

图 2-84　共轭匹配情况下高频共射极 h 参数 T 型等效电路输出回路的外部负载电路

$$z_i = r_{bb'} \tag{2-303}$$

$$z_o = \frac{1}{i\omega(1+\beta)C_{Tc}} \tag{2-304}$$

$$z_o = \frac{1}{i\omega(1+\beta)C_{Tc}} = \frac{1}{i\omega(1+\omega_T/i\omega)C_{Tc}} = \frac{1}{\omega_T C_{Tc} + i\omega C_{Tc}} \tag{2-305}$$

$$P_i = i_b^2 z_i \tag{2-306}$$

$$P_o = i_c^2 R_L \tag{2-307}$$

$$G_P = \frac{i_c^2 R_L}{i_b^2 z_i} = \left(\frac{i_c}{i_b}\right)^2 \frac{R_L}{r_{bb'}} = \beta'^2 \frac{R_L}{r_{bb'}} \tag{2-308}$$

$$R_L = \frac{1}{\omega_T C_{Tc}} \tag{2-309}$$

$$\omega L = \frac{1}{\omega C_{Tc}} \qquad (2\text{-}310)$$

$$\beta i_b = \frac{v_{ce}}{1/\omega_T C_{Tc}} + \frac{v_{ce}}{1/i\omega C_{Tc}} + \frac{v_{ce}}{R_L} + \frac{v_{ce}}{i\omega L} = \frac{2v_{ce}}{R_L} = 2i_c \qquad (2\text{-}311)$$

$$\beta' = \frac{i_c}{i_b} = \frac{\beta}{2} \qquad (2\text{-}312)$$

$$G_{Pmax} = \beta'^2 \frac{R_L}{r_{bb'}} = \left(\frac{\beta}{2}\right)^2 \frac{R_L}{r_{bb'}} = \frac{f_T}{8\pi f^2 r_{bb'} C_{Tc}} \qquad (2\text{-}313)$$

3. 最高振荡频率 f_m

定义 $G_{Pmax} = 1$ 时,式(2-314)对应的频率是最高振荡频率 f_m,如式(2-315)所示,是一个由材料和几何参数决定的量。利用式(2-315)可以将式(2-314)变形得到式(2-316),称为功率增益-带宽积,利用其可以很方便地计算不同频率下的功率增益。然而,BJT 当作分立器件实际应用时往往由于焊接等连接方式会给发射极连线带来额外电感 L_e,如

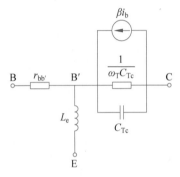

图 2-85 所示。由于这个电感也作用于输入回路会改变输入阻抗,因此对交流电流的放大能力影响巨大。当输出回路具备阻抗共轭匹配时,利用式(2-286)可知此时的输入阻抗 z_i 可用式(2-317)表示。最大功率增益需要重新计算为式(2-318),电感的影响直接反映到分母上。所以 BJT 实际焊接使用时,发射极的外接连线电感是需要仔细控制的。此时为了提高 f_m,可从式(2-319)出发:提高 f_T;减小 $r_{bb'}$;减小 C_{Tc}(减小 A_{jc},降低 N_c);减小 L_e。提高 f_T 是比较有效的提高 f_m 的方法,也正是如此导致不同工作点下主导 f_T 的因素不同,进而导致 f_m 对工作点也产生类似的依赖,如图 2-86 所示。

图 2-85 考虑发射极引线电感 L_e 时的高频共射极 h 参数 T 型等效简化电路

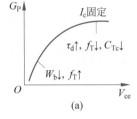

(a)

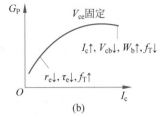

(b)

$$f_T \propto 1/W_b^2\uparrow \qquad r_{bb'} \propto 1/W_b\uparrow$$

图 2-86 最高功率增益与 BJT 工作点的关系

在图 2-86(a)中固定一个合适的 I_c,参考式(2-320),当 V_{ce} 比较小时主导 f_T,即 f_m 的是 τ_b;随着 V_{ce} 的增加厄利效应导致 W_b 减小,进而 τ_b 减小 f_m 上升;当 V_{ce} 增大到一定程度后,τ_d 开始主导 f_m,其随 V_{ce} 增加而增加,但同时对应的 C_{Tc} 开始减小,所以两

者的作用在一定程度上互相抵消,最终使 f_m 对 V_{ce} 变化反而不太敏感。同理,图 2-86(b) 表示固定 V_{ce} 时,当 I_c 比较小时 V_{be} 较小, τ_e 主导 f_m;随着 I_c 增加, r_e 减小 f_m 增大并逐步由 τ_b 主导 f_m,而随着 I_c 的增加外加负载上的压降增大, V_{cb} 下降,厄利效应导致 W_b 增加,则 f_T 下降、C_{Tc} 增大,所以 f_m 开始下降。当然,此时的 $r_{bb'}$ 随着 W_b 的增加也有所下降,而且 $f_T \propto 1/W_b^2$, $r_{bb'} \propto 1/W_b$,所以 $f_T/r_{bb'} \propto 1/W_b$,因此 W_b 的增加一定导致 f_m 下降。考虑到 BJT 工作时必要的耐压要求不能无限制地减小 W_b,因此如果在某个工作点下继续提高 f_m,那么可以通过提高基区掺杂浓度 N_b 继续减小 $r_{bb'}$,但这会导致 D_{nb} 下降,即 f_T 下降,出现矛盾。

$$G_{Pmax} = \frac{f_T}{8\pi f^2 r_{bb'} C_{Tc}} = 1 \tag{2-314}$$

$$f_m = \left(\frac{f_T}{8\pi r_{bb'} C_{Tc}} \right)^{1/2} \tag{2-315}$$

$$M = G_{Pmax}(f) f^2 = f_m^2 \tag{2-316}$$

$$z_i = r_{bb'} + (1 + \beta') i\omega L_e = r_{bb'} + \left(1 + \frac{\beta}{2} \right) i\omega L_e \approx r_{bb'} + \frac{1}{2} \omega_T L_e \tag{2-317}$$

$$G_{Pmax} = \left(\frac{\beta}{2} \right)^2 \frac{R_L}{z_i} = \frac{f_T}{8\pi f^2 \left(r_{bb'} + \frac{\omega_T L_e}{2} \right) C_{Tc}} \tag{2-318}$$

$$f_m = \left(\frac{f_T}{8\pi \left(r_{bb'} + \frac{\omega_T L_e}{2} \right) C_{Tc}} \right)^{1/2} \tag{2-319}$$

$$f_T = \frac{1}{2\pi} (\tau_e + \tau_b + \tau_d + \tau_c)^{-1}$$

$$= \frac{1}{2\pi} \left(r_e C_{Te} + \frac{W_b^2}{2D_{nb}} + \frac{x_m}{2v_s} + r_{cs} C_{Tc} \right)^{-1} \tag{2-320}$$

2.6.5　漂移型晶体管

如何在 W_b、$r_{bb'}$ 固定的条件下进一步提高 f_m? 利用基区非均匀掺杂导致的基区漂移电场,客观上提高 D_{nb} 是一种可行的方法,这就需要了解漂移型 BJT。

观察图 2-6 可知,正常扩散型 BJT 的基区和发射区杂质浓度分布都是不均匀的。杂质补偿后,净掺杂浓度的分布如图 2-87 所示。显见,基区内部存在一个 P 型杂质的峰值。该峰值的存在导致峰值左侧的内建电场方向指向集电区,这个电场会阻滞发射区的电子进入基区;而峰值右侧的内建电场则指向发射区,这个电场引起发射区进入基区的电子在基区内部加速渡越过基区。因为发射区要求浓度高、结深浅,再加上发射结的耗尽区主要向基区扩展,基区 P 型杂质的峰值离发射结界面很近,阻滞电场的作用基本可以忽略。要处理的是峰值右侧的加速电场,可以预期这个加速电场将等效提高 D_{nb} 达到提高

视频

f_m 的目的。

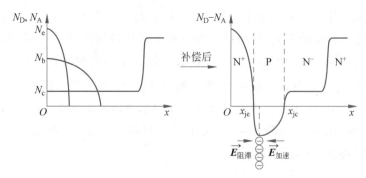

图 2-87　漂移型 NPN BJT 各区杂质分布和基区的内建电场分布

1. 基区自建电场

与半导体物理中获得爱因斯坦关系的推导过程一样,忽略阻滞场,式(2-321)和式(2-322)给出了基区空穴和电子在有内建电场 $E_b(x)$ 情况下的电流表达式。式中既包括了扩散电流,也包括了漂移电流。因为基区空穴的初始分布 $p_{pb}(x)=N_b(x)$ 是已知的,而且平衡态下 $J_{pb}=J_{nb}=0$(对每种极性的电流来说,扩散分量都是大于或等于漂移分量的,因此两种极性电流的净值都只能是大于或等于零的。)当 $J_{pb}=0$ 时,利用式(2-321)可以直接获得 $E_b(x)$,如式(2-323)所示。假设基区空穴初始分布符合式(2-324)的指数形式(基本符合正常扩散方式制备基区的浓度分布规律),则可得一个常数电场,如式(2-325)所示。其中 η 为基区电场因子,其定义如式(2-326)所示,是一个表征基区掺杂不均匀程度的量:$\eta=0$ 代表均匀基区;η 越大,E_b 也越大。

$$J_{pb}=q\mu_{pb}p_{pb}(x)E_b(x)-qD_{pb}\frac{\mathrm{d}p_{pb}}{\mathrm{d}x} \tag{2-321}$$

$$J_{nb}=q\mu_{nb}n_{pb}(x)E_b(x)+qD_{nb}\frac{\mathrm{d}n_{pb}}{\mathrm{d}x} \tag{2-322}$$

$$E_b=\frac{D_{pb}}{\mu_{pb}}\frac{1}{p_{pb}(x)}\frac{\mathrm{d}p_{pb}(x)}{\mathrm{d}x}=\frac{kT}{q}\frac{1}{N_b(x)}\frac{\mathrm{d}N_b(x)}{\mathrm{d}x} \tag{2-323}$$

$$N_b(x)=N_b(0)\exp(-\eta x/W_b) \tag{2-324}$$

$$E_b=-\frac{kT}{q}\frac{\eta}{W_b} \tag{2-325}$$

$$\eta=\ln\frac{N_b(0)}{N_b(W_b)} \tag{2-326}$$

2. 直流情况下的少子分布与少子电流

考虑小注入且基区复合电流可以忽略情况下的基区少子电流 J_{nb},利用式(2-322)、式(2-323)和爱因斯坦关系可得式(2-327)。注意基区无复合,J_{nb} 是常数。基于式(2-327)可得式(2-328)和式(2-329)。利用边界条件式(2-330)和式(2-331)可得基区少子分布

$n_{pb}(x)$，如式(2-332)所示。进一步忽略发射结复合电流，即 $J_{re}=0$，有 $J_{ne}=J_{nb}$，可得式(2-333)。这样在已知发射极电子电流分量的时候就可以用式(2-333)描述基区少子的分布，如图 2-88 所示。显见，η 越大，$x=0$ 注入点处的少子浓度越低，且基区内部各处少子的浓度梯度也越小，因为增大的内建电场导致的漂移电流分量更大，在 J_{ne} 固定的情况下，反映浓度梯度大小的扩散电流分量就只能越小，反映漂移群体总量的少子浓度也只能越低。与有复合情况下均匀基区内的少子分布对比(图 2-88 内的虚线)，可见漂移型 BJT 基区内的电场导致电子分布的重心整体向集电结靠近。在明确边界条件式(2-334)和式(2-335)的情况下，对式(2-329)进行定积分，如式(2-336)所示，可得发射结电子电流分量 J_{ne}，即式(2-337)。其中 Q_b 定义如式(2-338)，称为基区 Gummel 数，是一个剂量数，对应于非均匀基区的掺杂表征，常用单位 cm^{-2}。

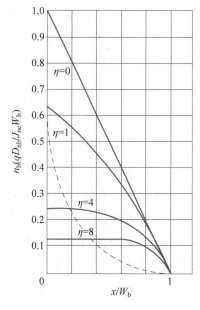

图 2-88 漂移型 BJT 不同基区电场因子下的少子分布

(虚线为有复合情况下均匀基区内的少子分布)

$$
\begin{aligned}
J_{nb} &= q\mu_{nb}n_{pb}(x)E_b(x)+qD_{nb}\frac{\mathrm{d}n_{pb}}{\mathrm{d}x}\\
&= q\mu_{nb}n_{pb}\frac{D_{pb}}{\mu_{pb}}\frac{1}{p_{pb}(x)}\frac{\mathrm{d}p_{pb}(x)}{\mathrm{d}x}+qD_{nb}\frac{\mathrm{d}n_{pb}}{\mathrm{d}x}\\
&= qD_{nb}\left[\frac{n_{pb}}{N_b(x)}\frac{\mathrm{d}N_b(x)}{\mathrm{d}x}+\frac{\mathrm{d}n_{pb}}{\mathrm{d}x}\right]\\
&= qD_{nb}\frac{1}{N_b(x)}\frac{\mathrm{d}[N_b(x)n_{pb}(x)]}{\mathrm{d}x}
\end{aligned}
\tag{2-327}
$$

$$
J_{nb}(x)N_b(x)\mathrm{d}x=qD_{nb}\mathrm{d}[N_b(x)n_{pb}(x)]
\tag{2-328}
$$

$$
J_{nb}\int_x^{W_b}N_b(x')\mathrm{d}x'=\int_{N_b(x)n_{pb}(x)}^{N_b(W_b)n_{pb}(W_b)}qD_{nb}\mathrm{d}[N_b(x')n_{pb}(x')]
\tag{2-329}
$$

$$
n_{pb}(W_b)=0
\tag{2-330}
$$

$$
N_b(x)=N_b(0)\exp(-\eta x/W_b)
\tag{2-331}
$$

$$
n_{pb}(x)=-\frac{J_{nb}}{qD_{nb}N_b(x)}\int_x^{W_b}N_b(x')\mathrm{d}x'
$$

$$
=-\frac{J_{nb}}{qD_{nb}}\left(\frac{W_b}{\eta}\right)\left\{1-\exp\left[-\frac{\eta}{W_b}(W_b-x)\right]\right\}
\tag{2-332}
$$

$$
n_{pb}(x)=-\frac{J_{ne}}{qD_{nb}}\left(\frac{W_b}{\eta}\right)\left\{1-\exp\left[-\frac{\eta}{W_b}(W_b-x)\right]\right\}
\tag{2-333}
$$

$$n_{pb}(0) = n_{pb}^0 \exp(qV_{be}/kT) \tag{2-334}$$

$$n_{pb}(W_b) = n_{pb}^0 \exp(qV_{bc}/kT) \approx 0 \tag{2-335}$$

$$J_{nb}\int_0^{W_b} N_b(x)\mathrm{d}x = \int_{N_b(0)n_{pb}(0)}^{N_b(W_b)n_{pb}(W_b)} qD_{nb}\mathrm{d}[N_b(x)n_{pb}(x)] \tag{2-336}$$

$$J_{ne} = J_{nb} = -\frac{qD_{nb}n_i^2 \exp(qV_{be}/kT)}{\int_0^{W_b} N_b(x)\mathrm{d}x} = -\frac{qD_{nb}n_i^2}{Q_b}\exp\left(\frac{qV_{be}}{kT}\right) \tag{2-337}$$

$$Q_b = \int_0^{W_b} N_b(x)\mathrm{d}x \tag{2-338}$$

有了 J_{ne},再有 J_{pe},就可以计算此时的发射效率。由图 2-87 可知,发射区的掺杂也是个近似的指数分布,是不均匀的。参照上述基区的处理方式,可得发射区自建电场 $E_e(x)$,如式(2-339)所示。当 $W_e \ll L_{pe}$ 时,相应的 J_{pe} 如式(2-340)所示,式(2-341)中的 Q_e 称为发射区 Gummel 数。

$$E_e = -\frac{kT}{q}\frac{1}{N_e(x)}\frac{\mathrm{d}N_e(x)}{\mathrm{d}x} \tag{2-339}$$

$$J_{pe} = -\frac{qD_{pe}n_i^2}{\int_{-W_e}^0 N_e(x)\mathrm{d}x}\exp\left(\frac{qV_{be}}{kT}\right) \tag{2-340}$$

$$Q_e = \int_{-W_e}^0 N_e(x)\mathrm{d}x \tag{2-341}$$

由图 2-87 可知,集电区是均匀掺杂的,其少子电流表达式与均匀基区一样,如式(2-342)所示,其中符号的定义与式(2-38)一致。

$$J_{pc} = \frac{qD_{pc}p_{nc}^0}{L_{pc}}[\exp(qV_{bc}/kT) - 1] \approx -\frac{qD_{pc}p_{nc}^0}{L_{pc}} \tag{2-342}$$

3. 直流增益 α_0、β_0

当发射区和基区的掺杂浓度遵从一定的分布函数时,需要用式(2-343)来定义图 2-6(b)对应各区的薄层电阻 R_{sh},式中 $n(x)$ 对应各区载流子分布。以此为基础,根据式(2-337)、式(2-340)和式(2-342)可以得到漂移型 BJT 的发射效率,即式(2-344),以及基区输运系数,即式(2-345)。因为在式(2-337)中假设了基区无复合电流 J_{vb},所以式(2-345)给出了 1 的值。为了更贴近实际基的情况,用式(2-346)重新定义基区输运系数。因为已经知道了基区少子的分布式(2-333),所以可以利用式(2-347)表征 J_{vb}。进一步得到此时的基区输运系数,如式(2-348)所示。用式(2-349)定义一个新的量 λ 后,式(2-348)简化为式(2-350)。分析式(2-349)可知:当 $\eta \to 0$(均匀基区)时,$\lambda \to 2$;当 $\eta > 0$(非均匀基区,基区存在少子加速场)时,$\lambda > 2$。在集电结没有雪崩击穿的情况下,集电区倍增因子为 1,因此漂移型 BJT 的共基极电流放大系数如式(2-351)所示,而共射极电流放大系数如式(2-352)所示。对比式(2-68)和式(2-69)可知,漂移型 BJT 还可以通过提高 η,即提高基区掺杂的非均匀性来提高 λ,进一步提高两个电流放大系数。

$$R_{sh} = \frac{1}{\sigma d} \rightarrow \frac{1}{R_{sh}} = \sigma d = \int_0^d q\mu n(x)\,\mathrm{d}x \qquad (2\text{-}343)$$

$$\gamma = \frac{J_{ne}}{J_{ne} + J_{pe}} = \frac{1}{1 + J_{pe}/J_{ne}} = \frac{1}{1 + \dfrac{D_{pe}\displaystyle\int_0^{W_b} N_b(x)\,\mathrm{d}x}{D_{nb}\displaystyle\int_{-W_e}^0 N_e(x)\,\mathrm{d}x}}$$

$$= \left(1 + \frac{R_{sh,e}}{R_{sh,b}}\right)^{-1} \approx 1 - \frac{R_{sh,e}}{R_{sh,b}} \qquad (2\text{-}344)$$

$$\beta^* = \frac{J_{nc}}{J_{ne}} = \frac{J_{nb}(W_b)}{J_{nb}(0)} = 1 \qquad (2\text{-}345)$$

$$\beta^* = \frac{J_{ne} - J_{vb}}{J_{ne}} = 1 - \frac{J_{vb}}{J_{ne}} \qquad (2\text{-}346)$$

$$J_{vb} = \frac{q\displaystyle\int_0^{W_b} n_{pb}(x)\,\mathrm{d}x}{\tau_{nb}} = \frac{q}{\tau_{nb}}\int_0^{W_b}\left(-\frac{J_{ne}}{qD_{nb}}\right)\frac{W_b}{\eta}\left\{1 - \exp\left[-\frac{\eta}{W_b}(W_b - x)\right]\right\}\mathrm{d}x$$

$$= \frac{J_{ne}}{D_{nb}\tau_{nb}}\frac{W_b^2}{\eta}\left[1 - \frac{1}{\eta} + \frac{\exp(-\eta)}{\eta}\right] \qquad (2\text{-}347)$$

$$\beta^* = 1 - \frac{J_{vb}}{J_{ne}} = 1 - \frac{W_b^2}{L_{nb}^2}\left[\frac{1}{\eta} - \frac{1}{\eta^2} + \frac{\exp(-\eta)}{\eta^2}\right] \qquad (2\text{-}348)$$

$$\frac{1}{\lambda} = \frac{\eta - 1 + \exp(-\eta)}{\eta^2} \qquad (2\text{-}349)$$

$$\beta^* = 1 - \frac{W_b^2}{\lambda L_{nb}^2} \qquad (2\text{-}350)$$

$$\alpha_0 = \gamma\beta^* = \left(1 + \frac{R_{sh,e}}{R_{sh,b}}\right)^{-1}\left(1 - \frac{W_b^2}{\lambda L_{nb}^2}\right) \approx 1 - \frac{R_{sh,e}}{R_{sh,b}} - \frac{W_b^2}{\lambda L_{nb}^2} \qquad (2\text{-}351)$$

$$\beta_0 = \frac{\alpha_0}{1 - \alpha_0} \approx \left(\frac{R_{sh,e}}{R_{sh,b}} + \frac{W_b^2}{\lambda L_{nb}^2}\right)^{-1} \qquad (2\text{-}352)$$

4. 厄利效应

忽略式(2-337)的负号,仅考虑电流的大小。根据厄利效应的定义式(2-353),需要知道集电极电流 I_c 或集电极电流密度 J_c 的表达式,如式(2-354)或式(2-337)所示。利用式(2-355)可得厄利电压 V_a 的表达式(2-356)。显然,随着 V_{cb} 的增加,W_b 是减小的,所以 $V_a < 0$。

$$\frac{\partial I_c}{\partial V_{cb}} = \frac{\partial I_c}{\partial W_b}\frac{\partial W_b}{\partial V_{cb}} \qquad (2\text{-}353)$$

$$J_{ne} = \frac{qD_{nb}n_i^2\exp(qV_{be}/kT)}{\int_0^{W_b} N_b(x)\mathrm{d}x} \approx J_c \tag{2-354}$$

$$\frac{\partial J_c}{\partial V_{cb}} = \frac{\partial J_c}{\partial W_b}\frac{\partial W_b}{\partial V_{cb}} = qD_{nb}n_i^2\exp(qV_{be}/kT)(-1)\frac{\frac{\partial}{\partial W_b}\int_0^{W_b} N_b(x)\mathrm{d}x}{\left[\int_0^{W_b} N_b(x)\mathrm{d}x\right]^2}\frac{\partial W_b}{\partial V_{cb}}$$

$$= -J_c\frac{N_b(W_b)}{\int_0^{W_b} N_b(x)\mathrm{d}x}\frac{\partial W_b}{\partial V_{cb}} = -\frac{J_c}{V_a} \tag{2-355}$$

$$V_a = \frac{\int_0^{W_b} N_b(x)\mathrm{d}x}{N_b(W_b)\frac{\partial W_b}{\partial V_{cb}}} < 0 \tag{2-356}$$

5. 频率特性

因为主导 BJT 频率特性的主要延时分量是基区渡越时间 τ_b，所以利用式(2-357)表示的少子在基区的分布，通过式(2-358)直接求得此时的 τ_b。显然，对于表征频率特性的特征量 f_α、f_β、f_T、f_m 来说，只要将均匀基区时各自表达式内的 τ_b 更新为式(2-358)即可获得漂移型 BJT 相应的 f_α、f_β、f_T、f_m。

$$n_{pb}(x) = \frac{I_{nb}}{qAD_{nb}}\left(\frac{W_b}{\eta}\right)\left\{1 - \exp\left[-\frac{\eta}{W_b}(W_b - x)\right]\right\} \tag{2-357}$$

$$\tau_b = \int_0^{W_b}\frac{1}{v(x)}\mathrm{d}x = \int_0^{W_b}\frac{qAn_{pb}(x)}{I_{nb}(x)}\mathrm{d}x = \frac{W_b^2}{\lambda D_{nb}} \tag{2-358}$$

2.6.6 异质结双极型晶体管

视频

漂移型 BJT 通过基区内建电场等效减小了 τ_b，然而在承压要求下 W_b 基本已经减薄到最小值。在非常薄的基区内制备浓度梯度很大的非均匀掺杂的基区在实际工艺中是非常困难的。因此，进一步提高 BJT 的高频增益需要寻找新的出路。如式(2-314)所示，如果进一步提高基区掺杂浓度 N_b，则可以降低 $r_{bb'}$，原则上可以进一步提高相同频率下 6dB/倍频程区域的高频功率增益。然而，基区少子扩散系数 D_{nb} 将因为掺杂浓度的提高而下降，导致 f_T、β_0 下降，抵消了 N_b 提高带来的增益，这是一对难以克服的矛盾。于是，一种新型 BJT 即异质结双极型晶体管（Heterojunction Bipolar Transistor，HBT）被成功发明，用于克服这种矛盾。当然，它不能直接克服基区内提高 N_b 导致 D_{nb}、f_T 下降的问题，但它可以在提高 N_b 的同时显著提高 γ、β_0。提高 N_b 后，相同承压下厄利效应导致的 W_b 减小也会缓解，因此还可以进一步适当减小 W_b，从而有效拉高 f_T，整体提高 BJT 的高频功率增益。

图 2-89 和图 2-90 是典型 N^--AlGaAs/P^+-GaAs/N^--GaAs NPN 异质结 BJT 结构图和各层层厚与杂质浓度分布图。这种结构一般是因为各层物质的晶体结构相同，通过

外延的方法逐层生长出来的。由图 2-90 可见,发射区使用了掺杂浓度低到 $5 \times 10^{17} \mathrm{cm}^{-3}$ 的 AlGaAs 材料,而 AlGaAs 的禁带宽度要比 GaAs 宽;基区则使用了掺杂浓度高达 $1 \times 10^{20} \mathrm{cm}^{-3}$ 的 GaAs 材料。仅从各区掺杂浓度的数据就能看出 HBT 的奇异之处:基区的掺杂浓度比发射区还高,如果是同质结,这将导致其发射效率极低。

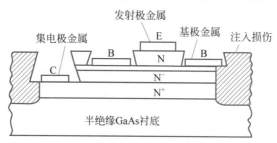

图 2-89　典型 N^--AlGaAs/P^+-GaAs/N^--GaAs NPN 异质结 BJT 结构图

N$^+$-GaAs	$1 \times 10^{19} \mathrm{cm}^{-3}$, 750Å
N$^-$-GaAs	$5 \times 10^{17} \mathrm{cm}^{-3}$, 1250Å
N$^-$-Al$_{0.3}$Ga$_{0.7}$As	$5 \times 10^{17} \mathrm{cm}^{-3}$, 2500Å
P$^+$-GaAs	$5 \times 10^{18} \sim 1 \times 10^{20} \mathrm{cm}^{-3}$, 500~1000Å
N$^-$-GaAs	$3 \times 10^{16} \mathrm{cm}^{-3}$, 5000Å
N$^+$-GaAs	$4 \times 10^{18} \mathrm{cm}^{-3}$, 6000Å
Si-GaAs Sub.	

图 2-90　典型 N^--AlGaAs/P^+-GaAs/N^--GaAs NPN 异质结 BJT 各层厚度和杂质浓度分布

下面介绍 HBT 的直流工作原理。图 2-91 给出了热平衡态时 HBT 的三区能带图,发射结价带存在明显的断裂,导致非对称的势垒,即从发射区进入基区的电子势垒比基区进入发射区的空穴势垒低。图 2-92 给出了正常放大条件下的三区能带图,发射结和集电结两侧中性区费米能级的差显示了 qV_{be} 和 qV_{cb} 的势垒变化。式(2-359)给出了直流稳态共射极电流放大系数 β_0。基区很薄时,忽略基区复合电流 I_{vb} 和发射结复合电流 I_{re},可以得到 β_0 的上限 $\beta_{0\max}$,如式(2-360)所示。式(2-361)和式(2-362)分别给出了 I_{ne} 和 I_{pe} 的表达式,其中 A 为结面积。但 HBT 的特殊之处在于式(2-363)和式(2-364),即禁带宽度的不同导致它们各区的本征载流子浓度不同:窄禁带的基区对应一个更高的 n_i。这里 N_e 和 N_b 分别是发射区和基区的杂质掺杂浓度。所以此时重新分析式(2-360)可得式(2-365),其中 ΔE_g 是发射区禁带宽度与基区禁带宽度之差。图 2-92 对应的能带图表明,$\Delta E_g > 0$。室温下,当 $\Delta E_g = 0.25 \mathrm{eV}$ 时,$\exp(\Delta E_g / kT) \approx 10^4$,这是一个非常惊人的放大系数。也正是如此,在保持合理 β_0 的前提下,可以让 N_b 进一步增大,即基区掺杂浓度可以很高,甚至高于发射区的掺杂浓度 N_e。这样,在 N_b 较大时,适当减

小 W_b，又可以进一步提高 β_0；同时，根据式（2-315）在保持甚至可以提高 f_T 的前提下，降低 $r_{bb'}$，从而提高 f_m。此外，N_b 的提高还能抑制基区穿通效应、厄利效应和基区大注入效应。而发射区掺杂浓度 N_e 的降低，则可以降低 C_{Te}，利于提高 f_T。

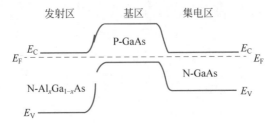

发射区　　　基区　　　集电区

图 2-91　对应图 2-90 中 NPN HBT 在热平衡时的能带图

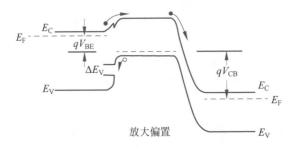

放大偏置

图 2-92　对应图 2-90 中 NPN HBT 在正常放大时的能带图

$$\beta_0 = \frac{I_c}{I_b} = \frac{I_{ne} - I_{vb}}{I_{pe} + I_{vb} + I_{re}} \tag{2-359}$$

$$\beta_{0max} = \frac{I_{ne}}{I_{pe}} \tag{2-360}$$

$$I_{ne} = qA\frac{D_{nb}n_{pb}^0}{W_b}[\exp(qV_{be}/kT) - 1] \tag{2-361}$$

$$I_{pe} = qA\frac{D_{pe}p_{ne}^0}{L_{pe}}[\exp(qV_{be}/kT) - 1] \tag{2-362}$$

$$n_{pb}^0 = \frac{n_{ib}^2}{N_b} \tag{2-363}$$

$$p_{ne}^0 = \frac{n_{ie}^2}{N_e} \tag{2-364}$$

$$\beta_{0max} = \frac{I_{ne}}{I_{pe}} = \frac{D_{nb}}{D_{pe}}\frac{L_{pe}}{W_b}\frac{N_e}{N_b}\frac{n_{ib}^2}{n_{ie}^2} = \frac{D_{nb}}{D_{pe}}\frac{L_{pe}}{W_b}\frac{N_e}{N_b}\exp(\Delta E_g/kT) \tag{2-365}$$

HBT 的特点：发射区宽禁带且可以轻掺杂，基区窄禁带且可以重掺杂，基区可以足够薄，如图 2-93 所示。

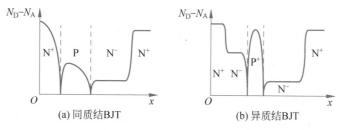

(a) 同质结BJT   (b) 异质结BJT

图 2-93 正常平面扩散型同质结 BJT 和异质结 BJT 的杂质浓度分布和基区厚度差异对比

2.7 开关特性

2.7.1 晶体管的开关作用

1. 晶体管的工作区

如图 2-94 所示,典型的共射极接法 BJT 在输入回路上有一个偏置电阻 r_b,在输出回路上有一个负载电阻 R_L,输出回路电源电压 V_{cc}。由输出特性曲线可见:当 $V_{be}<0$,$V_{bc}<0$ 时,BJT 处于截止区;当 $V_{be}>0$,$V_{bc}>0$ 时,BJT 处于饱和区;当 $V_{be}>0$,$V_{bc}<0$ 时,BJT 处于放大区。由于 R_L 和 BJT 在输出回路里处于串联状态,所以流经 R_L 的电流 I_c 由式(2-366)表达,其中 V_{ce} 就是加在 BJT 集电极和发射极间的电压。由式(2-366)决定的 I_c-V_{ce} 直线可以一并呈现在 BJT 输出特性曲线上,称为负载线。对于固定的 I_b,BJT 有固定的输出特性曲线,其与负载线的交点就是输出回路直流稳态下的工作点。通过改变 I_b,工作点可以在各个工作区变换,特别是当大幅度调节 I_b 时,工作点可以在截止区和饱和区间变换,即输出回路可以在导通和开路之间切换,这就体现了用电流 I_b 控制 BJT 的开关作用。

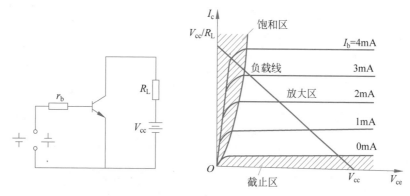

图 2-94 共射极接法 BJT 的电路和工作区划分示意图

$$I_c = \frac{V_{cc} - V_{ce}}{R_L}$$

(2-366)

2. 截止区和饱和区的少子分布

如图 2-95 所示,当 NPN BJT 处于截止区时,发射结和集电结都处于反偏状态,近似有 $I_e = I_{ebo}$,$I_c = I_{cbo}$,$I_b = I_{ebo} + I_{cbo}$。由于两个结都处于反偏状态,因此 V_{be} 和 V_{bc} 的作用都是抽取基区电子,且因为 $W_b \ll L_{nb}$ 抽取作用将作用到整个基区,所以在图 2-96 的基区少子分布上可以清晰地看到此时其内部的少子浓度异常低,靠近两个结耗尽区的位置少子浓度几乎为零。

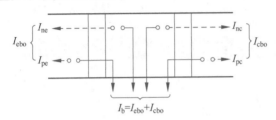

图 2-95　截止区的电流构成
（实线箭头代表空穴流向,虚线箭头代表电子流向）

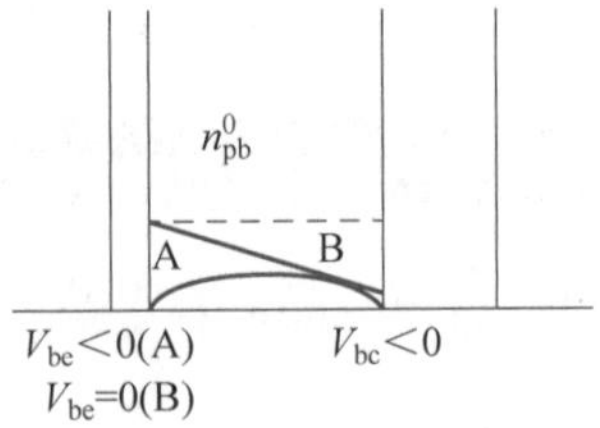

图 2-96　截止区的基区少子分布

如图 2-97 所示,当输入端控制电压 $V_{in} > |V_{bb}|$ 时,$V_{be} > 0$,此时输入电流 I_b 由式(2-367)决定,其中 V_{je} 是发射结在输入回路上的压降。此时的 I_c 由式(2-368)决定。根据 BJT 放大原理,存在 $I_c = \beta I_b$(忽略 I_{ceo})。随着 I_b 的增加 I_c 同步增加,但式(2-368)表明 I_c 有上限,即 V_{cc}/R_L。同时,I_c 的上升将导致 R_L 上的分压增加,如图 2-98 所示,在 BJT 上的分压 V_{ce} 必然减小。当 V_{ce} 减小到 $V_{bc} = 0$ 时 BJT 即将进入饱和区,此时 $V_{ce} = V_{ces}$,$I_c = I_{c,max}$,如式(2-369)所示。这是按照 $I_c = \beta I_b$ 能得到的最大 I_c。以后若 I_b 进一步上升,则对应 $\beta I_b \geqslant I_{c,max}$,BJT 正式进入饱和区,$R_L$ 上的分压继续增加导致 $V_{bc} > 0$。定义 $V_{bc} = 0$ 时的 I_b 为 I_{bs},如式(2-370)所示,对应的状态称为临界饱和状态。图 2-99 给出了工作点由线性放大区进入临界饱和态、饱和区时各区少子分布变化情况。

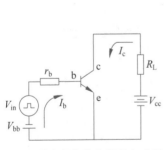

图 2-97　放大区和饱和区输入电流与
　　　　　输出电流的流向

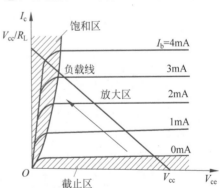

图 2-98　工作点由截止区向放大区、饱和区变化
　　　　　示意图

$$I_b = \frac{V_{in} - V_{bb} - V_{je}}{r_b} \tag{2-367}$$

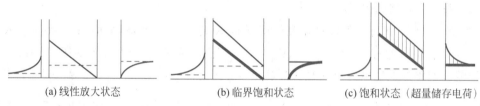

(a) 线性放大状态　　　　(b) 临界饱和状态　　　　(c) 饱和状态（超量储存电荷）

图 2-99　工作点由放大区向饱和区变化时基区少子分布变化示意图（实际上，$W_b \ll L_{pc}$）

$$I_c = \frac{V_{cc} - V_{ce}}{R_L} < \frac{V_{cc}}{R_L} \qquad (2\text{-}368)$$

$$I_{c,\max} = I_{cs} = \frac{V_{cc} - V_{ces}}{R_L} \qquad (2\text{-}369)$$

$$I_b = \frac{I_{cs}}{\beta} = I_{bs}, \quad V_{bc} = 0 \qquad (2\text{-}370)$$

图 2-100 给出了 BJT 饱和时基极电流的作用。如式（2-371）所示，I_b 可以分为 4 个
分量，既要维持临界饱和（还可以按正常放大处理）时 I_{bs} 对应的式（2-372）（I_{vb} 实际可以忽略），又要维持饱和后在基区和集电区存在的超量存储电荷对应的复合电流 I_{bx}，如式（2-373）所示。用式（2-374）定义过驱动电流 I_{bx}，这部分基极电流无法实现在输出回路的放大。这意味着，V_{be} 进一步提高带来的 I_{ne} 的增加实际上都被 I_{bx} 复合掉，进入输出回路的 I_{cs} 基本保持不变。式（2-375）定义了饱和深度 s，$s=1$，进入临界饱和，$s>1$，进入饱和。饱和时三区的电流表达式分别为式（2-376）、式（2-377）和

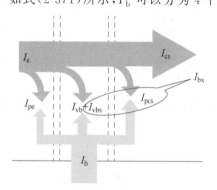

图 2-100　BJT 饱和时基极电流的作用

式（2-378）所示。本章讨论的 V_{be} 的上限仍确保集电极具备足够收集电子能力。

$$I_b = I_{pe} + I_{vb} + I_{vbs} + I_{pcs} \qquad (2\text{-}371)$$

$$I_{bs} = I_{pe} + I_{vb} \qquad (2\text{-}372)$$

$$I_{bx} = I_{vbs} + I_{pcs} \qquad (2\text{-}373)$$

$$I_{bx} = I_b - I_{bs} = I_{vbs} + I_{pcs} \qquad (2\text{-}374)$$

$$s = \frac{I_b}{I_{bs}} = \frac{I_b}{I_{cs}/\beta} = \frac{I_b}{V_{cc}/(\beta R_L)} \qquad (2\text{-}375)$$

$$I_b = \frac{V_{in} - V_{bb} - V_{je}}{r_b} \qquad (2\text{-}376)$$

$$I_c = I_{cs} = \frac{V_{cc}}{R_L} \qquad (2\text{-}377)$$

$$I_e = I_b + I_c = I_{bs} + I_{bx} + I_{cs} \qquad (2\text{-}378)$$

3. 晶体管的开关作用

如图 2-101(a)所示,理想的开关作用就是 K 合上,CE 导通,此时有 $I_{ce}=V_{cc}/R_L$,$V_{ce}=0$；K 断开,CE 断开,有 $I_{ce}=0$,$V_{ce}=V_{cc}$。然而,实际的 BJT 开关如图 2-101(b)所示,当输入回路的偏置电源反偏时,CE 截止,$I_{ce}\approx I_{ceo}\approx 0$,$V_{ce}=V_{cc}-I_{ceo}R_L\approx V_{cc}$；当输入回路的偏置电源足够正偏时,$V_{ce}=V_{ces}\approx 0$,$I_c=\dfrac{V_{cc}-V_{ces}}{R_L}\approx\dfrac{V_{cc}}{R_L}$。实用状态下,BJT 的开关作用往往通过图 2-101(c)所示的方式实现,导通时对应外加正高压 V_{iH},对应 I_{b1} 由式(2-379)决定,其中 V_{je} 对应发射结上的压降；截止时对应外加负低压 V_{iL},对应 I_{b2} 由式(2-380)决定。I_{b2} 的方向与 I_{b1} 相反,它是流出基区的。对开关管的要求是:V_{ces} 越小越好,最好是 0；I_{ceo} 越小越好,最好是 0；BV_{ce} 要高,以保证足够大的使用范围；开关时间短。

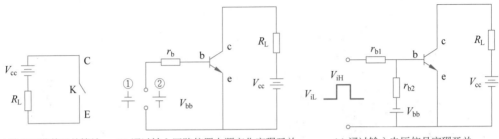

(a) 输出回路的开关等效　　(b) 通过输入回路偏置电源变化实现开关　　(c) 通过输入电压信号实现开关

图 2-101　BJT 饱和时的开关作用

$$I_{b1}=\frac{V_{iH}-V_{je}}{r_{b1}}-\frac{V_{je}+V_{bb}}{r_{b2}} \tag{2-379}$$

$$I_{b2}=\frac{V_{je}+V_{bb}}{r_{b2}}+\frac{V_{je}-V_{iL}}{r_{b1}} \tag{2-380}$$

4. 晶体管的开关过程

考察图 2-101(c)中输入控制信号 V_{in} 由 V_{iL} 跳变为 V_{iH} 并维持一段时间后又跳变为 V_{iL} 的过程。如图 2-102 所示,t_0 之前,$V_{in}=V_{iL}$,BJT 处于截止状态,$I_b\approx 0$,$I_c\approx 0$,$V_{ce}\approx V_{cc}$。$t=t_0$ 时,V_{in} 跳变为 V_{iH},此时就像一个 PN 结二极管由反向截止转变为正向导通时一样,I_{b1} 迅速建立,尽管此时 V_{je} 仍在缓慢上升；由于 V_{je} 缓慢上升,发射结开始缓慢正偏并发射电子,直至 t_1 时刻发射极电流达到 $0.1I_{cs}$,$t_0\sim t_1$ 的这段时间称为延迟时间,在这段时间 I_{b1} 主要用于发射结势垒电容充电,也包括少量集电结势垒电容的充电以及维持发射结复合电流,能被用来对应 $I_c=\beta I_b$ 的 I_b 分量很小。因为 I_c 较小,V_{ce} 只呈现略微减小。随着 I_{b1} 的充电,V_{je} 进一步上升,发射结发射效率迅速提高,I_c 上升迅速,在 t_2 时 I_c 达到 $0.9I_{cs}$,$t_1\sim t_2$ 的这段时间称为上升时间；由于 R_L 上压降迅速上升 V_{ce} 迅速下降。随后,I_c 处于饱和态,直至 t_3 时刻 V_{in} 跳变为 V_{iL},与 PN 结二极管由导通变为截止过程类似,此时 I_b 直接反向变为 $-I_{b2}$,主要对应着发射结和集电结扩散电容放电,

在 V_{bc} 降至零偏之前,I_c 将始终处于饱和状态,I_{b2} 也将始终基本维持不变。当 V_{bc} 由零偏进一步下降至弱反偏时,集电结势垒电容开始放电直至 t_4 时刻 I_c 下降至 $0.9I_{cs}$。$t_3 \sim t_4$ 这段时间主要对应超量存储电荷的抽取,即电容的放电,称为存储时间;V_{ce} 在这段时间内基本维持在零偏压,直至 t_4 时刻开始略微上升。t_4 时刻之后,饱和对应的超量存储电荷已被 I_{b2} 抽光,V_{bc} 开始从正偏进入反偏,V_{je} 也开始明显下降,对应着发射结的电阻开始明显上升,根据式(2-380)可知,此时 I_{b2} 开始明显下降;发射结的发射效率开始下降,与上升过程相应,能渡越过基区被集电结收集的电子电流分量越来越少,I_c 从 $0.9I_{cs}$ 快速下降到 t_5 时刻对应的 $0.1I_{cs}$,$t_4 \sim t_5$ 这段时间称为下降时间,这段时间 I_{b2} 主要在完成发射结势垒电容的放电,也包括少量发射结扩散电容和集电结势垒电容的放电;因为 I_c 在快速下降,R_L 上的分压也下降,所以 V_{ce} 开始快速上升。以上的延迟时间、上升时间、存储时间和下降时间对应的四个过程如图 2-102 所示。

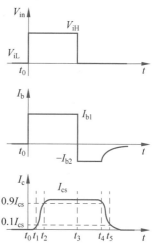

用式(2-381)~式(2-384)定义延迟时间、上升时间、存储时间和下降时间。根据图 2-102,在图 2-103 上可以定义 A、B、C、D 四个工作点,并用 A→B 的过程对应延迟时间,用 B→C 的过程对应上升时间,用 D→C 的过程对应存储时间,用 C→B 的过程对应下降时间。A 点处在截止区;B 点处在正常放大区,但非常接近截止区;C 点仍处在正常

图 2-102　BJT 开关过程 I_b、I_c、V_{ce} 响应输入控制电压 V_{in} 随时间变化图

放大区,但非常接近临界饱和状态;D 点则处在饱和区。所以,A→D 和 D→A 的过程变化就对应由关到开和由开到关的状态变化,充分体现了 BJT 受输入电流控制的开关作用。进一步用式(2-385)和式(2-386)定义 BJT 作为开关管时对应的导通时间和关断时间。显然,$t_{on} + t_{off}$ 是 V_{in} 这个控制信号能有效实现 BJT 开关作用所需的一个完整时间周期的最小值。一旦 V_{in} 变化周期小于 $t_{on} + t_{off}$,就会导致 BJT 根本关不掉而始终处于导通的状态或根本没有导通而始终处于关断的状态,所以用式(2-387)定义了 BJT 作为开关管时所能有效工作的频率上限。

$$\text{延迟时间:} t_d = t_1 - t_0 \quad (A \to B) \qquad (2\text{-}381)$$

$$\text{上升时间:} t_r = t_2 - t_1 \quad (B \to C) \qquad (2\text{-}382)$$

$$\text{储存时间:} t_s = t_4 - t_3 \quad (D \to C) \qquad (2\text{-}383)$$

$$\text{下降时间:} t_f = t_5 - t_4 \quad (C \to B) \qquad (2\text{-}384)$$

$$\text{导通时间:} t_{on} = t_d + t_r = t_2 - t_0 \qquad (2\text{-}385)$$

$$\text{关断时间:} t_{off} = t_s + t_f = t_5 - t_3 \qquad (2\text{-}386)$$

$$\frac{1}{f} > t_{on} + t_{off} \qquad (2\text{-}387)$$

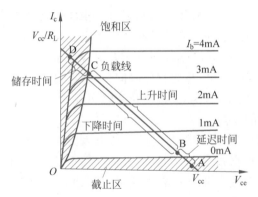

图 2-103　BJT 开关过程延迟时间、上升时间、存储时间和下降时间对应的工作点的变化图

5. 晶体管开关过程中的少子分布

忽略图 2-103 中 C 点对应的 $0.9I_{cs}$ 和 I_{cs} 的差别，抓住主要特征点，认为 C 点就在临界饱和状态。图 2-104 给出了上升过程中各区少子的分布变化：I_{b1} 主要是完成对 C_{Te} 和 C_{Tc} 的充电，使得发射结 V_{je} 由反偏逐渐变化为弱正偏，完成从 A 点向 B 点的状态转换。随着 I_{b1} 持续对 C_{Te}、C_{De}、C_{Tc} 充电，发射结逐渐变为正偏并在基区建立起明显的电子浓度梯度，I_c 快速变大，V_{ce} 快速减小，直至 V_{bc} 由反偏变为零偏，I_c 到达 I_{cs} 完成由 B 点向 C 点的转变，如图 2-105 所示。如图 2-106 所示，D 点到 C 点的状态转变则简单对应于 I_{b2} 抽取基区和集电区的超量存储电荷过程，使得 V_{bc} 由正偏变为零偏，发射结 V_{je} 也有些许下降但仍为正偏。当然，由于基区很薄，超量存储电荷主要分布在集电区。随着

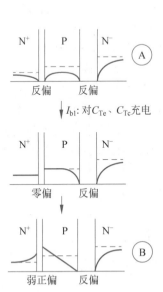

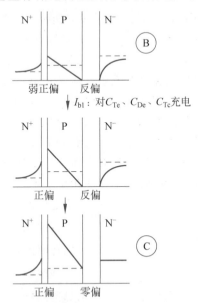

图 2-104　BJT 延迟过程少子分布的变化图　　图 2-105　BJT 上升过程少子分布的变化图

I_{b2} 持续对 C_{Te}、C_{De}、C_{Tc} 抽取，集电结将进入反偏，发射结将进入弱正偏，继而发射结和集电结都进入反偏，BJT 完成由 B 点向 A 点的转换（图 2-107）。综上所述，BJT 的开关作

用总体上就体现为基极电流对两个结的势垒电容和扩散电容的充放电过程,进而导致 BJT 在截止和饱和区的转变,所以本质上这是一种电流控制型的开关。

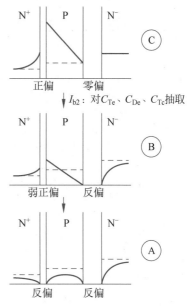

I_{b2}:对 C_{Te}、C_{De}、C_{Tc} 抽取

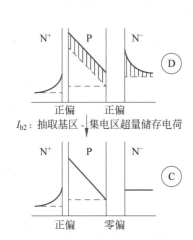

I_{b2}:抽取基区、集电区超量储存电荷

图 2-106　BJT 存储过程少子分布的变化图　　　图 2-107　BJT 下降过程少子分布的变化图

2.7.2　电荷控制理论和晶体管开关时间

1. 电荷控制理论

以上定性讨论了 BJT 的开关过程和特征时间常数,本节引入电荷控制理论定量处理这些过程。在 2.6 节中使用微分法分析电路的等效模型,但分析的工作区都是正常放大区,交流小信号对应线性放大区,线性的微分方程对应线性元件的等效,整体处理起来元件遵从的规律比较简单。但开关晶体管对应截止区和饱和区间的变换,属于大信号过程,元件遵从高度非线性的规律,再使用 Ebers-Moll 方程处理就要复杂很多。为此,从少子连续性方程出发,利用电荷控制理论来处理基区少子的状态,可以比较简单获得各个状态下的规律。假设基区电子的绝对电荷量为 $Q_b(Q_b>0)$,基区电子浓度为 $n(x,t)$,基区电子电流密度为 J_n(有方向,流出基区为正),则电子的连续性方程为式(2-388),而基区电子的绝对电荷量为 Q_b 则由式(2-389)定义。

对式(2-388)进行基区范围内的闭合曲面体积分,则有式(2-390),其形式上为净流出基区的电子电流强度,等于 $-\Delta I_n$,而 ΔI_n 是净流入基区的电子电流强度。根据基区电中性要求,流出基区的电子电流对应电子净流入基区,每流入一个电子就需要由 I_b 流入一个空穴与之匹配以维持基区电中性,因此有式(2-391),这里 $\Delta I_p>0$(端电流流入基区为正),是注入基区的净空穴电流强度,于是式(2-388)变为纯标量式(2-392)。图 2-108 给出了基极电流 I_b 的构成分量,图中粗线框代表中性基区,$I_{C_{Te}}$、$I_{C_{Tc}}$ 分别代表发射结和集电结势垒电容充放电对应的空穴电流,I_{pe} 和 I_{pcs} 分别代表两个结正偏下的空穴扩散电

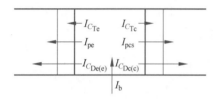

图 2-108　基区电流 I_b 的构成

流，$I_{C_{De(e)}}$、$I_{C_{De(c)}}$ 分别代表两个结正偏下发射区和集电区一侧的扩散电容空穴电流。扣除这些流出中性基区的空穴电流分量，就得到基区净注入空穴电流分量 ΔI_p，从而有式(2-393)。结合式(2-392)整理后可得流入基区的空穴电流 I_b 由式(2-394)定义，这就是电荷控制理论的核心结论。

$$\frac{\partial n(x,t)}{\partial t} = \frac{1}{q}(\nabla \cdot \boldsymbol{J}_n) - \frac{n(x,t)}{\tau_n} \tag{2-388}$$

$$Q_b(t) = \iiint_V qn(x,t)\,\mathrm{d}V \tag{2-389}$$

$$\iiint_V (\nabla \cdot \boldsymbol{J}_n)\,\mathrm{d}V = \oiint_S \boldsymbol{J}_n \cdot \mathrm{d}\boldsymbol{s} = -\Delta I_n \tag{2-390}$$

$$\Delta I_p = -\Delta I_n \tag{2-391}$$

$$\frac{\mathrm{d}Q_b(t)}{\mathrm{d}t} = \Delta I_p - \frac{Q_b(t)}{\tau_{nb}} \tag{2-392}$$

$$\Delta I_p = I_b - \underbrace{I_{C_{Te}} - I_{C_{Tc}}}_{\text{势垒电容充放电}} - \underbrace{I_{pe} - I_{pcs}}_{\text{少子扩散}} - \underbrace{I_{C_{De(e)}} - I_{C_{DC(c)}}}_{\text{扩散电容充放电}} \tag{2-393}$$

$$I_b = I_{C_{Te}} + I_{C_{Tc}} + I_{pe} + I_{pcs} + I_{C_{De(e)}} + I_{C_{Dc(c)}} + \frac{Q_b}{\tau_{nb}} + \frac{\mathrm{d}Q_b}{\mathrm{d}t} \tag{2-394}$$

进一步对式(2-394)进行分析并化简。式(2-395)表明基区复合电流可以细分为正常放大区对应的 I_{vb} 和饱和区对应的 I_{vbs}，则形式上存在式(2-396)。而饱和区集电区一侧的扩散电容空穴电流分量 $I_{C_{Dc(c)}}$ 则就是式(2-397)，所以式(2-394)可以重写为式(2-398)。当然对应各个具体工作区时，式中的各个分量还可以再分析简化。对于 I_{pe}，截止区为零，而饱和区按照临界饱和处理，则放大区和饱和区的 I_{pe} 按照式(2-62)可以简写为式(2-399)。对于 I_{vb}，截止区为零，而放大区按照式(2-67)可以简写为式(2-400)。对于 $I_{C_{Te}}$ 和 $I_{C_{Tc}}$ 的充放电电流，则可以分别用式(2-401)和式(2-402)来表示。对于 I_{pcs}，截止区和放大区时均为零，只在饱和区时存在，可用式(2-403)表示，其中 Q_{pc} 为饱和状态下集电区空穴扩散区的所有非平衡空穴。饱和时，如图 2-100 所示，存在式(2-404)的关系。而饱和时 I_b 去除 I_{pcs} 分量后，近似存在式(2-405)的关系。综合式(2-404)和式(2-405)可得式(2-406)，进而可得式(2-407)，其中 τ_{pc} 为集电区少子复合寿命。因为同质结 BJT 基区掺杂浓度远低于发射区掺杂浓度，所以在发射区一侧的扩散电容 $C_{De(e)}$ 远小于在基区一侧的扩散电容 $C_{De(b)}$，相应的 $I_{C_{De(e)}}$ 基本可以忽略，而基区一侧的 $I_{C_{De(b)}}$ 就是 $\mathrm{d}Q_b/\mathrm{d}t$，如式(2-408)所示。对于 $I_{C_{Dc(c)}}$，只有集电结正偏时才存在，在饱和时存在式(2-409)的关系，而因为基区很薄且集电区掺杂浓度低于基区，在基区一侧的 $I_{C_{Dc(b)}}$ 也可以忽略。至此，式(2-398)就可以简化为式(2-410)。式(2-410)称为电荷控制方程。

$$\frac{Q_b}{\tau_{nb}} = I_{vb} + I_{vbs} \tag{2-395}$$

$$I_{pe} + I_{vb} = \frac{I_c}{\beta} \tag{2-396}$$

$$I_{C_{De(c)}} = \frac{dQ_{pc}}{dt} \tag{2-397}$$

$$I_b = \frac{I_c}{\beta} + I_{vbs} + I_{C_{Te}} + I_{C_{Tc}} + I_{pcs} + I_{C_{De(e)}} + \frac{dQ_{pc}}{dt} + \frac{dQ_b}{dt} \tag{2-398}$$

$$I_{pe}: 少子扩散电流 \begin{cases} 截止区, & I_{pe} \approx 0 \\ \\ 放大、饱和区, & I_{pe} = \dfrac{R_{sh,e}}{R_{sh,b}} I_{ne} \end{cases} \tag{2-399}$$

$$I_{vb} + I_{vbs}: 基区复合电流 \begin{cases} 截止区, & I_{vb} \approx 0 \\ \\ 放大区, & I_{vb} = \dfrac{W_b^2}{2L_{nb}^2} I_{ne} \approx \dfrac{W_b^2}{2L_{nb}^2} I_c \end{cases} \tag{2-400}$$

$$I_{C_{Te}}: 对 C_{Te} 充放电电流 \quad I_{C_{Te}} = \frac{d}{dt} \left[\int_{V_{be}(t_0)}^{V_{be}(t)} C_{Te}(V_{be}) dV_{be} \right] \tag{2-401}$$

$$I_{C_{Tc}}: 对 C_{Tc} 充放电电流 \quad I_{C_{Tc}} = \frac{d}{dt} \left[\int_{V_{bc}(t_0)}^{V_{bc}(t)} C_{Tc}(V_{bc}) dV_{bc} \right] \tag{2-402}$$

$$I_{pcs}: 集电区少子扩散电流 \begin{cases} 截止、放大区, & I_{pcs} = 0 \\ \\ 饱和区, & I_{pcs} 饱和时 \ I_{pcs} = \dfrac{Q_{pc}}{\tau_{pc}} \end{cases} \tag{2-403}$$

$$I_c = I_{nc} - I_{pcs} \tag{2-404}$$

$$I_{nc} \approx \beta(I_b - I_{pcs}) \tag{2-405}$$

$$I_{pcs} = \frac{\beta}{1+\beta} I_b \left(1 - \frac{I_c}{\beta I_b} \right) = \alpha I_b \left(1 - \frac{1}{s} \right) \tag{2-406}$$

$$Q_{pc} = I_{pcs} \tau_{pc} = \alpha I_b \tau_{pc} \left(1 - \frac{1}{s} \right) \tag{2-407}$$

$I_{C_{De(e)}} \rightarrow$ 对发射结发射区侧的扩散电容 $C_{De(e)}$ 充电电流

$$C_{De(e)} \ll C_{De(b)} \equiv C_{De} \longrightarrow \frac{dQ_b}{dt} \tag{2-408}$$

$I_{C_{De(c)}} \rightarrow$ 对集电结集电区侧的扩散电容 $C_{Dc(c)}$ 充电电流

$$\begin{cases} 截止、放大区, & I_{C_{De(c)}} \approx 0 \\ \\ 饱和区, & I_{C_{De(c)}} = \dfrac{dQ_{pc}}{dt}, I_{C_{De(c)}} \gg I_{C_{De(b)}} \end{cases} \tag{2-409}$$

$$I_b = \frac{I_c}{\beta} + I_{C_{Te}} + I_{C_{Tc}} + \frac{dQ_b}{dt} + \frac{dQ_{pc}}{dt} + I_{vbs} + I_{pcs} \tag{2-410}$$

针对各工作区，讨论式(2-410)的具体应用。截止区的情况最简单，此时 $I_c \approx 0$，$Q_b = Q_{pc} = 0$。所以式(2-410)可以简化为式(2-411)，其中 $\bar{C}_{Te}$，$\bar{C}_{Tc}$ 为充放电过程的平均势垒电容。因为在截止区，V_{ce} 基本不变，所以 $dV_{be} = dV_{bc}$。式(2-411)称为截止区电荷控制方程。

$$I_b = (\bar{C}_{Te} + \bar{C}_{Tc}) \frac{dV_{be}}{dt} \tag{2-411}$$

在放大区，$\dfrac{dQ_{pc}}{dt} = I_{vbs} = I_{pcs} = 0$。式(2-412)给出了发射结势垒电容充放电的表达式。考虑到 BJT 发射极存在的串联电阻 r_{es}，有式(2-413)，其中 V_{je} 专指发射结上的理想压降。由于正常放大时，$V_{je} = 0.7\text{V}$，是一个基本不变的常量，所以 $dV_{je} \approx 0$。式(2-412)可以转换为式(2-414)。同理，V_{bc} 也可以用式(2-415)表达，其中 r_{cs} 为集电极串联电阻。则集电结势垒电容充放电的表达式就可以近似为式(2-416)。而正常放大状态下基区净剩电子电量 Q_b 就是 I_c 与基区渡越时间的乘积，如式(2-417)所示。所以基区扩散电容充放电电流对应的空穴电流分量可以用式(2-417)表示。因此，式(2-410)在正常放大区就可以简化为式(2-418)，变成一个 I_b 和 I_c 的关系式。一般基区渡越时间主导 f_T，则式(2-418)又可以进一步简化为式(2-419)，称为放大区电荷控制方程。

$$I_{C_{Te}} = \frac{d}{dt} \left[\int_{V_{be}(t_0)}^{V_{be}(t)} C_{Te}(V_{be}) dV_{be} \right] = \bar{C}_{Te}(V_{be}) \frac{dV_{be}}{dt} \tag{2-412}$$

$$dV_{be} = dV_{je} + r_{es} dI_e \tag{2-413}$$

$$I_{C_{Te}} = \bar{C}_{Te} \frac{dV_{be}(t)}{dt} = \bar{C}_{Te} r_{es} \frac{dI_e}{dt} \approx \bar{C}_{Te} r_{es} \frac{dI_c}{dt} \tag{2-414}$$

$$V_{bc} = V_{be} - [V_{cc} - I_c(R_L + r_{cs})] \tag{2-415}$$

$$I_{C_{Tc}} = \bar{C}_{Tc} \frac{dV_{bc}(t)}{dt} \approx \bar{C}_{Tc}(R_L + r_{cs}) \frac{dI_c}{dt} \tag{2-416}$$

$$\frac{dQ_b}{dt} = \frac{d}{dt} \left(\frac{W_b^2}{2D_{nb}} I_c \right) = \frac{W_b^2}{2D_{nb}} \frac{dI_c}{dt} \tag{2-417}$$

$$I_b = \frac{I_c}{\beta} + \left(\frac{W_b^2}{2D_{nb}} + C_{Te} r_{es} + C_{Tc} r_{cs} \right) \frac{dI_c}{dt} + R_L \bar{C}_{Tc} \frac{dI_c}{dt} \tag{2-418}$$

$$I_b \approx \frac{I_c}{\beta} + \left(\frac{1}{2\pi f_T} + R_L \bar{C}_{Tc} \right) \frac{dI_c}{dt} \tag{2-419}$$

在饱和区，$I_c \approx I_{cs}$，$dI_c = 0$，$dV_{je} \approx 0$，所以式(2-414)式(2-416)就都基本都可以按零处理了。而基区很薄的情况下，$I_{vbs} \approx 0 \ll Q_{pc}/\tau_{pc}$，$\dfrac{dQ_b}{dt} \ll \dfrac{dQ_{pc}}{dt}$。式(2-410)就可以简化为式(2-420)，称为饱和区电荷控制方程。

$$I_b = \frac{I_c}{\beta} + \frac{Q_{pc}}{\tau_{pc}} + \frac{dQ_{pc}}{dt} \tag{2-420}$$

2. 开关时间

由图 2-102 可知,四个时间中存储时间是最长的,而图 2-106 表明这个长时间主要用来抽取超量存储电荷,特别是抽取集电区的超量空穴。这就与 PN 结二极管由导通到关断时对应的反向恢复时间主导二极管开关过程在本质上一样了,即抽取空穴时外加电场只能作用于 PN 结的耗尽区无法更有效影响扩散区的空穴,只能是一部分空穴反向流入结耗尽区,而另一部分空穴则远离结耗尽区反向扩散。因此,最有效的方式就是在集电区掺 Au,减小空穴的寿命 τ_{pc}。在不掺 Au 时,则可以提高集电区掺杂浓度 N_c,客观上也能减小 τ_{pc};也可以通过减小承压用的集电区的厚度 W_c,客观上减小空穴积累的空间,减小 Q_{pc}。此外,也可以通过减小发射结和集电结的面积来减小 C_{Te} 和 C_{Tc}。通过减小基区厚度 W_b,客观上也有助于提高 β,并减小 Q_b。当然,这些措施有时需要综合折中考虑,以求对最长时间过程进行有效缩减,提高开关速度。

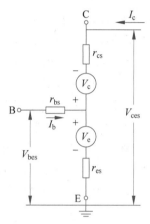

图 2-109　共射极接法下输入和输出回路上的电压降组成

3. 正向压降和饱和压降

考虑实际 BJT 做开关管时输入和输出回路上的压降组成,如图 2-109 所示。定义 BJT 饱和导通时输入回路的电压为正向压降 V_{bes},根据图 2-109 可知,其可由式(2-421)表示,其中 V_e、V_c 代表发射结和集电结自身的压降,也就是 Ebers-Moll 方程式(2-163)和式(2-164)中的 V_{be}、V_{bc}。消去式(2-163)和式(2-164)中的 V_{bc},可得 V_{be},如式(2-422)。所以,式(2-421)可以写为式(2-423)。对于 Si 基 BJT,式(2-422)的典型值在 0.7V 左右。

$$V_{bes} = V_e + I_b r_{bs} + I_e r_{es} \tag{2-421}$$

$$V_{be} = \frac{kT}{q}\ln\left(\frac{I_e - \alpha_R I_c}{I_{ebo}} + 1\right) \tag{2-422}$$

$$V_{bes} = \frac{kT}{q}\ln\left(\frac{I_e - \alpha_R I_c}{I_{ebo}} + 1\right) + I_b r_{bs} + I_e r_{es} \tag{2-423}$$

定义 BJT 开关管饱和导通时的 V_{ce} 为饱和压降 V_{ces},如式(2-424)所示。对于合金管来说,r_{cs} 和 r_{es} 都很小,可以忽略,因此根据 Ebers-Moll 方程式(2-163)和式(2-164),可得 V_{ces},即式(2-425)。式(2-425)表明,饱和深度 $s(s = \beta_F I_b / I_c)$ 越大,V_{ces} 越小,但这也会导致存储时间变长,不利于开关速度的提高。一般要求 $s \geq 4$ 即可,此时 $V_{ces} \approx 0.1V$。而对于平面管,$r_{cs} \gg r_{es}$,所以有式(2-426)。为了降低 V_{ces},一般平面管都需要在集电区采用 $N^- N^+$ 的外延结构,N^- 区用来承压 V_{cb},N^+ 区用来降低 r_{cs},如图 2-6(b)所示。

$$V_{ces} = V_{be} - V_{bc} + I_{cs} r_{cs} + I_e r_{es} \tag{2-424}$$

$$V_{ces} \approx V_{be} - V_{bc} = \frac{kT}{q}\ln\left[\frac{(I_e - \alpha_R I_c)I_{cbo}}{(\alpha_F I_e - I_c)I_{ebo}}\right]$$

$$= \frac{kT}{q} \ln \left[\frac{1 + (1 - \alpha_{\mathrm{R}}) I_{\mathrm{c}} / I_{\mathrm{b}}}{\alpha_{\mathrm{R}} (1 - I_{\mathrm{c}} / \beta_{\mathrm{F}} I_{\mathrm{b}})} \right] \tag{2-425}$$

$$V_{\mathrm{ces}} = V_{\mathrm{be}} - V_{\mathrm{bc}} + I_{\mathrm{cs}} r_{\mathrm{cs}} \approx I_{\mathrm{cs}} r_{\mathrm{cs}} \tag{2-426}$$

附录 D 给出了氧化物隔离双极型晶体管典型工艺流程示意图。

习题

1. 若 NPN 晶体管的发射区、基区、集电区的掺杂浓度分别是 $2 \times 10^{18} \mathrm{cm}^{-3}$、$5 \times 10^{16} \mathrm{cm}^{-3}$、$5 \times 10^{15} \mathrm{cm}^{-3}$。原始基区(冶金结)宽度为 $1 \mu \mathrm{m}$，发射结上的正向偏压为 0.6V，集电结上的反向偏压为 5V，在 300K 时计算：(1)中性基区宽度；(2)发射区边界处的少子浓度；(3)基区内少子的电荷总量(设器件横截面积为 $10^{-4} \mathrm{cm}^2$)。

2. 对于习题 1 中的晶体管,假设发射区、基区、集电区内少子扩散系数分别为 $3 \mathrm{cm}^2/\mathrm{s}$、$25 \mathrm{cm}^2/\mathrm{s}$、$12 \mathrm{cm}^2/\mathrm{s}$，复合寿命分别为 $10^{-8} \mathrm{s}$、$2 \times 10^{-7} \mathrm{s}$、$5 \times 10^{-7} \mathrm{s}$。中性发射区宽度 $W_{\mathrm{e}} = 0.5 \mu \mathrm{m}$。计算：(1)少子扩散长度 L_{pe}、L_{nb}、L_{pc}；(2)发射效率 γ 和基区传输系数 β^*；(3)电流增益 α、β；(4)端电流 I_{e}、I_{c} 与 I_{b} 之比。

3. 对于习题 1 和习题 2 中的晶体管,(1)当集电结上的反向偏压为 10V 时,求集电结的电流 I_{c}；(2)求晶体管的厄利电压 V_{A}。

4. 若 NPN 晶体管发射区重掺杂并进入简并状态。若 $N_{\mathrm{e}} = 10^{19} \mathrm{cm}^{-3}$，$N_{\mathrm{b}} = 10^{17} \mathrm{cm}^{-3}$，$N_{\mathrm{c}} = 10^{16} \mathrm{cm}^{-3}$，价带有效状态度 $N_{\mathrm{v}} = 10^{19} \mathrm{cm}^{-3}$，$E_{\mathrm{g}} = 1.12 \mathrm{eV}$。发射区中性区费米能级向上离导带底的距离为 0.1eV。若要求集电结穿通电压最小为 5V，求基区最小冶金学宽度。

5. 发射区重掺杂可以使材料禁带宽度减小 ΔE_{g}。以硅为例,当 N_{D} 从 $10^{18} \mathrm{cm}^{-3}$ 到 $10^{19} \mathrm{cm}^{-3}$ 变化时,对应 ΔE_{g} 从 20mV 到 80mV 变化。而基区掺杂浓度较低,不必考虑禁带宽度收缩效应。不考虑禁带宽度收缩效应时 NPN 晶体管的共射级放大系数为 β_0，$-x_1$ 对应发射结耗尽区在发射区一侧的位置。

(1) 若不考虑禁带宽度收缩效应,计算发射区掺杂从 $10^{18} \mathrm{cm}^{-3}$ 到 $10^{19} \mathrm{cm}^{-3}$ 变化时,注入发射区边界的非平衡空穴浓度之比 $\Delta p'(-x_1)/\Delta p(-x_1)$。

(2) 若考虑禁带宽度收缩效应,重新计算 $\Delta p'(-x_1)/\Delta p(-x_1)$ 和 β/β_0。

6. 若 NPN 晶体管处于放大区,计算下列情况下的发射极电流 I_{e}：(1)$I_{\mathrm{b}} = 6 \mu \mathrm{A}$，$I_{\mathrm{nc}} = 600 \mu \mathrm{A}$；(2)$I_{\mathrm{b}} = 0$，$I_{\mathrm{cbo}} = 10 \mathrm{nA}$。

7. 写出 PNP 晶体管的 Ebers-Moll 方程,并画出模型电路图。

8. 对处于放大偏置的 NPN 晶体管,若基区中少子分布可近似为线性：(1)试求基区中电子总电荷 Q_{nb}；(2)试求基区中复合电流 I_{vb}，并证明基区传输系数 $\beta^* = 1 - \dfrac{W_{\mathrm{b}}^2}{2 L_{\mathrm{nb}}^2}$。

9. 计算当均匀基区宽度等于少子扩散长度时,NPN 晶体管共射极放大系数最大值。

10. 推导 NPN 晶体管共射极电路中考虑厄利效应后,输出特性曲线处于放大区时的斜率。

11. 若输出阻抗定义为输出特性曲线处于放大区的斜率的倒数,符合 Ebers-Moll 方程的共基极电路和共射级电路输出阻抗分别为 r_{ob}、r_{oe}。证明其满足 $r_{ob} = (1 + \beta) r_{oe}$,其中 β 为共射接法的放大系数。

12. 若 NPN 平面晶体管的基区电阻率为 $0.1\Omega \cdot cm$,基区宽度为 $2\mu m$,发射结深 $y_e = 12\mu m$,$\beta_0 = 50$。(1)当基区横向压降为 kT/q 时,求发射极电流密度。(2)若 $f_T = 800MHz$,正常放大工作频率 $f = 500MHz$ 时,通过发射极的电流密度为 $3000A/cm^2$,计算其发射极有效半宽。

13. 设一个均匀掺杂的硅 NPN 晶体管,原始基区宽度 $W_b = 0.5\mu m$,基区和集电区掺杂浓度分别为 $3 \times 10^{16} cm^{-3}$ 和 $3 \times 10^{15} cm^{-3}$。计算:(1)基区穿通电压 V_{PT};(2)满足 V_{PT} 要求的集电区最小宽度 W_c。

14. 假设 NPN 晶体管处于放大偏置时,I_c 从小电流到中等电流变化时,放大系数满足 $\beta = \dfrac{1}{a + b/\sqrt{I_c}}$,集电区雪崩击穿倍增因子 $M = \dfrac{1}{1 - (V/BV_{cbo})^4}$,若晶体管为共基极接法:(1)求临界击穿时 I_c 和 V_{cb} 之间的关系式;(2)若器件始终没有出现大注入,求最小击穿电压。

15. 试证明锗 NPN 晶体管的集电结反向饱和电流为

$$I_{cbo} = qA \left(\frac{D_{nb} n_{pb}^0}{W_b}(1 - \gamma) + \frac{D_{pc} p_{nc}^0}{L_{pc}} \right)$$

式中:γ 为发射区的发射效率。

16. 利用 NPN 晶体管的 Ebers-Moll 模型,求当基极开路并且施加反向偏压 V_{ce} 时,集电极电流 $I_c (I_{ceo})$ 的表达式。

17. 利用 NPN 晶体管的 Ebers-Moll 模型,证明在任意偏置条件下,集电极电流均可表示为

$$I_c = \beta_F I_b - I_{ceo} \left[\exp \left(\frac{q V_{bc}}{kT} \right) - 1 \right]$$

18. 利用 Ebers-Moll 方程,参考书中推导方法,推导 NPN 共基极电路处于放大偏置时,交流小信号下的 h 参数等效电路,并画出电路图。

19. 利用 Ebers-Moll 方程,参考书中推导方法,推导 NPN 共射极电路处于放大偏置时,交流小信号下的 y 参数等效电路,并画出电路图。

20. 推导均匀基区 NPN 晶体管在发生大注入时的基区渡越时间,其中 $W_b \ll L_{nb}$ 并忽略基区复合电流。

21. 若 NPN 晶体管的基区渡越时间占总时间的 20%。基区宽度 $W_b = 0.5\mu m$,基区中少子扩散系数 $D_{nb} = 20cm^2/s$,求晶体管的特征频率。

22. NPN 晶体管参数:$I_e = 1mA$,$C_{Te} = 1pF$,$W_b = 0.5\mu m$,$D_{nb} = 25cm^2/s$,$x_{mc} = 2.4\mu m$,$v_s = 2 \times 10^7 cm/s$,$r_{cs} = 20\Omega$,$C_{Tc} = 0.1pF$。计算晶体管的渡越时间和特征频率。

23. 已知 NPN 晶体管共射级电流增益低频值 $\beta_0 = 100$,在 $20MHz$ 下的电流增益为 60。求频率为 $400MHz$ 时的电流增益以及 f_β,f_T。

24. 证明漂移型 N^+PN 晶体管发射结扩散电容 $C_{De} = \dfrac{qI_e}{kT}\dfrac{W_b^2}{\lambda D_{nb}}$，其中 $\dfrac{1}{\lambda} = \dfrac{\eta-1+\exp(-\eta)}{\eta^2}$，$\eta$ 为基区电场因子。

25. 对于基区掺杂为指数分布的漂移型晶体管，已知基区宽度 W_b 和基区电场因子 η，求基区中任意位置 x 处的电子扩散电流与电子漂移电流之比。

26. 已知在正向小偏压的情况下，NPN 晶体管的基区电流以发射结复合电流为主，中等偏压下以少子扩散电流为主。对于发射结复合电流，少子扩散电流，在 $\log(I_b) - V_{be}$ 图中是一条直线，若定义两种偏压情况下电流直线延长线相交的地方为小偏压和中等偏压转折点，求出转折处的电压 V_{be}。

27. 若 NPN 晶体管处于饱和区，利用基区连续性方程，推导出 $V_{be} > V_{bc} > 0$ 时的基区的少子分布，求扩散电流和复合电流，并在 $W_b \ll L_{nb}$ 情况下化简上述结果。

第

3

章

场效应晶体管基础

3.1 表面电场效应

3.1.1 表面电导

首先回顾半导体表面层的电场效应。如图 3-1 所示,理想的金属-绝缘层-半导体(MIS)结构的总电容 C 是由氧化层电容 C_{ox} 和半导体空间电荷层电容 C_s 串联构成的如式(3-1)。空间电荷层总电荷剂量 $|Q_s|$ 与半导体表面势 V_s 的关系如式(3-2)和图 3-2 所示,其中 L_D 是德拜长度,如式(3-3)所示,ε_s 是半导体的介电常数,qV_B 是半导体衬底中性区费米能级距离禁带中线的能量差,如式(3-4)所示。进而可知,C_s 是可变电容,如式(3-5)所示,V_s 可以显著改变 C_s。再考虑到实际 MIS 结构的外加电压是 V_G,需要综合考虑 V_G 在氧化层上的分压 V_{ox} 和在半导体空间电荷层的分压 V_s 后,才能确定 C_s,最终得到总电容 C。这种复杂的变换关系导致 C 与 V_G 之间呈现出比较复杂的依赖关系。图 3-3 给出

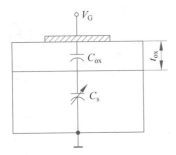

**图 3-1 P 型半导体衬底 MIS 结构
对应的电容构成**

了 P 型半导体衬底高频和低频下理想 MIS 结构的 C-V 特性曲线,图上也标识出了半导体表面层积累($V_G<0$)、平带、耗尽、弱反型和强反型(弱反型右侧区域)几个特征区域的划分,图中 C_{FB} 是平带电容,对应的 V_G 是平带电压 V_{FB}。图中也给出了深耗尽扫描对应的 C-V 曲线。

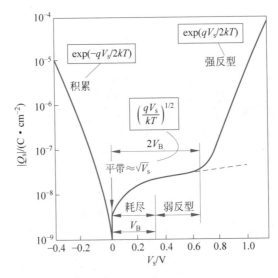

**图 3-2 P 型半导体衬底 MIS 结构表面势与空间电荷层
总电荷剂量的关系**

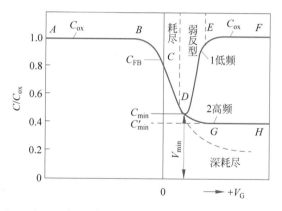

图 3-3 P 型半导体衬底 MIS 结构总电容与栅压 V_G 的关系

$$\frac{1}{C} = \frac{1}{C_{ox}} + \frac{1}{C_s} \tag{3-1}$$

$$|Q_s| = \frac{2kT\varepsilon_s}{qL_D} F\left(\frac{qV_s}{kT}, \frac{n_{p0}}{p_{p0}}\right)$$

$$= \frac{2kT\varepsilon_s}{qL_D}\left\{\left[\exp\left(-\frac{qV_s}{kT}\right) + \frac{qV_s}{kT} - 1\right] + \right.$$

$$\left. \frac{n_{p0}}{p_{p0}}\left[\exp\left(\frac{qV_s}{kT}\right) - \frac{qV_s}{kT} - 1\right]\right\}^{1/2} \tag{3-2}$$

$$L_D = \left(\frac{2\varepsilon_s kT}{q^2 p_{p0}}\right)^{1/2} \tag{3-3}$$

$$V_B = \frac{kT}{q}\ln\left(\frac{N_A}{n_i}\right) \text{ 或 } V_B = \frac{kT}{q}\ln\left(\frac{N_D}{n_i}\right) \tag{3-4}$$

$$C_s = \left|\frac{dQ_s}{dV_s}\right| = \frac{\varepsilon_s}{L_D}\left\{\left[-\exp\left(-\frac{qV_s}{kT}\right) + 1\right] + \right.$$

$$\left. \frac{n_{p0}}{p_{p0}}\left[\exp\left(\frac{qV_s}{kT}\right) - 1\right]\right\} \bigg/ F\left(\frac{qV_s}{kT}, \frac{n_{p0}}{p_{p0}}\right) \tag{3-5}$$

　　根据图 3-4 分析半导体空间电荷层内的电子和空穴浓度分布,如式(3-6)和式(3-7)所示。在外加栅压 V_G 诱导出的电场作用下,半导体空间电荷层的电子和空穴单位面积改变量(单位为 cm^{-2})分别由式(3-8)和式(3-9)表示。显然 Δn_s 和 Δp_s 的大小都是正相关于 V_s 的。进一步可以写出表层电导的改变量(单位为 S·cm)表达式,如式(3-10)所示,其中 μ_{ns} 和 μ_{ps} 分别为电子和空穴的表面迁移率。最终可以得到半导体表层电导对 V_s 的依赖关系,如式(3-11)所示,其中 $\sigma_s(0)$ 表示 $V_s=0$ 时的半导体平带薄层电导率。式(3-11)清晰地指出了栅压在半导体表层诱导出的垂直于表面的电场对表层电导的调制作用,即场效应。值得指出的是,半导体表层空间内载流子在电场作用下受到额外的指向氧化层/半导体界面的引力作用,导致在表层内的载流子输运受到额外的界面散射作用,载流子的表面迁移率 μ_s 比体内的迁移率 μ_b 低,一般为体内迁移率的一半,如式(3-12)所示。

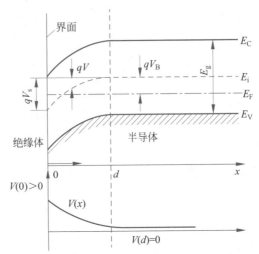

图 3-4　P 型半导体衬底 MIS 结构空间电荷层能带和电势分布

$$n_p = n_{p0}\exp(qV/kT) \tag{3-6}$$

$$p_p = p_{p0}\exp(-qV/kT) \tag{3-7}$$

$$\Delta n_s = \int_0^\infty (n_p - n_{p0})\mathrm{d}x = \int_0^\infty n_{p0}\left[\exp\left(\frac{qV}{kT}\right)-1\right]\mathrm{d}x \propto V_s \tag{3-8}$$

$$\Delta p_s = \int_0^\infty (p_p - p_{p0})\mathrm{d}x = \int_0^\infty p_{p0}\left[\exp\left(-\frac{qV}{kT}\right)-1\right]\mathrm{d}x \propto V_s \tag{3-9}$$

$$\Delta\sigma_s = q(\mu_{ns}\Delta n_s + \mu_{ps}\Delta p_s) \tag{3-10}$$

$$\sigma_s(V_s) = \sigma_s(0) + q(\mu_{ns}\Delta n_s + \mu_{ps}\Delta p_s) \tag{3-11}$$

$$\mu_s \approx \frac{1}{2}\mu_b \tag{3-12}$$

3.1.2　MOSFET 发明简史

视频

正是因为存在式(3-11)的场效应,1926 年 Julius E. Lilienfeld 申请了一个名为 "Method and Apparatus for Controlling Electric Currents"的专利(美国专利号 1745175),其核心就是制备了如图 3-5 所示的场效应晶体管(Field Effect Transistor,FET)。在这个结构中使用了金属 Al 作为栅极、源极和漏极,Al_2O_3 作为栅极氧化层,化合物半导体 Cu_2S 作为受控半导体材料。他给出的数据是 Al_2O_3 厚度为 100nm,栅压 100V,氧化层内的电场约为 10MV/cm,而这个关键数据和目前大规模使用的 Si 基 FET 几乎一样。1934 年 Oskar Heil 在剑桥大学工作时,也申请了一个用电容耦合方式控制半导体内电流流动的专利,其本质也是一个

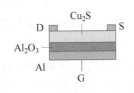

图 3-5　Julius E. Lilienfeld 制备的场效应晶体管的结构示意图

FET,但没引起人们的注意。

然而,这些专利并没有使 FET 器件实用化,正如 1939 年 William Shockley 写道:"对我来说,现在原则上已经可能用半导体而不是真空管来制造放大器了。"实际上他也没有成功制备出可以工作的 FET。1946 年,理论物理学家 John Bardeen 计算了半导体表面态,并说明了正是因为存在这些表面态才使得制备 FET 的试验屡试屡败。1947 年12 月,贝尔实验室在尝试 FET 的制备过程中实验不顺意外导致了点接触 BJT 的发明。1959 年 Martin M. Atalla 和 Dawon Kahng 在贝尔实验室成功制备了第一只绝缘栅FET,并在 1960 年申请了一个名为"Electric field controlled semiconductor device"的专利(美国专利号 3102230)。遗憾的是他们的器件频响特性很差,无法应用到电话系统,随后不了了之。

1961 年,Kahng 在备忘录里指出他的发明潜力很大,因为它易于制造并且可能应用于集成电路。但真正让这些潜力得到展示的是工作在仙童(Fairchild)半导体和美国无线电公司(RCA)的同行。1960 年,美国无线电公司的 Karl Zaininger 和 Charles Meuller 成功制备出可以工作的金属-氧化物-半导体 FET(MOSFET)。仙童半导体的华人 C. T. Sah(萨支唐)制备出一个 MOS 控制的四极管。进而在 1962 年美国无线电公司的 Fred Heiman 和 Steven Hofstein 制备出由 16 个 MOSFET 构成的试验集成电路,如图 3-6 所示。

MOSFET 的商用始于 1964 年。通用微电子公司推出了 GME 1004 产品,仙童半导体推出了 FI100 产品,如图 3-7 所示,两者都是 P 沟道 MOSFET(PMOSFET),用于逻辑和开关应用。美国无线电公司推出了 N 沟道 MOSFET(NMOSFET)器件 3N98,用于信号放大。相比于 BJT 器件,MOSFET 尺寸更小,功耗更低,因此目前超过 99% 的芯片中使用 MOSFET。然而从 1926 年 MOSFET 概念的提出,到正式商用却花费了将近 40 年时间。

图 3-6 由 16 个 MOSFET 构成的集成电路试验品放大照片

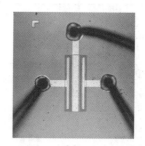

图 3-7 仙童半导体的 PMOSFET 开关器件(FI 100)的放大照片

3.2 工作原理

MOSFET 如图 3-8 所示,是在 MOS 电容结构的基础上添加了源极 S 和漏极 D 两个PN 结之后的一个器件。本书无特别说明,所述 MOSFET 都是以 P 型半导体衬底为基础的。在这个结构上,拥有栅极 G 和衬底极 B,所以这是一个四端器件。这个平面器件

视频

的宽度为 W,源漏之间栅控区域的长度为 L。如图 3-9 所示,原则上讲,当 G、B 两级浮空的时候,S、D 间是不导电的,因为存在两个头对头串联的 PN 结,总有一个 PN 结是反偏不导电的。当 B 极浮空,G 极施加足够正的偏压时,半导体表层强反型成 N 型,此时 S、D 间的 PN 结消失开始导电。所以这是一个栅压控制的开关器件,本质上是电场调制了半导体表层的导电类型和能力。

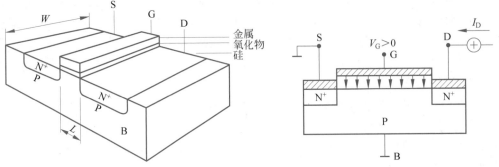

图 3-8　MOSFET 的基本结构　　　　图 3-9　MOSFET 的基本工作原理

表 3-1 对比了 MOSFET 和 BJT 的特性,值得注意的是 MOSFET 是一种单极性多子作用的电压控制型器件,在导通时只有一种载流子起作用。但 MOSFET 对氧化层与衬底半导体的界面特性非常敏感,界面态必须低,即 Q_{it} 小,以便栅极电场能穿过界面进入衬底半导体层起到场效应调制表层电导的作用。所以,MOSFET 的制备工艺要求很高,一般的工艺很难得到 Q_{it} 足够小的界面,以至于栅极电场都基本终结在界面态上而导致栅极电场无法进入半导体表层,进而丧失了电场调制电导的作用。这也就是花费了近40 年时间 MOSFET 才进入商用的本质原因。

表 3-1　MOSFET 与 BJT 的特性对比

MOSFET	BJT
电场调节作用($E \uparrow \to \sigma \uparrow \to I_D \uparrow$)	少子注入→扩散→收集
多子作用(多子器件)	少子作用(少子器件)
一种载流子(单极)	两种载流子(双极)
输入阻抗高(MOS→绝缘体电阻大于 $10^9 \Omega$)	输入阻抗低(PN 结正偏,共射约千欧)
电压控制器件	电流控制器件
噪声低,抗辐射能力强	$\tau_{少子}$(少子寿命)$\sim N_{it}$(复合中心浓度)
工艺要求高(Q_{it})	工艺要求低
频率范围小,功耗低	高频,大功率
集成度高	集成度低

按照图 3-9 所示的工作原理,显然将图中 N、P 区掺杂类型对调也将形成一种新型的MOSFET,即 PMOSFET。按照半导体表层强反型时反型载流子的极性,可以将MOSFET 划分为 NMOSFET 和 PMOSFET,前者对应 P 型半导体衬底,强反型的载流子是电子,后者对应 N 型半导体衬底,强反型的载流子是空穴。因为 MOSFET 导通时强反型的载流子只有薄薄一层连接了源漏两极,用沟道来描述这个反型导电薄层。表 3-2 给

出了 MOSFET 的分类和常用符号。对于 NMOSFET 来说,当衬底半导体表层实现强反型所需 $V_G>0$ 时,称为增强型 NMOSFET,也称为常关型 NMOSFET;若实现强反型所需 $V_G<0$,则称为耗尽型 NMOSFET,也称为常开型 NMOSFET。NMOSFET 常简称为 NMOS。对于 PMOSET,若衬底半导体表层实现强反型所需 $V_G<0$ 时,则称为增强型 PMOSFET,也称为常关型 PMOSFET;若实现强反型所需 $V_G>0$,则称为耗尽型 PMOSFET,也称为常开型 PMOSFET。PMOSFET 常简称为 PMOS。定义 MOSFET 达到强反型时所对应的 V_G 为阈值电压 V_T。此外,表 3-2 还表明尽管 MOSFET 导通时 V_{DS} 极性和 I_{DS} 方向对于 NMOS 和 PMOS 是相反的,但载流子的运动方向是相同的,都是从源极流向漏极。MOSFET 的常用符号表明这是一个四端器件,S、D 之间用虚线表示,$V_G=0$ 时,S、D 之间是不导通的,对应增强型器件。S、D 之间用实线,$V_G=0$ 时,S、D 之间是导通的,对应耗尽型器件。NMOS 中的衬底极 B 有一个指向沟道区的箭头,表明导通时箭头指向 N 型反型层,即 N 型沟道。按照这个规定,PMOS 中的箭头就应该是由沟道区指向衬底极 B,即箭头的方向表示导通时半导体表层和衬底之间诱导出来的 PN 结的正偏方向(p→n)。

表 3-2　MOSFET 的分类与符号

	NMOSFET		PMOSFET	
	增强型	耗尽型	增强型	耗尽型
衬底掺杂类型	P		N	
S/D 掺杂类型	N^+		P^+	
载流子	电子		空穴	
导通时 V_{DS} 极性	+		−	
导通时 I_{DS} 方向	D→S		S→D	
载流子运动方向	S→D		S→D	
V_T 极性	+	−		+
常用符号				

图 3-10 给出了 NMOS 的输入和输出回路构成。因为栅极氧化层的存在,输入回路是没有直流特性的,因此直接探讨其输出特性,即以 V_{GS} 为参变量描述 I_{DS} 和 V_{DS} 的关系。图 3-11 分别给出了增强型和耗尽型 NMOS、PMOS 对应的输出特性曲线,基本上对应每个 V_{GS},I_{DS} 都是先随 V_{DS} 增加而线性快速增加,然后进入饱和区,最后在 V_{DS} 很大时 I_{DS} 表现出击穿行为。对于 NMOS,V_{DS} 都是正极性的,而对应 PMOS 的 V_{DS} 都是负极性的,所以用统一坐标体系来表示,增强型 NMOS 和 PMOS 的输出特性曲线恰好是关于原点对称的(假设两个器件的导电特性除去极性其他都一致),耗尽型也是一样的情况。对于耗尽型 MOS,定义夹断电压

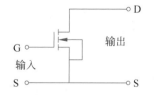

图 3-10　NMOSFET 的输入和输出回路构成

V_P：当 $V_G = V_P$ 时，强反型消失，S、D 间开路。

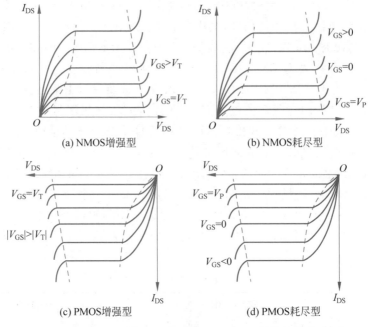

图 3-11 增强型和耗尽型 NMOS、PMOS 的输出特性曲线

MOSFET 虽然没有直流输入特性可描述，但可以考察以 V_{DS} 为参变量的 I_{DS} 与 V_{GS} 的关系。因为是用输入回路的 V_{GS} 控制输出回路的 I_{DS}，所以称为转移特性，如图 3-12 所示。对于增强型 MOSFET，固定 V_{DS} 后只有当 $V_{GS} > V_T$（NMOS）、$V_{GS} < V_T$（PMOS）时才会有明显的 $|I_{DS}|$，而对于耗尽型 MOSFET，$V_{GS} > V_P$（NMOS）、$V_{GS} < V_P$（PMOS），I_{DS} 就会明显有非零值了，而且对于耗尽型器件来说，当 $V_{GS} = 0$ 时，I_{DS} 已经有非零值，器件已经导通。

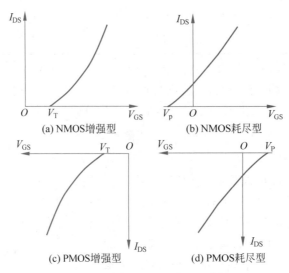

图 3-12 增强型和耗尽型 NMOS、PMOS 的转移特性曲线

3.3 MOSFET 的阈值电压

视频

3.3.1 阈值电压的定义

如图 3-13 所示,以 P 型半导体衬底为例给出了 MIS 结构半导体空间电荷层常见的五种表面状态,即积累、平带、耗尽、弱反型和强反型状态对应的半导体表层的能带图,其中 V_s 是表面势,V_B 是式(3-4)定义的费米势(图中 $V_B>0$)。当半导体表层达到强反型时对应的 V_G 为 MOSFET 的阈值电压 V_T,此时 $V_s=2V_B$。如图 3-14 所示,在不考虑金半接触电势差 V_{ms}、氧化层固定电荷 Q_f、氧化层内其他电荷 $Q_{ox}(Q_m,Q_{ot})$ 时,V_T 仅由半导体表层强反型时的 V_s 和此时氧化层上的压降 V_{ox} 串联而成。此时 V_T 可以用式(3-13)表示,其中氧化层上的压降 V_{ox} 是通过简单的电容原理即,Q_B/C_{ox} 换算得到的,式中和面积相关的量都取单位面积的值,$Q_B(Q_B<0)$ 是半导体空间电荷层的总负电荷面密度。

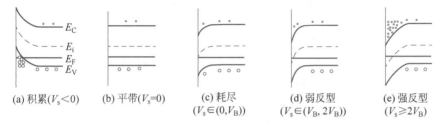

(a) 积累($V_s<0$) (b) 平带($V_s=0$) (c) 耗尽 ($V_s\in(0,V_B)$) (d) 弱反型 ($V_s\in(V_B,2V_B)$) (e) 强反型 ($V_s\geqslant 2V_B$)

图 3-13 P 型半导体衬底 MIS 结构中半导体空间电荷层常见的五种表面状态

注意,式中的 Q_B 忽略了反型载流子的贡献,只考虑了衬底固定电离电荷,因为反型层相比衬底空间电荷层来说太薄,在 $V_G=V_T$ 时反型载流子的浓度与衬底固定电离电荷的浓度相同,但积分得到的电荷面密度远比固定电离电荷低得多,可以忽略。也正因为如此,在计算 Q_B 时使用了耗尽层近似,直接求解 $2V_B$ 承压下空间电荷层的固定电离电荷面密度。此外,从栅极发出经过氧化层的电力线最终都终结在这些固定电离电荷上(忽略反型电子),所以需要使用 $Q_B(Q_B<0)$ 来计算 V_{ox},尽管这些电荷实际上已经造成半导体空间电荷层的分压 $2V_B$。

当考虑金半接触电势差 V_{ms}、氧化层固定电荷 Q_f、氧化层内其他电荷 Q_{ox} 时,V_T 需要在式(3-13)的基础上增加平带电压 V_{FB} 的分量,V_{FB} 由式(3-14)表达,其中 $\rho(x)$ 是氧化层内其他电荷的分布函数,而式(3-15)表示 ϕ_{ms} 对应抵消

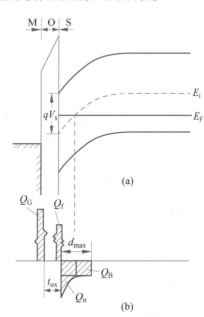

图 3-14 P 型半导体衬底 MIS 结构 $V_G=V_T$ 时的能带图和电荷分布

接触电势差 V_{ms} 的平带电压分量。因此，实际的 V_T 应由式（3-16）来表达。当然，一般 V_{FB} 中 $\rho(x)$ 的影响在工艺控制良好的情况下可以忽略，所以只需考虑 ϕ_{ms} 和 Q_f 的影响，而这些影响对 NMOS 和 PMOS 的 V_T 来说是一样的。式（3-17）和式（3-18）分别给出了 NMOS 和 PMOS 的 V_T 表达式。注意，对两种 MOSFET 来说都有 $Q_f>0$，所以式（3-17）和式（3-18）表明，相对于式（3-13）来说，Q_f 的影响使得 V_{Tn} 和 V_{Tp} 都向电压轴负方向平移，这是造成 V_{Tn} 和 V_{Tp} 对零点不对称的重要原因。

$$V_T = 2V_B + \frac{|Q_B(d_{max})|}{C_{ox}} = \frac{2kT}{q}\ln\left(\frac{N_A}{n_i}\right) + \frac{1}{C_{ox}}\left[4N_A\varepsilon_s kT\ln\left(\frac{N_A}{n_i}\right)\right]^{1/2} \tag{3-13}$$

$$V_{FB} = \phi_{ms} - \frac{Q_f}{C_{ox}} - \frac{1}{C_{ox}}\int_0^{t_{ox}}\frac{x}{t_{ox}}\rho(x)dx \tag{3-14}$$

$$q\phi_{ms} = W_m - W_s = -qV_{ms} \tag{3-15}$$

$$V_T = V_{FB} + 2V_B + \frac{|Q_B(d_{max})|}{C_{ox}} = V_{FB} + 2V_B + \frac{qN_A d_{max}}{C_{ox}} \tag{3-16}$$

$$V_{Tn} = \phi_{ms} - \frac{Q_f}{C_{ox}} + \frac{qN_A d_{max}}{C_{ox}} + \frac{2kT}{q}\ln\left(\frac{N_A}{n_i}\right) \tag{3-17}$$

$$V_{Tp} = \phi_{ms} - \frac{Q_f}{C_{ox}} - \frac{qN_D d_{max}}{C_{ox}} - \frac{2kT}{q}\ln\left(\frac{N_D}{n_i}\right) \tag{3-18}$$

3.3.2 影响阈值电压的因素

1. 功函数差 $q\phi_{ms}$ 的影响

根据式（3-15）可知，栅电极功函数 W_m 和半导体衬底功函数 W_s 都会影响 ϕ_{ms}。如表 3-3 所示，一般贵金属的 W_m 偏大，可以直接拉高 ϕ_{ms}。但受实际工艺所限，不是任意金属都能被选作栅极材料的，往往使用重掺杂 P 型多晶硅（P^+-poly）作为高功函数栅极材料。同样的，为了获得低功函数栅极材料，往往选用 N^+-poly。表 3-4 表明 W_s 明显依赖于掺杂浓度和类型，如式（3-19）和式（3-20）所示，其中 χ_s 为半导体亲和能，是一个常数。图 3-15 给出了不同栅极材料和衬底类型配对形成的 MOS 结构的 ϕ_{ms} 对衬底掺杂浓度 N_B 的依赖。显然根据式（3-19）可知，对于 P 型衬底，N_B 越大，W_s 越大，ϕ_{ms} 越小。对于 N 型衬底，N_B 越大，W_s 越小，ϕ_{ms} 越大。由图 3-15 也易看出 N^+-poly（P-Si）组合与 P^+-poly（N-Si）组合容易形成关于零点对称的 ϕ_{ms}，且通过多晶硅栅极的重掺杂可以实现比较小的

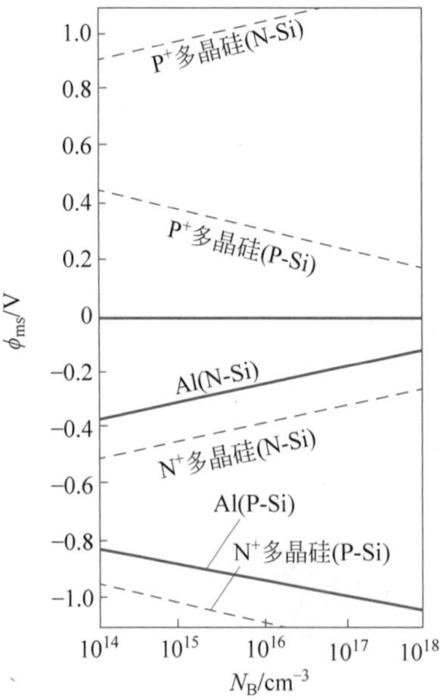

图 3-15 不同掺杂类型半导体衬底掺杂浓度与对应栅电极材料造成的 ϕ_{ms}

$|V_T|$,适合低电压 MOSFET。在实际工艺中这种组合曾经主导了很长时间的 MOSFET 制备,图 3-16 和图 3-17 给出了 N^+-poly(P-Si) 和 P^+-poly(N-Si) 配对栅极结构平带和 $V_G = 0$ 时的能带图,说明了 $|V_T|$ 小的原因。

表 3-3 典型栅极功函数

金属	Mg	Al	Ni	Cu	Au	Ag	N^+ 多晶硅	P^+ 多晶硅
W_m/eV	3.35	4.1	4.55	4.7	5.0	5.1	4.05	5.15

表 3-4 衬底掺杂浓度对半导体功函数的影响(室温)

	N-Si			P-Si		
N_D 或 N_A/cm^{-3}	10^{14}	10^{15}	10^{16}	10^{14}	10^{15}	10^{16}
W_s/eV	4.32	4.26	4.20	4.82	4.88	4.94

$$W_s = \chi_s + \frac{E_g}{2} + kT\ln\left(\frac{N_A}{n_i}\right), \quad \text{NMOS} \tag{3-19}$$

$$W_s = \chi_s + \frac{E_g}{2} - kT\ln\left(\frac{N_D}{n_i}\right), \quad \text{PMOS} \tag{3-20}$$

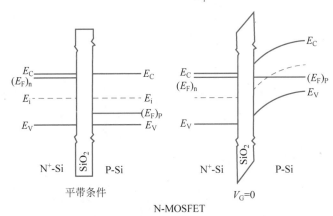

图 3-16 N^+-poly(P-Si) 配对栅极结构平带和 $V_G = 0$ 时的能带图

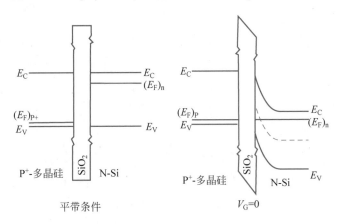

图 3-17 P^+-poly(N-Si) 配对栅极结构平带和 $V_G = 0$ 时的能带图

2. 衬底杂质浓度 N_B 的影响

N_B 除去直接影响 W_s 外,它还影响 V_B 和 Q_B。如式(3-21)所示,对于 Si 衬底来说室温下 N_B 每增加一个数量级,V_B 增加 0.06V。同样,式(3-22)表明,随着 N_B 的增加,$|Q_B|$ 也在单调增加。图 3-18 表明,N_B 越大,$|V_T|$ 也越大,且栅氧化层越厚对 N_B 的依赖越明显,因为此时 C_{ox} 更小。调节 N_B 是一种比较灵敏地改变 V_T 的方法。

$$V_B = \frac{kT}{q}\ln\left(\frac{N_B}{n_i}\right) \tag{3-21}$$

$$|Q_B| = \left[4N_B\varepsilon_s kT\ln\left(\frac{N_B}{n_i}\right)\right]^{1/2} \tag{3-22}$$

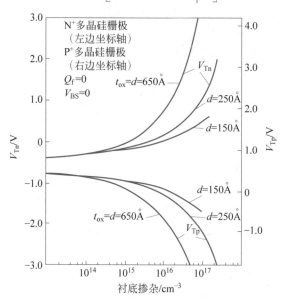

图 3-18 N^+-poly(P-Si)和 P^+-poly(N-Si)配对栅极结构不同栅氧化层厚度情况下对 N_B 的依赖关系

3. 氧化层固定电荷 Q_f 的影响

根据式(3-17)和式(3-18),对于 SiO_2/Si 结构来说,主要由氧化过程产生的过剩 Si^+ 形成的 $Q_f > 0$ 对 NMOS 和 PMOS 都适用,过大的 Q_f 将导致出现耗尽型 NMOS,而 PMOS 则更易实现增强型,如图 3-19 和图 3-20 所示。这也是早期工艺无法有效降低 Q_f 时,集成电路产品主要应用 PMOS 元件的主要原因。

4. 离子注入调整 V_T

Q_f 的存在造成 NMOS 和 PMOS 的 V_T 很难关于零点对称,而这非常不利于实际的电路设计。为了得到尽可能对称的 V_T,以 Si 衬底为例,硼离子注入工艺被引入 MOSFET 的制造,如图 3-21 所示。调整硼离子注入的投影射程 R_p 使其恰好处在衬底 Si 的表面区域,满足 $R_p \ll d_{max}$ 的条件,就可以将这些注入激活电离后的固定 B^- 按照紧

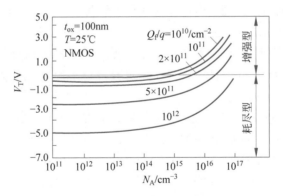

图 3-19　Q_f 对 V_{Tn} 的影响

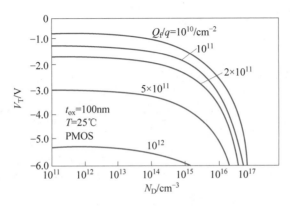

图 3-20　Q_f 对 V_{Tp} 的影响

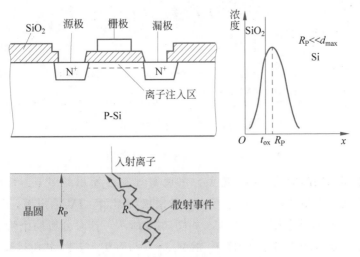

图 3-21　调整 V_T 的离子注入工艺

贴氧化层的一层负电荷来处理。假设注入硼离子的剂量为 N_{Im}，则单位面积引入的额外固定电荷 ΔQ_B 为式（3-23），相应的 ΔV_T 为式（3-24）。显然，这是一个非常简单实用的方式，其本质上是在与固定正电荷 Q_f 所处位置几乎一致的地方通过硼离子注入电离后形成固定负电荷 B^- 来抵消 Q_f 的影响，甚至还可以进一步按照意愿调节 V_T 的大小。V_T 调整注入一般只注入硼离子。

因为注入带来了固定的负电荷，所以在 V_{FB} 中需要增加相应的正电压分量 qN_{Im}/C_{ox}，而且对 NMOS 和 PMOS 都一样，如式（3-25）和式（3-26）所示。此外，如图 3-22 所示，在集成电路中往往使用衬底 P-Si 氧化后形成的厚 SiO_2 层作为场氧化层，起到隔离不同 MOSFET 的作用，因此在场氧化层中也存在 Q_f，容易导致其下方的 P-Si 区域反型成 N-Si，最终导致相邻 MOSFET 短路。此时，就可以利用上述 V_T 调整注入的工艺在场氧化层下方的 Si 表层中注入足够量的硼离子，等效抵消 Q_f 的影响防止形成反型沟道，这个工艺称为沟道阻断注入。

$$| \Delta Q_B(d_{max}) | = \int_0^{d_{max}} qN'_A(x)\,\mathrm{d}x = qN_{Im} \tag{3-23}$$

$$\Delta V_T \approx \frac{| \Delta Q_B |}{C_{ox}} = \frac{qN_{Im}}{C_{ox}} \tag{3-24}$$

$$V_{Tn} = \phi_{ms} - \frac{Q_f}{C_{ox}} + \frac{qN_A d_{max}}{C_{ox}} + \frac{2kT}{q}\ln\left(\frac{N_A}{n_i}\right) + \frac{qN_{Im}}{C_{ox}} \tag{3-25}$$

$$V_{Tp} = \phi_{ms} - \frac{Q_f}{C_{ox}} - \frac{qN_D d_{max}}{C_{ox}} - \frac{2kT}{q}\ln\left(\frac{N_D}{n_i}\right) + \frac{qN_{Im}}{C_{ox}} \tag{3-26}$$

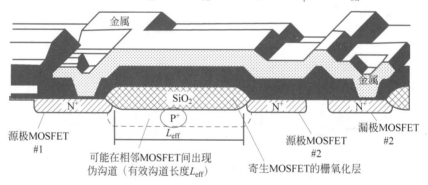

图 3-22　调整 V_T 的离子注入工艺用于沟道阻断

5. 衬底偏置效应

在集成电路的实际应用中不可避免会出现如图 3-23 所示的多个器件串联的工作方式。假设图中两个 NMOS 完全一样，且 T_2 的漏极接 $V_{DD}=1V$ 的电源，于是在 T_2 的源极也即 T_1 的漏极处，其电压应为 0.5V，如图 3-23 所示。这时分析两个管子衬底和源极间的压差 V_{BS}。显然，由于 B,S 短接 T_1 的 $V_{BS}=0V$，而 T_2 与 T_1 共用衬底 B 极，所以 T_2 的 $V_{BS}=-0.5V$，如图 3-24 所示。这样，T_1 和 T_2 的电学设置实际上不一样。T_2 出现了衬底偏置效应（简称衬偏效应），也称为体效应。

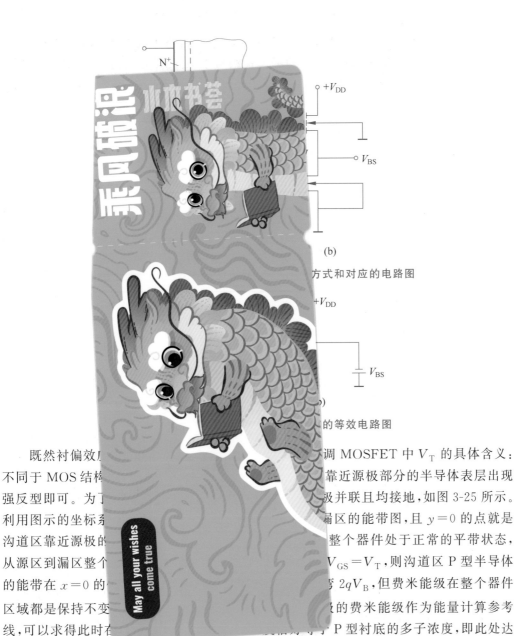

(b)

方式和对应的电路图

$+V_{DD}$

V_{BS}

的等效电路图

既然衬偏效□□□□□□□□□□□□□□□□□□□调 MOSFET 中 V_T 的具体含义：不同于 MOS 结构□□□□□□□□□□□□□□□□靠近源极部分的半导体表层出现强反型即可。为□□□□□□□□□□□□□□□□□极并联且均接地,如图 3-25 所示。利用图示的坐标系□□□□□□□□□□□□□□漏区的能带图,且 $y=0$ 的点就是沟道区靠近源极的□□□□□□□□□□□□□□整个器件处于正常的平带状态,从源区到漏区整个□□□□□□□□□□□□□ $V_{GS}=V_T$,则沟道区 P 型半导体的能带在 $x=0$ 的□□□□□□□□□□□□写 $2qV_B$,但费米能级在整个器件区域都是保持不变□□□□□□□□□□的费米能级作为能量计算参考线,可以求得此时在□□□□□□□□□□□□指等于 P 型衬底的多子浓度,即此处达到强反型。换句话说,此处的 E_{cn} 与 E_F 之间距必须保持这个状态,才可能对应此处的强反型状态,即 $V_{GS}=V_T$。

同理,当 $V_{GS}=V_{FB}$ 但 $V_{BS}<0$ 时,因为源漏区都是接地的,源漏和沟道区形成了反偏的 NP 结,忽略这个结的漏电流,则相当于 P 型衬底能带整体上拉 $q|V_{BS}|$,即此时的 E_{Cp}、E_{Fp}、E_{Vp} 都比 $V_{BS}=0$ 时的 E_{Cp}、E_{Fp}、E_{Vp} 整体向上平移了 $q|V_{BS}|$,如图 3-25 和图 3-26 所示。此时的源漏与衬底的反偏 NP 结内部的费米能级也必然分裂,而耗尽区之外的半导体区域则仍具有各自统一的费米能级。在这个基础上,增加 V_G 直至反型。一旦 $y=0$ 处出现强反型,则该处 N 型反型层就会与 P 型衬底形成一个诱导出来的 NP 结。

忽略当这个 NP 结反偏时的漏电,因此,即使 $y=0$ 处已经反型为 N 型,源衬间反向漏电也仍为零。这样必然要求源极的电子准费米能级与 $y=0$ 处沟道内的电子准费米能级保持统一,进而导致源极的接地电势传导进沟道区造成诱导出来的 NP 结反偏,且反偏电压就是 $|V_{BS}|$,这进一步导致沟道区电子和空穴的准费米能级分裂。

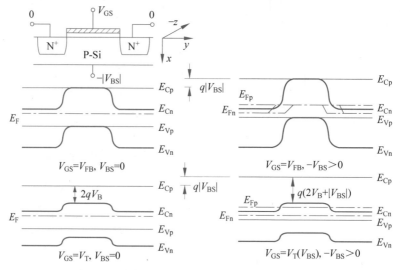

图 3-25　解释衬偏效应的器件剖面结构和能带图

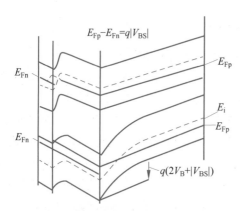

图 3-26　解释衬偏效应的能带透视图

为了满足反型的定义,$y=0$ 处的反型电子浓度需要等于衬底空穴浓度,因此利用电子准费米能级进行计算时需要和没有衬偏时的能带对准情况一致。因为 P 型衬底的能带整体已经相对提高了 $q|V_{BS}|$,但 $x\gg0$ 处的能带位置被 V_{BS} 嵌位,所以只能要求 $x=0$ 处的能带整体下弯 $q(2V_B+|V_{BS}|)$ 后才能满足 $y=0$ 处的反型定义,如图 3-25 和图 3-26 所示。上述讨论因为漏区接地而使得能带图的画法简单,但即使漏极不接地上述讨论也是成立的,因为漏极的电势在 $y=0$ 处也是 0。

图 3-25 和图 3-26 表明,衬偏效应会导致在器件开启时衬底的能带弯曲量变大 $q|V_{BS}|$,这会导致 V_T 增大。如上所述,衬偏情况下 $y=0$ 处的表层强反型是与无衬偏时一样的,唯一的区别是此处的 $V(x=0)$ 比 $V(x\gg0)$ 高 $(2V_B+|V_{BS}|)$ 而不是无衬偏时的 $2V_B$,如图 3-27 所示。相应的半导体空间电荷层的厚度增加,即 $|Q_B|$ 增加。没有衬偏时的 Q_B 由式(3-27)表示,而有衬偏时的空间电荷层厚度由式(3-28)表示,对应的 Q_B 为式(3-29)。这里需要额外说明,在 MOS 结构里定义衬底表面势是指 $V_s=V(x=0)-V(x\gg0)$,然而在 MOSFET 里统一为以源极电势为参考点,所以表面势应由式(3-30)定义。显然,即使在有衬偏的情况下,$V_{GS}=V_T$ 时,$V_s(x=0,y=0)=2V_B$。衬偏时的 V_{Tn} 和

V_{Tp} 需要由式(3-31)和式(3-32)描述。衬偏使得两种 MOSFET 的 $|V_T|$ 都变大了,变化量由式(3-33)和式(3-34)描述。

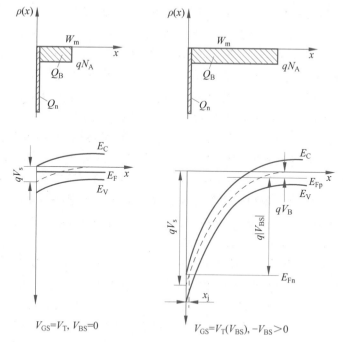

图 3-27　NMOS 衬偏效应对 V_T 的影响原理

$$V_{BS}=0, \ |Q_B(d_{max})|=qN_A\left[\frac{2\varepsilon_s}{q}\frac{2V_B}{N_A}\right]^{1/2} \tag{3-27}$$

$$d_{max}(V_{BS})=\left[\frac{2\varepsilon_s}{q}\frac{(2V_B+|V_{BS}|)}{N_A}\right]^{1/2} \tag{3-28}$$

$$|Q_B|=qN_A\left[\frac{2\varepsilon_s}{q}\frac{(2V_B+|V_{BS}|)}{N_A}\right]^{1/2} \tag{3-29}$$

$$V_s=(V_s-V_B)+(V_B-V_{source})=(2V_B-V_{BS})+V_{BS}=2V_B \tag{3-30}$$

$$V_{Tn}(V_{BS})=V_{GS}(V_{BS})=\phi_{ms}-\frac{Q_f}{C_{ox}}+\frac{qN_A}{C_{ox}}\left[\frac{2\varepsilon_s}{q}\frac{(2V_B+|V_{BS}|)}{N_A}\right]^{1/2}+2V_B \tag{3-31}$$

$$V_{Tp}(V_{BS})=V_{GS}(V_{BS})=\phi_{ms}-\frac{Q_f}{C_{ox}}-\frac{qN_D}{C_{ox}}\left[\frac{2\varepsilon_s}{q}\frac{(2V_B+|V_{BS}|)}{N_A}\right]^{1/2}-2V_B \tag{3-32}$$

$$\Delta V_{Tn}=V_{Tn}(V_{BS})-V_{Tn}(V_{BS}=0)=\frac{\sqrt{2\varepsilon_s qN_A}}{C_{ox}}(\sqrt{2V_B+|V_{BS}|}-\sqrt{2V_B}) \tag{3-33}$$

$$\Delta V_{Tp}=V_{Tp}(V_{BS})-V_{Tp}(V_{BS}=0)=-\frac{\sqrt{2\varepsilon_s qN_D}}{C_{ox}}(\sqrt{2V_B+|V_{BS}|}-\sqrt{2V_B}) \tag{3-34}$$

在 NMOS 衬底加上衬偏电压 V_{BS},$V_{GB}(V_{GB}=V_{GS}-V_{BS})$ 间的压差增大了,但这与只有两端的 MOS 电容结构 V_{GB} 增大的情况是不同的。MOS 电容随着 V_{GB} 的增加,衬

底空间电荷层将在强反型出现后基本不再增厚,而是基本维持在一个最大厚度 $d_{\max}$,衬底表面处的能带弯曲量也基本停留在 $2qV_B$。图 3-27 表明,在 NMOS 中 V_{BS} 可以让衬底空间电荷层的厚度超过 $d_{\max}$。显然这与源-衬 NP 结有关。正是这个 NP 结在沟道强反型时能将反偏电压 V_{BS} 传递到沟道区诱导出来的 NP 结上,并使这个诱导出来的 NP 结同样承担起反偏电压 V_{BS}(忽略这些反偏 NP 结的漏电),进而造成沟道区费米能级分裂。在没有衬偏电压且沟道处于强反型时,可以认为沟道区诱导出来的 NP 结处于平衡态(费米能级不分裂)且具备 $2V_B$ 的内建电势差,并对应着厚度为 $d_{\max}$ 的耗尽区。同样还是维持强反型的状态,施加 V_{BS} 后这个诱导出来的 NP 结耗尽区两端就需要承担 $2V_B + |V_{BS}|$ 的电压差,费米能级必然分裂(分裂量为 $q|V_{BS}|$),相应的耗尽区(空间电荷区)厚度自然增加。值得注意的是,诱导出来的 NP 结并不是一个正常的耗尽区整体呈现电中性的 NP 结,它的 N 区的存在和 P 区一侧耗尽区的存在都依赖从栅极而来的电力线维持。在 V_{GS} 不变时,承担反偏电压 V_{BS} 就要求重新分配这些原本指向反型层和耗尽区的电力线:反型层部分的电力线减少对应 $|\Delta Q_B|$ 大小的反型电子剂量减少,减少的电力线重新指向空间电荷层加厚部分对应固定负电荷增加的剂量 $|\Delta Q_B|$。这像常规 NP 结承担反偏电压时,N 区一侧耗尽区要加厚以增加固定正电荷,P 区一侧耗尽区也要加厚以增加等量的负电荷。但如此一来,反型层的电子就少了,如果要求恢复到 V_{BS} 施加前的电子数量,就自然要求 V_{GS} 增加 $|\Delta Q_B|/C_{ox}$,以让更多电力线穿过栅氧化层吸引更多反型电子并终结在反型层,拟补诱导出来的 NP 结反偏承压导致的反型电子减少。这就是衬偏效应导致 $|V_T|$ 变大的本质原因。

以 NMOS 为例,根据式(3-33),用式(3-35)定义衬偏系数 γ,单位为 $V^{1/2}$。显然,N_A 越大,γ 越大,如图 3-28 所示。在实际工作中,常用式(3-36)定义的无量纲 a 参数(C_{FB}/C_{ox})来综合表征 γ。图 3-29 表明,a 越大,ΔV_T 越大。图 3-30 表明,改变 V_{BS} 可以有效改变 V_T。

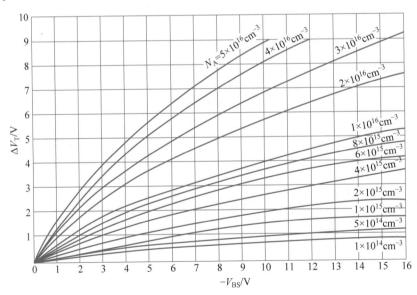

图 3-28　不同掺杂浓度下 NMOS 的 ΔV_T 对 V_{BS} 的依赖关系

$$\gamma = \frac{\sqrt{2\varepsilon_s q N_A}}{C_{ox}} \qquad (3\text{-}35)$$

$$a \equiv \frac{C_{FB}}{C_{ox}} = \sqrt{2}\,\frac{\varepsilon_s t_{ox}}{\varepsilon_{ox} L_D} = \sqrt{2}\,\frac{t_{ox}}{\varepsilon_{ox}} q \left(\frac{\varepsilon_s N_A}{kT}\right)^{1/2} = \gamma \sqrt{\frac{q}{kT}} \qquad (3\text{-}36)$$

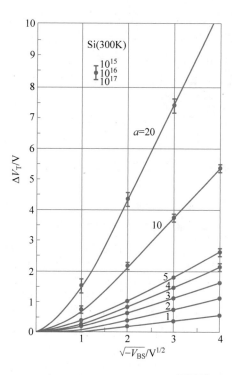

图 3-29　不同 a 参数下 NMOS 的 ΔV_T 对 $\sqrt{-V_{BS}}$ 的依赖关系

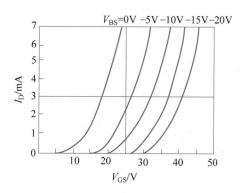

图 3-30　不同 V_{BS} 下 NMOS 的转移特性曲线（$V_{DS} = 20\text{V}$）

视频

3.4 MOSFET 的直流特性

3.4.1 MOSFET 非平衡时的能带图

图 3-31(a)给出了无衬偏 NMOS 器件的结构与坐标设置。在 $x=0$ 的平面，$y=0$ 处对应沟道源区一侧的起始点，$y=L$ 处对应沟道漏区一侧的结束点。图 3-31(b)是平带情况下 $V_{DS}=0$V 时的能带图。图 3-31(c)是在图 3-31(b)的基础上使 $V_{GS}=V_{Tn}$，沟道区 $x=0$ 平面实现强反型开启，此时器件的费米面仍和平带时一致。图 3-31(d)是在图 3-31(c)的基础上再在漏极施加 $V_{DS}\gg0$（源极电势 $V_{SS}=0$）。根据电势叠加原理，$x=0$ 平面处沟道区的电势将由 $2V_B$ 上升为 $2V_B+V(y)$，其中 $V(y)$ 代表 y 处 V_{DS} 的电势降，有 $V(y=0)=0$，$V(y=L)=V_{DS}$。显然，靠近 $y=L$ 的沟道区的表面势较高，诱导出来的 NP 结的反偏承压也大，准费米能级间的分裂也大。$V(y)$ 的作用，一方面会直接减小 y 处栅氧化层两侧的压降，从而直接减少衬底一侧所需负电荷的总量（反型电子跟着减少）；另一方面由于诱导出的 NP 结反偏承压大，更多原来终结在反型层的电力线会重新分配到增厚的空间电荷层。因此在这个双重作用下，y 处的反型电子会随着 $V(y)$ 变大快速耗尽，形成典型的耗尽区。而耗尽区就是高阻区，V_{DS} 绝大部分压降将降落在这个耗尽区。按照图 1-13 的规定，耗尽区的准费米能级按照直线进行处理，进而得到图 3-31(d)耗尽区部分的费米能级分布。耗尽也体现在这个区里电子的准费米能级已经落到禁带中线以下。而空穴的准费米能级，因为从源极到漏极不存在空穴电流而保持水平，且因为忽略诱导出的 NP 结的漏电流，空穴准费米能级在 $x>0$ 的区域也始终保持与 $x=0$ 处的位置一样，只不过 $x>0$ 处在 x 方向上出现空穴准费米能级分裂的范围随着 $V(y)$ 的下降而减小，如图 3-31(d)E_{Fp} 面所示。

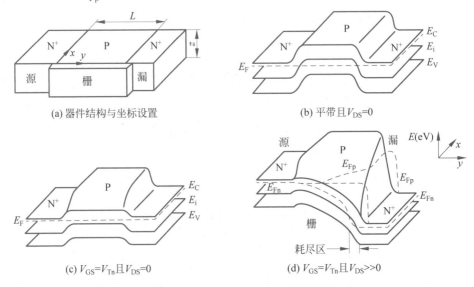

(a) 器件结构与坐标设置　　(b) 平带且 $V_{DS}=0$

(c) $V_{GS}=V_{Tn}$ 且 $V_{DS}=0$　　(d) $V_{GS}=V_{Tn}$ 且 $V_{DS}\gg0$

图 3-31　无衬偏 NMOSFET 的能带图

耗尽区外的 $V(y)$ 较小,对费米能级分裂造成的影响也小。当然,$x=0$ 处费米能级分裂的能量差始终对应着 $qV(y)$。在同一个 $V(y)$ 起作用的位置,反型半导体的能带也要因为附加电势能 $-qV(y)$ 而呈现整体下移。但因为 $V(y)$ 所在位置处诱导出来的 NP 结的反偏造成该处反型电子密度下降,所以该处导带底距离电子准费米能级的距离要比 $y=0$ 处相应距离增大,即随着 y 增大,沟道区导带底与电子准费米能级的间距是逐渐变大的,直至漏端附近耗尽区的出现。也因为如此,y 处半导体能带整体下移 $qV(y)$ 并不是针对 $y=0$ 处的能带情况,而是仅针对 y 处自己施加 $V(y)$ 后能带的下降。且电子准费米能级与导带底的间距在下降前后保持不变。之所以在图 3-31(d) 里看着沟道区导带底距离电子准费米能级的间距似乎一直到耗尽区附近才出现变大的趋势,是因为考虑到当 $y=0$ 处的 $V_{GS}>V_T$ 时,该处的空间电荷层最大厚度基本保持不变,V_s 始终约为 $2V_B$。在 $y>0$ 的沟道区表面即使 $V(y)>0$ 的存在而使反型电子密度下降,但此时这些地方仍满足强反型条件,导带底远离电子准费米能级的变化并不明显。

有时为了简单描述 NMOS 非平衡情况下的能带变化情况,也应用图 3-32 所示的能带简图。图中 E_{iB} 代表半导体衬底内部的禁带中线,E_{iS} 代表半导体衬底表面处的禁带中线,$q\Psi_B$ 表示 E_{iS} 与 E_{iB} 间的能量差(Ψ_B 为半导体表面相对体内的电势差)。这种用禁带中线来表达能带图的方法不但画法简单,而且和费米能级间的关系也直观。

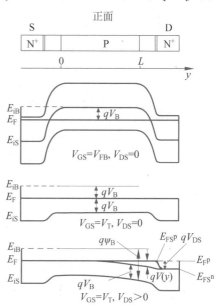

图 3-32 $x=0$ 的平面上俯视 NMOSFET 各区对应的非平衡能带简图(V_{DS} 较小)

图 3-33 给出了源、漏、衬各区以及多个特征截面的能带图,更加直观地看到 V_{DS} 施加后 MOSFET 各区能带的变化。同时,图 3-33 沿沟道方向的衬底表面能带图也清晰地反映出,即使 $V_{DS}>V_{DSsat}$(沟道夹断对应的漏源电压)处于一个较高的偏压下,反型后在 $y=0$ 处源区和沟道区形成的 N^+N 结的势垒也没有变化。这也是我们一再强调在

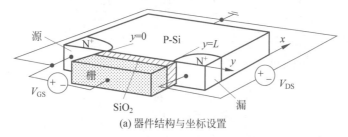

(a) 器件结构与坐标设置

图 3-33 无衬偏 NMOSFET 各区对应的非平衡能带图($V_{FB}=0$)

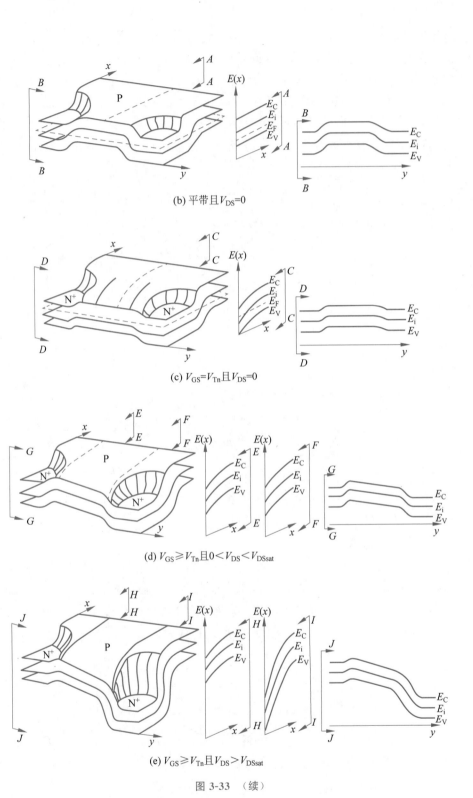

(b) 平带且$V_{DS}=0$

(c) $V_{GS}=V_{Tn}$且$V_{DS}=0$

(d) $V_{GS}\geqslant V_{Tn}$且$0<V_{DS}<V_{DSsat}$

(e) $V_{GS}\geqslant V_{Tn}$且$V_{DS}>V_{DSsat}$

图 3-33 （续）

MOSFET 中 V_T 仅指的 $y=0$ 处沟道达到强反型时对应的 V_{GS} 的原因。图 3-34 给出了对应图 3-33 的各区静电势图,由图可非常直观地看出,当 V_{DS} 较大时,主要压降都在漏附近的沟道区,而源附近的沟道区变化不大。

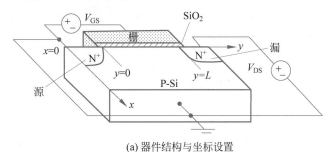

(a) 器件结构与坐标设置

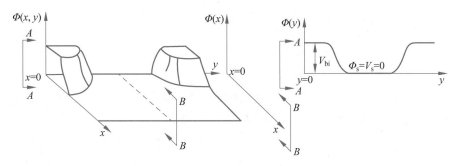

(b) 平带且 $V_{DS}=0$

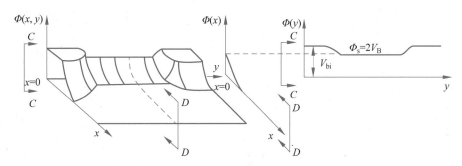

(c) $V_{GS}=V_{Tn}$ 且 $V_{DS}=0$

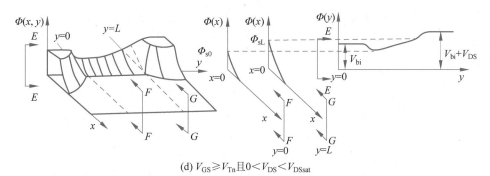

(d) $V_{GS} \geqslant V_{Tn}$ 且 $0 < V_{DS} < V_{DSsat}$

图 3-34 无衬偏 NMOSFET 各区对应的静电势图($V_{FB}=0$)

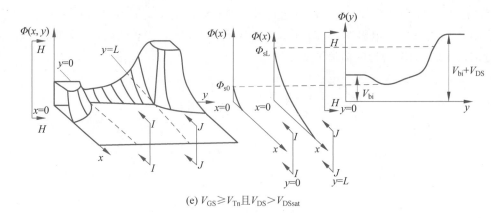

(e) $V_{GS} \geqslant V_{Tn}$ 且 $V_{DS} > V_{DSsat}$

图 3-34 （续）

视频

3.4.2 I_{DS}-V_{DS} 的关系

用图 3-35 和图 3-36 求解 NMOS 的 I_{DS}-V_{DS} 关系。假设：

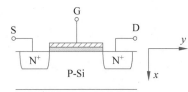

图 3-35 求解 NMOS 电流电压关系的二维结构图和坐标系（$V_{BS}=0$）

（1）源区和漏区的电压降可以忽略不计，则 $V(y=0)=0$，$V(y=L)=V_{DS}$。

（2）在沟道区不存在产生-复合电流。

（3）沟道电流仅为漂移电流。

（4）沟道内载流子的迁移率 $\mu_n(E)$ 为常数。

（5）沟道与衬底间（NP 结）的反向饱和电流为零。

（6）缓变沟道近似（Gradual Channel Approximation，GCA），即

$$\frac{\partial E_x(x,y)}{\partial x} \gg \frac{\partial E_y(x,y)}{\partial y}。$$

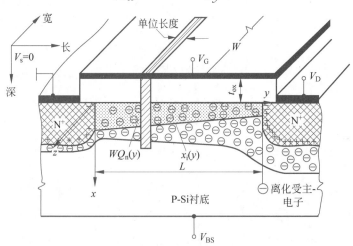

图 3-36 求解 NMOS 电流电压关系的三维结构图和坐标系（$V_{BS}=0$）

上述 6 条假设可以保证在求解 I_{DS}-V_{DS} 关系时,可以只考虑沟道区的漂移电流,且电子的迁移率按照常数简化处理,V_{DS} 全部施加在沟道区。特别一提的是,GCA 近似将极大简化我们的处理。如图 3-36 和式(3-37)~式(3-41)所示,求解电流电压关系通常是直接求解待分析区的泊松方程获得电势 $\phi(x,y)$ 的二维分布,进而可得电场分布,结合载流子分布就可以获得电流电压关系了。然而这是一个二维问题,分析过程比较复杂,但应用了 GCA 假设就可以忽略 $\dfrac{\partial E_y(x,y)}{\partial y}$,从而可以在分析 $\rho(x,y)$ 即计算 y 处的总负电荷 $Q_-(y)$ 时不必考虑 E_y 的影响,使问题得到简化。

$$\frac{\partial^2 \phi(x,y)}{\partial x^2} + \frac{\partial^2 \phi(x,y)}{\partial y^2} = -\frac{\rho(x,y)}{\varepsilon_s} \tag{3-37}$$

$$E_x(x,y) = -\frac{\partial \phi(x,y)}{\partial x} \tag{3-38}$$

$$E_y(x,y) = -\frac{\partial \phi(x,y)}{\partial y} \tag{3-39}$$

$$\frac{\partial E_x(x,y)}{\partial x} + \frac{\partial E_y(x,y)}{\partial y} = \frac{\rho(x,y)}{\varepsilon_s} \tag{3-40}$$

$$\frac{\partial E_x(x,y)}{\partial x} \approx \frac{\rho(x,y)}{\varepsilon_s} \tag{3-41}$$

GCA 成立必然要求 $E_y(x,y)$ 在固定 x 处随 y 变化很缓慢,即 E_y 近似是一个均匀电场。如图 3-37 所示,在 $V_{GS} > V_T$ 时任意 y 处都形成了反型沟道,沟道表面的 V_s 均为 $2V_B$。在不影响强反型的前提下,V_{DS} 导致的电势 $V(y)$ 叠加在 $2V_B$ 上,将对反型电子密度 Q_n 产生两个影响:一是栅氧化层上下极板间的压差减小了 $V(y)$,导致氧化层下极板该处用于终结从栅电极发出并穿过栅氧化层的电力线对应的总负电荷面密度 $|Q_-(y)|$ 直接下降 $C_{ox}V(y)$,又因为此时仍为强反型状态,所以就是反型电子面密度 $|Q_n|$ 直接下降了 $C_{ox}V(y)$。二是在强反型状态下,诱导出来的 NP 结将额外承担这个 $V(y)$ 并抵消部分反型电子,使得反型电子面密度 $|Q_n|$ 又减少了 $|\Delta Q_n|$。同时,在 $x>0$ 的空间电荷层内部边缘需要拓宽空间电荷层的厚度产生与反型电子减少量 $|\Delta Q_n|$ 等量的固定负电荷 $|\Delta Q_B|$。$|\Delta Q_n|$ 和 $|\Delta Q_B|$ 对应诱导 NP 结在此处的承压 $V(y)$。

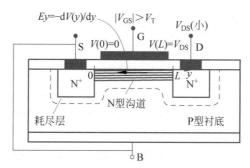

图 3-37 GCA 下 V_{DS} 较小时求解 NMOS 电流电压关系的两维结构图和坐标系($V_{BS}=0$)

用式(3-42)来代表 $Q_-(y)(Q_-(y)<0)$，这是用来终结从栅电极发出穿过栅氧化层进入半导体空间电荷层的总负电荷面密度，其中 V_{ox} 用式(3-43)定义。式(3-44)给出了在 $V_{DS}=0$ 时 $Q_-(y)$，式(3-45)给出了相应的 $Q_n(<0)$。当 $V_{DS}>0$ 时，$V(y\neq0)\neq0$，上述影响一造成的反型电子面密度减少量为 $C_{ox}V(y)$；影响二造成的减少量为 $|\Delta Q_B|$，如式(3-46)所示。而用 $V_{DS}=0$ 时的 $Q_B(y)(<0)$ 减去 $|\Delta Q_B|$ 就是 $V_{DS}>0$ 时 y 处的空间电荷层的面电荷密度 $Q_B(y)$，所以式(3-46)更新为式(3-47)，进一步简化为式(3-48)。式(3-48)给出了一个非常简洁的表达形式，即 $V(y)\neq0$ 时式(3-44)依然成立，意味着无论有无 V_{DS} 带来的 $V(y)$，形式上穿过氧化层的电力线最终都会终结在 Q_n 和 Q_B 上，尽管其中包含 $V(y)$ 两重作用对 Q_n 的影响。

对式(3-48)进行简单变形可得式(3-49)，并定义 x_c 是反型层的厚度，$n(x,y)$ 是反型电子的浓度分布。因为 V_{DS} 较小，$V(y)$ 自然也很小，所以 $V(y)$ 对 $Q_B(y)$ 的影响在这里被忽略掉，因此式(3-49)中的 $Q_B(y)$ 就用一个 $V(y=0)$ 处的 Q_B 近似。当 $V(y)=0$ 时，式(3-49)表明：$V_{GS}=V_T$ 时，没有反型电子，这主要是因为 V_T 在定义的时候就忽略了反型电子对 V_T 的贡献，如式(3-13)所示；$V_{GS}>V_T$ 后，定义 $V_{GS}-V_T$ 为过驱动电压，可见过驱动电压不再在半导体空间电荷层上分压而是全部用来直接产生反型电子。

$$Q_-(y)=-V_{ox}C_{ox} \tag{3-42}$$

$$V_{ox}(y)=(V_{GS}-V_{FB})-[2V_B+V(y)] \tag{3-43}$$

$$Q_-(y)=Q_n(y)+Q_B(y)(V_s=2V_B,V_{DS}=0) \tag{3-44}$$

$$Q_n(y)=-C_{ox}(V_{GS}-V_{FB}-2V_B)-Q_B(y)(V_s=2V_B,V_{DS}=0) \tag{3-45}$$

$$Q_n(y)=-C_{ox}(V_{GS}-V_{FB}-2V_B)+C_{ox}V(y)-[Q_B(y,V_{DS}=0)- \\ |\Delta Q_B(y)|](V_s=2V_B+V(y),V_{DS}>0) \tag{3-46}$$

$$Q_n(y)=-C_{ox}(V_{GS}-V_{FB}-2V_B)+C_{ox}V(y)-Q_B(y,V_{DS}>0) \\ (V_s=2V_B+V(y),V_{DS}>0) \tag{3-47}$$

$$Q_n(y)=-C_{ox}[V_{GS}-V_{FB}-2V_B-V(y)]-Q_B(y) \\ =-C_{ox}V_{ox}-Q_B(y)(V_s=2V_B+V(y),V_{DS}>0) \tag{3-48}$$

$$Q_n(y)=-C_{ox}\left[V_{GS}-V_{FB}-2V_B-\frac{|Q_B(y)|}{C_{ox}}-V(y)\right] \\ \approx-C_{ox}\left[V_{GS}-\left(V_{FB}+2V_B+\frac{|Q_B(y=0)|}{C_{ox}}\right)-V(y)\right] \\ =-C_{ox}[V_{GS}-V_T-V(y)] \\ =-q\int_0^{x_c}n(x,y)dx(V_s=2V_B+V(y),V_{DS}>0) \tag{3-49}$$

上述对 $Q_n(y)$ 的分析实际上只涉及了 x 方向的电场变化(电容极板电量)，没有涉及 y 方向的电场变化，这就是运用 GCA 的结果。第 4 章研究小尺寸 MOSFET 短沟道载流子速度饱和的准二维模型时，会摒弃 GCA，在处理上将统一考虑 x 和 y 方向上的电场变化对 Q_n 的影响。现在可以求解 I_{DS}-V_{DS} 的关系。已知在 (x,y) 处的电子漂移电流可以用式(3-50)表示,则电流强度 I_y 可以通过电流面密度面积积分式(3-51)求得。值得注意的是,图 3-37 上的坐标系对应的 $I_y < 0$。式(3-51)给出的 $I = WQv$ 的表达式就是求解沟道反型载流子漂移电流的通用公式。为了获得 I-V 关系,式(3-51)中的所有变量尽可能写为 I 或 V 的显式表达。为此,将式(3-49)代入,可得式(3-52)。因为沟道内电流处处连续,I_y 是一个常数,且为了积分方便,直接取 I_y 为正值,故而需要在式(3-52)等号右侧人为去掉负号。对式(3-52)在 y 方向定积分可得式(3-53),进而可得 I_{DS}-V_{DS} 关系式(3-54)。

式(3-54)中的 β 因子由式(3-55)定义,称为跨导参数。当 $V_{DS} \ll V_{GS} - V_T$ 时,式(3-54)可以简化为式(3-56),g_D 称为漏导。显然,这是一个受 V_{GS} 调控的线性电阻的 I-V 关系,所以式(3-54)表征的是NMOS 在可调电阻区或线性区的 I-V 关系。图 3-38 中 V_{DS} 较小的区间给出了式(3-54)对应某个固定 V_{GS} 的线性输出特性曲线。通过这个线性区的斜率和器件参数,可得 NMOS 的沟道漂移迁移率,如式(3-57)所示。

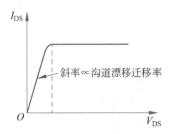

图 3-38 V_{DS} 较小时 NMOSFET 的输出特性曲线

$$J_n(x,y) = qn(x,y)\mu_n E_y = qn(x,y)\mu_n\left[-\frac{dV(y)}{dy}\right]$$

$$= -qn(x,y)\mu_n\frac{dV(y)}{dy} \tag{3-50}$$

$$I_y = \int_0^W\int_0^{x_c} J_n(x,y)\,dx\,dz = W\left[-q\int_0^{x_c} n(x,y)\,dx\right]\mu_n\frac{dV(y)}{dy}$$

$$= WQ_n(y)v(y) \tag{3-51}$$

$$|I_y|\,dy = W\mu_n C_{ox}[V_{GS} - V_T - V(y)]dV(y) \tag{3-52}$$

$$\int_0^L |I_y|\,dy = W\mu_n C_{ox}\int_0^{V_{DS}}[V_{GS} - V_T - V(y)]dV(y) \tag{3-53}$$

$$I_{DS} = |I_y| = \mu_n C_{ox}\frac{W}{L}\left[(V_{GS} - V_T)V_{DS} - \frac{1}{2}V_{DS}^2\right]$$

$$= \beta\left[(V_{GS} - V_T)V_{DS} - \frac{1}{2}V_{DS}^2\right] \tag{3-54}$$

$$\beta = \mu_n C_{ox}\frac{W}{L} \tag{3-55}$$

$$I_{DS} \approx \beta(V_{GS} - V_T)V_{DS} = g_D V_{DS} \tag{3-56}$$

$$\mu_n = \frac{\partial I_{DS}}{\partial V_{DS}}\bigg|_{V_{GS}}\bigg/ C_{ox}\frac{W}{L}(V_{GS} - V_T) \tag{3-57}$$

重写式(3-49)为式(3-58),发现随着 V_{DS} 增加,$V(y)$ 也增加。当 $V(y=L) = V_{GS} - V_T$ 时,$Q_n = 0$,即反型电子消失,用式(3-59)定义饱和区临界漏源电压 V_{DSsat}。当然这只是公式带来的形式上的反型电子消失。此时,$y = L$ 处的 V_{ox} 如式(3-60)所示。对比式(3-16)可知,这时的 V_{ox} 形式上就是 $V_{GS}=V_T$ 时在 $V_{DS}=0$ 时的 V_{ox}。而在式(3-49)中忽略了 $V(y)$ 对 Q_B 的影响进而导致了 Q_n 的变化,即 Q_B 对应的仍是 $2V_B$ 的表面势。这正符合式(3-16)的定义。在式(3-16)中计算 V_T 时并未考虑 Q_n,所以当 $V_{GS}=V_T$,$V_{DS}=0$ 时用式(3-58)计算自然得到 $Q_n=0$ 的结果,但在这实际上对应 MOSFET 刚刚达到强反型。

$$Q_n(y) = -C_{ox}[V_{GS}-V_T-V(y)] \quad (V_s=2V_B+V(y), V_{DS}>0) \tag{3-58}$$

$$V_{DSsat} = V_{GS}-V_T \tag{3-59}$$

$$V_{ox}(y) = (V_{GS}-V_{FB}) - [2V_B+(V_{GS}-V_T)] = \frac{|Q_B|}{C_{ox}} \tag{3-60}$$

假设源极接地,且 $V_{BS}=0$,如图 3-39 所示,一旦 V_{DS} 增大到 $V_{GS}-V_T$,$Q_n(y=L)=0$,$y=L$ 处沟道内的反型电子消失,出现反型层的夹断点。随着 V_{DS} 进一步增大,在 $y<L$ 的位置就会出现 $V(y)=V_{GS}-V_T$,相当于夹断点向从漏极向源极移动,如图 3-40 所示。在夹断点和 $y=L$ 间的衬底区称为夹断区。显然,因为在夹断点的位置 Q_n 对应刚刚强反型,所以在夹断区内的衬底半导体基本就可以按照未反型处理,于是衬底和 N^+ 漏区间就形成了反偏 PN^+ 结,耗尽区自然主要出现在轻掺杂的 P 型半导体一侧。因为夹断区内不存在强反型状态,$V_s=2V_B+V(y)$ 的定义不再成立。如图 3-40 所示,因为 V_{DS} 高,在漏区附近的沟道区已经出现从衬底指向栅电极的电力线。夹断区内 $\varepsilon_s dE_y/dy \propto qN_A > \varepsilon_s dE_x/dx$($V_{DS}$ 高导致夹断区内的 V_{ox} 很小,也没有反型层),GCA 不适用于夹断区。耗尽区意味着高阻区,所以 V_{DS} 将在串联的夹断区与正常导电的反型区间进行分配,显然反型区得到的压降就是 $V_{GS}-V_T$,剩下的 $V_{DS}-(V_{GS}-V_T)$ 将降落在耗尽区,一般来说耗尽区得到了绝大部分 V_{DS}。

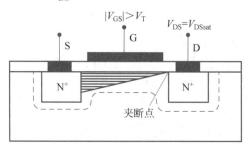

图 3-39 $V_{DS}=V_{GS}-V_T$ 时沟道 $y=L$ 处反型电子形式上消失

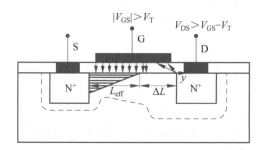

图 3-40 $V_{DS}>V_{GS}-V_T$ 时沟道出现反型电子夹断区

如图 3-40 所示,夹断点向源极的移动导致反型区的长度比初始沟道长度 L 短,用式(3-61)定义反型区对应的有效沟道长度 L_{eff},其中 ΔL 代表夹断区的宽度。对应图 3-39,当 $y=L$ 处刚刚出现夹断点时,I_{DS} 的大小应该由式(3-62)定义,称为 I_{DSsat}。随着 V_{DS} 增大,夹断点向源极移动,假设 $\Delta L \ll L$ 始终成立,那么如图 3-40 对应的反型区的 I_{DS} 仍可以按照式(3-62)定义,即 I_{DS} 保持不变,所以称这时 MOSFET 进入饱和区,如图 3-41 所示。耗尽区将承担超出 $V_{\text{GS}}-V_{\text{T}}$ 部分的 V_{DS}。夹断区虽然称为耗尽区,但实际上这个反偏 PN^+ 结的耗尽区内的电场能有效抽取从夹断点处进入该区的电子到漏极,其内部是有载流子的。当 ΔL 与 L 可比拟时,需要使用式(3-61)中的 L_{eff} 代替式(3-62)中的 L,而且这时 L_{eff} 随着 V_{DS} 的增加逐渐减小,式(3-62)将不再饱和,出现了沟道长度调制效应,如图 3-41 所示。

$$L_{\text{eff}} = L - \Delta L = L\left(1 - \frac{\Delta L}{L}\right) \tag{3-61}$$

$$I_{\text{DSsat}} = \mu_n C_{\text{ox}} \frac{W}{L} \frac{1}{2}(V_{\text{GS}} - V_{\text{T}})^2 = \frac{1}{2}\beta(V_{\text{GS}} - V_{\text{T}})^2 = \frac{1}{2}\beta V_{\text{DSsat}}^2 \tag{3-62}$$

重写式(3-52)得到式(3-63)。因为 I_y 是一个常数,随着 y 从 0 开始逐渐增大,$V(y)$ 也逐渐增大,则式中 $|Q_n|$ 减小,必然要求式中 $|E_y|$ 增大,直到夹断点,如图 3-42 所示。在夹断点处,由于式(3-58)给出的 $|Q_n|=0$,而 I_y 还是那个常数,所以必然出现 $|E_y|$ 趋向无穷大的发散。这显然是不合理的。不过,至少定性说明沟道反型区的 $|E_y|$ 大致是如何分布的。可以通过对式(3-52)的非定积分方式获得图 3-42 中反型层导电区的 $|E_y|$ 分布。因为夹断区可以按照耗尽层近似处理,所以可得到一个简单的三角形线性电场分布,电场的峰值在 PN^+ 结的界面处。这造成在 $y=L-\Delta L$ 处电场的不连续,当然也是不合理的。上述这些不合理之处将在第 4 章讨论小尺寸器件速度饱和效应时进行合理化处理。

$$\begin{aligned}
|I_y| &= W|Q_n|v = W|Q_n|\mu_n|E_y(y)| \\
&= WC_{\text{ox}}[V_{\text{GS}} - V_{\text{T}} - V(y)]\mu_n \frac{\text{d}V(y)}{\text{d}y}
\end{aligned} \tag{3-63}$$

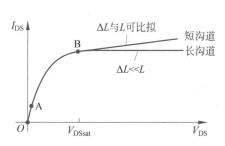

图 3-41　$V_{\text{DS}} > V_{\text{GS}} - V_{\text{T}}$ 时沟道出现反型电子夹断区时可能的输出特性曲线

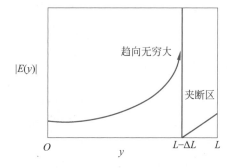

图 3-42　$V_{\text{DS}} > V_{\text{GS}} - V_{\text{T}}$ 时沟道出现反型电子夹断区时对应的沟道电场 $|E(y)|$

3.4.3　MOSFET 的亚阈值特性

线性区 I_{DS}-V_{DS} 关系式(3-56)表明,在 V_{DS} 固定,$V_{GS}=V_T$ 时,$I_{DS}=0$。V_T 对应图 3-43 的线性坐标系中的实测转移特性曲线在线性区 I_{DS} 外推延长线与 x 轴的交点。由图可知,$V_{GS}<V_T$ 的区域 $I_{DS}\neq0$。在半对数坐标中,$V_{GS}<V_T$ 区域 I_{DS} 有明显值的情况看得更清晰。$V_{GS}<V_T$ 区域称为亚阈值区,在亚阈值区非零 I_{DS} 是构成 MOSFET 关态漏电的重要来源。

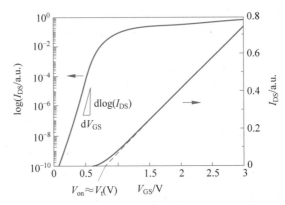

图 3-43　NMOS 的转移特性曲线和亚阈值现象

因为 $V_{GS}<V_T$,在 $y=0$ 处的 NMOS 沟道区表面处于弱反型状态($V_B<V_s<2V_B$),对应 $p(0,y)<n(0,y)\ll N_A$。反型电子浓度低,因此 $J_{n漂移}<J_{n扩散}$。电子扩散电流强度的表达式由式(3-64)表示。由于电流连续性 $|I_y|$ 是一个常数,存在式(3-65),说明电子浓度梯度也是一个常数,所以 $|I_y|$ 可以简写为式(3-66)。于是,求解 $|I_y|$ 转化成确定反型电子导电截面积 A、$n(L)$ 和 $n(0)$ 的问题。当 $V_{DS}\ll V_{GS}$ 时,构建图 3-44 所示的器件坐标和能带图,图中 Φ 代表半导体体内平带区 E_i 的电势能零点参照线。此时,可以近

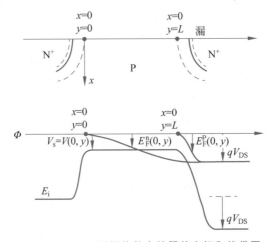

图 3-44　NMOS 亚阈值状态的器件坐标和能带图

似认为半导体表面势 V_s 为常数，沟道区的能带没有弯曲，但准费米能级依据 $V(y)$ 的不同而发生分裂。显然，以半导体体内平衡少子 n_p^0 为参考，可得 $n(0)$ 为式（3-67），$n(L)$ 为式（3-68）。A 的定义如式（3-69）所示，其中 d_{ch} 为弱反型时的沟道厚度。根据图 3-45 易知，反型电子在 x 方向的分布可以用式（3-70）表示，约定在 $x=d_{ch}$ 处反型电子浓度衰减至表面处的 $1/e$。对照式（3-67）易知，在比表面势 V_s 低一个热电压 kT/q 的位置，反型电子浓度减小到表面处的 $1/e$。因为反型层很薄，可以近似用表面处的电场 E_s，即式（3-71）通过式（3-72）来计算 d_{ch}。于是，得到亚阈值电流 I_{DS} 的表达式（3-73）。当 $V_{DS}>3kT/q$ 时，$[1-\exp(-qV_{DS}/kT)]\approx 1$，式（3-73）中影响 I_{DS} 的就是 V_s，即 $y=0$ 处的沟道表面势。显然，式中指数项内的 V_s 对 I_{DS} 影响权重更大，所以有式（3-74）。

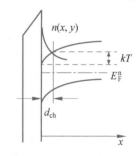

图 3-45　NMOS 亚阈值状态衬底弱反型时的沟道厚度 d_{ch} 的定义

$$I_y = qD_n A \frac{\mathrm{d}n}{\mathrm{d}y} \tag{3-64}$$

$$\frac{\mathrm{d}I_y}{\mathrm{d}y} = 0 \tag{3-65}$$

$$I_y = qD_n A \frac{n(L)-n(0)}{L} \tag{3-66}$$

$$n(0) = n_p^0 \exp(qV_s/kT) \tag{3-67}$$

$$n(L) = n_p^0 \exp[q(V_s - V_{DS})/kT] \tag{3-68}$$

$$A = W d_{ch} \tag{3-69}$$

$$n(x,y) = n(0,y)\exp(-x/d_{ch}) \tag{3-70}$$

$$E_s = \frac{-Q_B}{\varepsilon_s} = \frac{1}{\varepsilon_s}qN_A\left(\frac{2\varepsilon_s}{q}\frac{V_s}{N_A}\right)^{1/2} = \left(\frac{2qN_A V_s}{\varepsilon_s}\right)^{1/2} \tag{3-71}$$

$$d_{ch} = \frac{kT/q}{E_s} = \frac{kT}{qE_s} \tag{3-72}$$

$$
\begin{aligned}
I_{DS} = -I_y &= qD_n A \frac{n(0)-n(L)}{L} \\
&= q\frac{WkT}{qE_s}D_n \frac{1}{L}n_p^0 \exp\left(\frac{qV_s}{kT}\right)\left[1-\exp\left(-\frac{qV_{DS}}{kT}\right)\right] \\
&= \frac{W\mu_n}{L}\left(\frac{kT}{q}\right)^2 q\left(\frac{\varepsilon_s}{2qN_A V_s}\right)^{1/2}\frac{n_i^2}{N_A}\exp\left(\frac{qV_s}{kT}\right)\left[1-\exp\left(-\frac{qV_{DS}}{kT}\right)\right]
\end{aligned} \tag{3-73}
$$

$$I_{DS} \propto \exp\left(\frac{qV_s}{kT}\right) \tag{3-74}$$

　　理想的 MOSFET 需要开启电流足够大、关态电流足够小、开关转换区间足够窄，这些要求在图 3-43 的半对数坐标系里就是希望看到一个近乎陡变的亚阈值电流变化曲线，所以用式(3-75)定义一个亚阈值摆幅（Subthreshold Swing，SS）来表征亚阈值区域栅控电流的灵敏度。由定义可知，亚阈值摆幅就是半对数坐标系下转移特性曲线在亚阈值区斜率的倒数，亚阈值摆幅越小，栅控灵敏度越高，转变曲线越陡峭。栅控能力就是 V_{GS} 的变化量 dV_{GS} 能有多大比例转化为 dV_s，即 dV_{GS}/dV_s。由于 V_{ox} 的存在，$dV_{GS}/dV_s \geqslant 1$。对应同一条亚阈值曲线上的两个 V_{GS} 值和 I_{DS} 值，分别有 V_{s1} 和 V_{s2} 与之对应，假设 $V_{s2} > V_{s1}$，根据式(3-74)可得式(3-76)。式(3-76)给出一个重要推论，即随着温度上升保持 I_{DS2}/I_{DS1} 比例（比如 10）不变的前提下，要求 $V_{s2}-V_{s1}$ 变大，也即对应的两个 V_{GS} 点的间距要变大，体现在图 3-43 的半对数亚阈值曲线上就是曲线斜率要变小，亚阈值摆幅要变大。所以，MOSFET 工作温度提高必然导致亚阈值摆幅变大，这是不期望的。

为了比较定量的求解亚阈值摆幅，需要分析 V_{GS} 和 V_s 的关系。如式(3-77)所示，需要利用式(3-78)～式(3-80)将 V_{ox} 表征成 V_s 的变量。最终得到式(3-81)，其中常数 B 由式(3-82)定义，C_d 是单位面积空间电荷层的势垒电容。根据式(3-81)可得式(3-83)。式(3-83)给出一个重要结论，即室温下 Si 基 MOSFET 的亚阈值摆幅下限是 60mV，即亚阈值曲线上 I_{DS} 变化 10 倍，即一个数量级时，对应的 V_{GS} 变化至少是 60mV，60mV 与 Si 基 BJT 中 $V_{be}=0.7V$ 具备同样的重要意义。

$$SS = \frac{dV_{GS}}{d\log I_{DS}} = \ln 10 \frac{dV_{GS}}{d\ln I_{DS}} = \frac{kT}{q}\ln 10 \frac{dV_{GS}}{dV_s} \tag{3-75}$$

$$\frac{I_{DS2}}{I_{DS1}} \propto \exp\left[\frac{q}{kT}(V_{s2}-V_{s1})\right] \tag{3-76}$$

$$V'_{GS}=V_{GS}-V_{FB}=V_s+V_{ox} \tag{3-77}$$

$$E_s = \left(\frac{2qN_A V_s}{\varepsilon_s}\right)^{1/2} \tag{3-78}$$

$$\varepsilon_{ox}E_{ox}=\varepsilon_s E_s \tag{3-79}$$

$$V_{ox}=E_{ox}t_{ox} \tag{3-80}$$

$$V_s = V'_{GS}-\frac{B}{C_{ox}}\left[\left(1+2\frac{C_{ox}}{B}V'_{GS}\right)^{1/2}-1\right] \tag{3-81}$$

$$B = \frac{\varepsilon_s}{\varepsilon_{ox}}qN_A t_{ox} = \frac{C_d}{C_{ox}}qN_A d = \frac{C_d}{C_{ox}}\mid Q_B\mid \tag{3-82}$$

$$SS = \frac{kT}{q}\ln 10 \frac{dV_{GS}}{dV_s} = \frac{kT}{q}\ln 10 \frac{1}{1-\left(1+\frac{2C_{ox}}{B}V'_{GS}\right)^{-1/2}} $$

$$\geqslant \frac{kT}{q}\ln 10 \approx 60(mV), \quad T=300K \tag{3-83}$$

也可以利用图 3-46 获得 V_{GS} 与 V_s 的关系，图中 $C_{N_{ss}}$ 是单位面积界面态电容。在不考虑 $C_{N_{ss}}$ 时，存在串联分压式(3-84)，进而有式(3-85)，其中 d 是空间电荷层的厚度。当 d 比较大的时候，$C_d \ll C_{ox}$，$V'_{GS} \approx V_s$，且 $\mid Q_B \mid = 2C_d V_s$，式(3-83)可以简化为式(3-85)。实际上，MOSFET 中总是会存在栅氧化层与衬底半导体界面，而产生因晶体周期性中断

136

导致的界面态,这些界面态随 V_s 变化可以与半导体衬底交换载流子,因而实质上起到与衬底 C_d 并联的电容作用。此时等效电路由图 3-46 的右侧部分来表示。显然,如式(3-86)所示,C_d 与 $C_{N_{ss}}$ 的并联等效增大了半导体侧的总电容,进而减小了 dV_{GS} 在半导体上的分压比例,客观上弱化了栅控能力,导致亚阈值摆幅变大。由式(3-87)可知,如果 $C_{N_{ss}}$ 异常大,则亚阈值摆幅也将异常大,即图 3-43 上半对数坐标下的亚阈值曲线将非常平缓,开关状态的差别将很小。最坏情况下,器件将无法开启。这就是 20 世纪 30 年代到 60 年代人们一直没有成功获得实用 MOSFET 的重要原因。

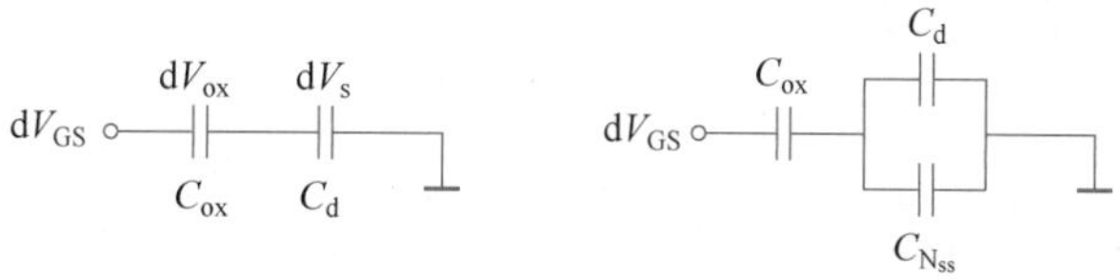

图 3-46 从器件结构的等效电路上分析 dV_{GS} 导致的 dV_s

$$dV_{GS} = dV_s + dV_{ox} = dV_s + \frac{C_d}{C_{ox}}dV_s \tag{3-84}$$

$$SS = \frac{kT}{q}\ln 10 \frac{dV_{GS}}{dV_s} = \frac{kT}{q}\ln 10\left(1 + \frac{C_d}{C_{ox}}\right) = \frac{kT}{q}\ln 10\left(1 + \frac{\varepsilon_s t_{ox}}{\varepsilon_{ox} d}\right) \tag{3-85}$$

$$dV_{GS} = dV_s + dV_{ox} = dV_s + \frac{C_d + C_{N_{ss}}}{C_{ox}}dV_s \tag{3-86}$$

$$SS = \frac{kT}{q}\ln 10 \frac{dV_{GS}}{dV_s} = \frac{kT}{q}\ln 10\left(1 + \frac{C_d}{C_{ox}} + \frac{C_{N_{ss}}}{C_{ox}}\right) \tag{3-87}$$

如前所述,亚阈值摆幅越小越好。针对式(3-87)可以找到减小亚阈值摆幅的措施:①降低工作温度 T;②提高 C_{ox},例如减薄氧化层厚度 t_{ox} 或增加氧化层介电常数 ε_{ox};③降低 C_d,例如降低 N_A 或提高衬偏电压 $|V_{BS}|$ 都可以使相同 V_s 下的耗尽层厚度 d 更大;④降低 $C_{N_{ss}}$,例如降低界面态密度 $N_{SS}(N_{it})$。图 3-47 显示了随衬偏电压 V_{BS} 由正偏向反偏变化过程中亚阈值摆幅逐渐减小的结果。衬偏效应一方面会提高 V_{Tn},另一方面会导致更大的 d,即更小的 C_d,因而在和 C_{ox} 串联后 dV_s/dV_{ox} 比没有衬偏时大,即栅控能力增强,亚阈值摆幅减小。此外,图 3-48 表明,随着 L 减小,亚阈值摆幅变大。这个效应在式(3-87)中无法直接反映出来。在第 4 章中关于小尺寸器件的亚阈值特性退化章节将阐述这个现象背后对应的亚表面穿通效应会产生额外漏源间的漏电,导致 L 越短,亚阈值摆幅越大。观察图 3-47 还会发现,随着 V_{GS} 的增加,亚阈值摆幅也会变大。这个规律在式(3-87)中也无法得到体现。其本质是 V_{GS} 越大,反型越强,漂移电流成分就越大,前面关于亚阈值电流的推导就越不准确。根据式(3-63),对于漂移电流为主的情况,随着 V_{GS} 增加 $d\log(I_{DS})/dV_{GS}$ 减小,即亚阈值摆幅表观增大。图 3-49 进一步给出了 t_{ox}、N_A、V_{BS} 对 NMOS 亚阈值特性的影响:相同 V_{BS} 情况下,衬偏系数越大,亚阈值摆幅越大;相同衬偏系数下,$|V_{BS}|$ 越大,亚阈值摆幅越小。

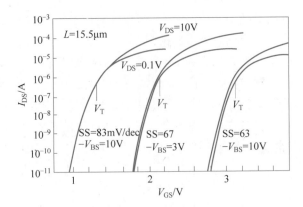

图 3-47　衬偏效应对 NMOS 亚阈值特性的影响

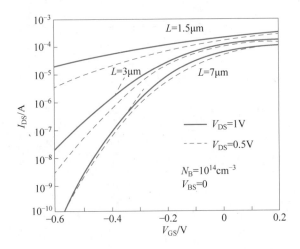

图 3-48　短沟道效应对 NMOS 亚阈值特性的影响

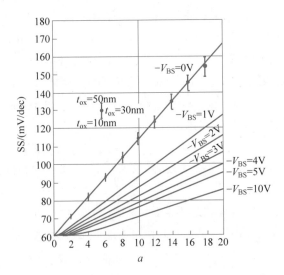

图 3-49　t_{ox}、V_{BS} 对 NMOS 亚阈值特性的影响 $\left(a = \dfrac{C_{FB}}{C_{ox}}\right)$

3.4.4　MOSFET 的直流参数和低频小信号参数

在讨论直流参数前,简单回顾 NMOS 的输出和转移特性,如图 3-50 所示。典型输出特性曲线簇可以分为四个区域,即线性区、饱和区、截止区和击穿区。其中线性区和饱和区的界线由式(3-88)描述,而击穿区主要是指 V_{DS} 过大引起沟道区电场达到击穿电场,I_{DS} 出现雪崩倍增。单根转移特性曲线对应固定的 V_{DS}。一般情况下,经历亚阈值区开启后,器件首先会进入饱和区,随着 V_{GS} 的增加逐步退出饱和进入线性区,特别是在 V_{DS} 较大的情况下。在实际应用中往往选一个非常小的 V_{DS}(如 0.05V)和一个和电源电压差不多大的 V_{DS}(如 1.05V),测量得到两根转移特性曲线。前者因为 V_{DS} 非常小,器件开启后几乎都在线性区,线性区外推得到一个线性区阈值电压 $V_{T\text{-lin}}$;后者因为 V_{DS} 过大,器件开启后几乎都在饱和区,也可以得到一个饱和区阈值电压 $V_{T\text{-sat}}$。后者一般比前者小。在实际生产中,往往指定固定的 I_{DS},如 $I_{DS}=W/L\times10^{-8}$(A),在转移特性曲线上确定这个电流值对应的 V_{GS} 即为 V_T。V_T 是 MOSFET 中极其重要的一个直流参数,前面专门的章节对其进行了详细讨论。

$$I_{DSsat}=\frac{1}{2}\beta(V_{GS}-V_T)^2=\frac{1}{2}\beta V_{DSsat}^2 \tag{3-88}$$

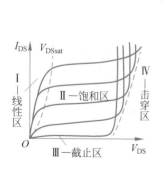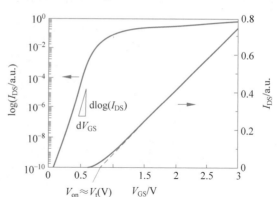

图 3-50　NMOS 的典型输出和转移特性曲线

对耗尽型 NMOS 来说,用式(3-89)定义其直流参数 I_{DSS},即饱和漏电流,如图 3-51 所示。I_{DSS} 参数给出了耗尽型 NMOS 在 $V_{GS}=0$ 时的饱和电流,本质上反映了其作为常开型器件的无栅控导电能力和 V_P 的大小。对于增强型 NMOS 也相应地定义 I_{DS0},即截止漏电流。它对应 $V_{GS}=0$ 时的漏源间漏电流,对于长沟道器件来说,基本就是两个背靠背 PN 结其中一个的反向饱和电流。作为 MOSFET 导电能力的重要标志,输出特性曲线线性区对应的导通电阻 R_{on},由式(3-90)定义。当然,这只是沟道区的电阻,实际 MOSFET 还需要考虑源漏相关的寄生电阻 R_S 和 R_D,从而有实际导通电阻 R_{on}^*,如式(3-91)所示。由于直流情况下,栅源间存在栅氧化层,其对应的理想直流输入阻抗 R_{GS} 近乎无穷大(因为漏电实际 R_{GS} 约为 $10^9\ \Omega$)。此外,受散热能力影响,MOSFET 存在最大耗散功率 P_{cm},如式(3-92)所示。

$$I_{DSsat} = I_{DSS} = \frac{1}{2}\beta(0 - V_P)^2 = \frac{1}{2}\beta V_P^2 = \frac{\mu W C_{ox}}{2L}V_P^2 \tag{3-89}$$

$$R_{on} = \frac{V_{DS}}{I_{DS}} = \frac{V_{DS}}{\beta(V_{GS} - V_T)V_{DS}} = \frac{1}{\beta(V_{GS} - V_T)} \tag{3-90}$$

$$R_{on}^* = R_{on} + R_S + R_D \tag{3-91}$$

$$P_c = V_{DS} I_{DS} \tag{3-92}$$

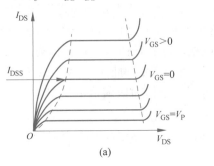 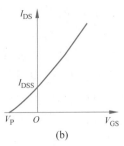

图 3-51　耗尽型 NMOS 的 I_{DSS} 定义

当器件工作在低频交流小信号情况时,也有一些新参数需要定义。首先定义一个标志放大能力的重要参数跨导 g_m,如式(3-93)所示。g_m 表征了 V_{DS} 固定情况下,栅压调制电流的能力,常用单位西门子(S)。根据式(3-56)和式(3-62),式(3-94)和式(3-95)分别给出了线性区和饱和区的跨导公式。对应图 3-10,可以定义 MOSFET 的电压增益 G_V 为式(3-96),式中 R_L 为输出回路的负载电阻。由式可知,g_m 越大,G_V 越大。根据式(3-94)和式(3-95)可以得到图 3-52。图中斜率为 1 的直线对应线性区的 g_m,而过驱动电压标识的一些列水平线则对应饱和区的 g_m。提高 g_m 有两个途径:一是提高 β,即提高 μ_n,提高 C_{ox}(提高 ε_{ox},减小 t_{ox});二是对于 g_{ms},还可以提高 V_{GS}。

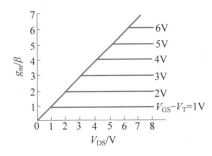

图 3-52　线性区和饱和区的跨导

$$g_m = \left.\frac{\partial I_{DS}}{\partial V_{GS}}\right|_{V_{DS}} \tag{3-93}$$

$$g_{ml} = \beta V_{DS}(\text{线性区}) \tag{3-94}$$

$$g_{ms} = \beta(V_{GS} - V_T)(\text{饱和区}) \tag{3-95}$$

$$G_V = \frac{\Delta V_{R_L}}{\Delta V_{GS}} = \frac{\Delta I_{DS} R_L}{\Delta V_{GS}} = g_m R_L \tag{3-96}$$

与跨导相应的还有参数漏导 g_D,如式(3-97)所示,其中 r_0 是输出电阻。g_D 表征的是 V_{GS} 固定情况下,V_{DS} 调控 I_{DS} 的能力,常用单位也是 S。根据式(3-56)可得线性区 g_D 为式(3-98)。当 V_{DS} 稍大却还未达到饱和时,使用式(3-99)计算 g_D,以减少误差。根据式(3-62)可知,饱和区 $g_D = 0$。当然,实际的 MOSFET 饱和区 $g_D > 0$,因为存在沟道长度调制效应和漏区电场静电反馈作用。

$$g_D = \frac{\partial I_{DS}}{\partial V_{DS}}\bigg|_{V_{GS}} = 1/r_o \tag{3-97}$$

$$g_D = \beta(V_{GS} - V_T) \quad (\text{线性区}, V_{DS} \ll V_{DSsat}) \tag{3-98}$$

$$g_D = \beta(V_{GS} - V_T - V_{DS}) \quad (\text{非饱和区}, 0 \ll V_{DS} < V_{DSsat}) \tag{3-99}$$

在低频交流小信号情况下,不考虑电容效应,理想 MOSFET 输入回路依然是开路,可以参照 BJT 的相应做法用微分的方式直接处理输出回路,如式(3-100)所示。式(3-100)表明,交流电流 i_{DS} 由两个并联分量组成,分别是受控电流源 $g_m v_{gs}$ 和流经输出回路自身阻抗 r_o 的电流,如图 3-53 所示。

$$i_{DS} = \mathrm{d}I_{DS} = \frac{\partial I_{DS}}{\partial V_{GS}}\bigg|_{V_{DS}} \mathrm{d}V_{GS} + \frac{\partial I_{DS}}{\partial V_{DS}}\bigg|_{V_{GS}} \mathrm{d}V_{DS} = g_m v_{GS} + g_D v_{DS} \tag{3-100}$$

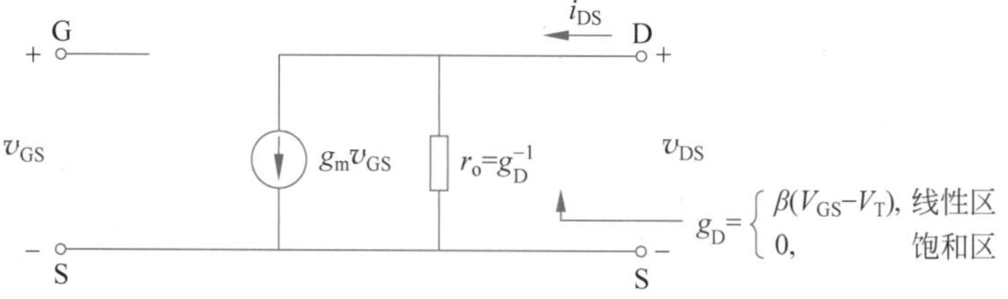

图 3-53　低频交流小信号 MOSFET 等效电路图

3.4.5　MOSFET 的二级效应

1. 非常数表面迁移率效应

视频

迁移率与载流子所受散射情况密切相关。如图 3-54 所示,NMOS 开启工作时,栅氧化层内存在 x 方向的电场 E_x。这个电场将吸引从源极向漏极漂移的电子,使电子无法按简单直线漂移至漏极。库仑引力导致电子在漂移中向栅氧化层/半导体界面运动,遇到界面后会被散射,如图 3-54 中的插图所示。如此反复,E_x 的存在等效于给电子的漂移额外增加了一个界面散射机制,而且 V_{GS} 越大,E_x 越大,这个散射作用就越强,μ_n 也就越小。图 3-54 清晰地表明这个结论,而且可以从实验数据看到表面处电子的迁移率远低于其体内的迁移率,约为体内的一半,且 $\mu_n/\mu_p = 2 \sim 4$。图 3-54 中的 E_{eff} 由式(3-101)~式(3-103)定义。利用图 3-45(此时是强反型条件),高斯定理给出 $E_x(0)$ 为式(3-101)。但反型层有一定的厚度分布,层内各处的电场强度不同,考虑反型电子分布较为集中的 $x=0$ 至 $x=d_{ch}$ 这一厚度范围内的平均电场,即 E_{eff}。利用算术平均值来计算 E_{eff} 需要知道 $E_x(d_{ch})$。因为反型层很薄,所以在忽略反型层的条件下仅由 Q_B 决定的空间电荷层的电场 $E_s(0)$ 和 $E_s(d_{ch})$ 相差无几,可以认为近似相同。于是,可以用式(3-102)来表示 $E_x(d_{ch})$。进而可得 E_{eff} 为式(3-103)。显然,强反型条件下无论是 Q_B 还是 Q_n 都是可以求解的,因而根据器件的工作条件就可以计算出 E_{eff},并通过测量 I_{DS}-V_{DS} 关系获得载流子迁移率,最终得到图 3-54。这时的迁移率称为有效迁移率 μ_{eff}。

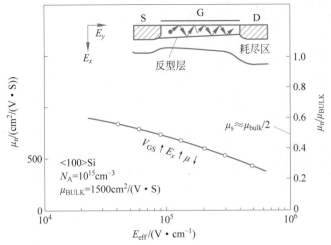

图 3-54　NMOS 栅电场 E_{eff} 与载流子表面迁移率的关系

$$E_x(0) = \frac{|Q_B| + |Q_n|}{\varepsilon_s} \tag{3-101}$$

$$E_x(d_{ch}) = \frac{|Q_B|}{\varepsilon_s} \tag{3-102}$$

$$E_{eff} = \bar{E}_x = \frac{E_x(0) + E_x(d_{ch})}{2} = \frac{|Q_B| + |Q_n|/2}{\varepsilon_s} \tag{3-103}$$

图 3-55 给出了典型长沟 MOSFET 的 μ_{eff} 与 E_{eff} 的关系。一般用式(3-104)来拟合这种关系,拟合参数为 E_c 和 ν。当 E_{eff} 减小时,图 3-56 显示 μ_{eff} 并不是单调上升的,而是在某一个临界 E_{eff} 之后快速下降。这与前述界面散射的讨论是不符的。但由图 3-56 可知,衬底掺杂浓度越高,临界 E_{eff} 越大;同样低掺杂时,温度越低,临界 E_{eff} 越大。这是由于掺杂

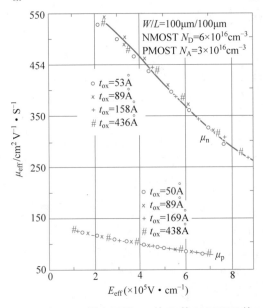

图 3-55　室温下 $W/L = 100\mu m/100\mu m$ 具有不同 t_{ox} 的 Si 基 MOSFET 的 μ_{eff} 与 E_{eff} 的实测关系

浓度较高时，E_{eff} 减小后，载流子在沟道受到的杂质库仑散射将逐渐占据主导。而当 E_{eff} 增大时，反型载流子增多，相应的电荷屏蔽效应增强，杂质库仑散射对迁移率的影响弱化。

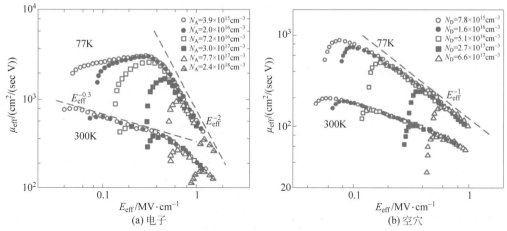

图 3-56 不同温度下衬底掺杂浓度对 Si 基 MOSFET 的 μ_{eff} 与 E_{eff} 关系的影响

（Takagi S, et al. IEDM Technical Digest, 1988：398-401. ）

$$\mu_{eff}(E_{eff}) = \frac{\mu_0}{1 + (E_{eff}/E_c)^{\nu}} \quad (3\text{-}104)$$

根据式（3-56）和式（3-62）可知，无论线性区还是饱和区输出特性中都包含跨导因子 β，而 β 中包含 μ_{eff}。如图 3-57 所示，在线性区，V_{GS} 较小时，斜率随过驱动电压均匀增加而等间距增加；但当 V_{GS} 较大时，μ_{eff} 将降低，于是斜率增加速度变慢，导致线性区曲线变得越来越密集。在饱和区，V_{GS} 较大时，I_{DSsat} 无法按照过驱动电压的平方规律增加，增加速度要减慢。

2. 漏电场 E_y 影响（载流子速度饱和效应）

如图 3-58 所示，在强电场下半导体中的载流子两次散射之间积累的能量达到光学声子的水平，导致积累的能量通过释放光学声子而损失，漂移速度无法持续累积出现速度饱和现象。同

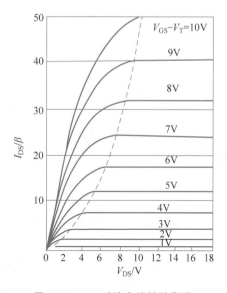

图 3-57 μ_{eff} 对输出特性的影响

理，MOSFET 沟道中的反型载流子在漏源间 E_y 电场的作用下，特别是在接近漏区附近的沟道区，漂移速度也会达到饱和，如图 3-59 所示。由于电场 E_y 大小分布不均匀，沟道区可以分为速度不饱和区和饱和区。用式（3-105）来定义两个区的速度表达式，E_{sat} 是速度达到饱和时所需电场强度，如式（3-106）所示，其中 v_{sat} 是饱和速度。用式（3-105）来表达不同电场下的载流子漂移速度，可以相对准确地描述图 3-58 中漂移速度与电场的渐变关系。一旦在沟道区载流子速度达到了饱和，式（3-54）相关的 $I\text{-}V$ 关系推导就需要做出修正，因为表观上看 μ_{eff} 不仅是 E_x 的函数，也是 E_y 的函数。

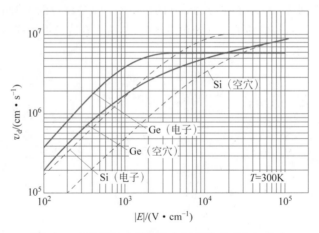

图 3-58 载流子速度随漂移电场增强出现饱和效应

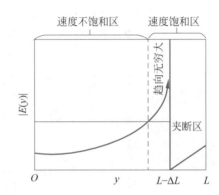

图 3-59 E_y 导致沟道出现速度饱和效应

$$v(E_y)=\begin{cases}\mu_{\mathrm{eff}}\dfrac{|E_y|}{1+|E_y|/E_{\mathrm{sat}}}, & |E_y|<E_{\mathrm{sat}}\\ v_{\mathrm{sat}}, & |E_y|\geqslant E_{\mathrm{sat}}\end{cases} \tag{3-105}$$

$$E_{\mathrm{sat}}=\frac{2v_{\mathrm{sat}}}{\mu_{\mathrm{eff}}(E_{\mathrm{eff}})} \tag{3-106}$$

3. 非常数表面迁移率效应对 g_m 的影响

由于逻辑电路中 MOSFET 开启时主要工作在饱和区,当速度饱和尚未出现时 g_{ms} 由式(3-95)描述。随着 V_{GS} 的增加,E_x 会逐渐增大,导致 μ_{eff} 减小,即 β 减小,根据式(3-95)可知,g_{ms} 会先随着 V_{GS} 增加而近乎线性增加后,逐渐受 μ_{eff} 减小影响在呈现一个极值后逐渐开始下降,如图 3-60 所示。

当 V_{GS} 固定,μ_{eff} 确定时,V_{DS} 也会对 g_m 产生影响。当载流子速度未饱和时,I_{DS} 可以由式(3-107)来表示。于是,

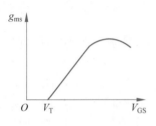

图 3-60 NMOS 中 V_{GS} 对 g_{ms} 的影响

式(3-107)给出了一个和式(3-54)极度相似的结论,只不过表观迁移率进一步出现了与速度饱和相关的修正因子$\left(1+\dfrac{V_{DS}}{E_{sat}L}\right)^{-1}$。相应的,这个修正因子也出现在 g_m 的表达式(3-108)

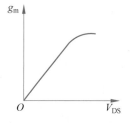

中。因此,当 $V_{DS} \ll E_{sat}L$ 时,式(3-108)接近 βV_{DS};当 V_{DS} 接近 $E_{sat}L$ 时,式(3-108)中的 $1/E_{sat}L$ 因子逐渐起作用,g_m 随 V_{DS} 增大的增速开始减缓。当 V_{DS} 增大到 V'_{DSsat} 使沟道区 $y=L$ 处出现速度饱和时,需要用式(3-109)来重新定义 I_{DS}。考虑到速度未饱和区和饱和区电流的连续性,在 $V_{DS} = V'_{DSsat}$ 时,式(3-107)应该等于式(3-109),于是可得式(3-110)和式(3-111),即速度饱和后 $I_{DS} = I'_{DSsat}$,与 V_{DS} 无关。进而此时的 g_m 不再随 V_{DS} 变化,如图3-61所示。

图 3-61 NMOS 中 V_{DS} 对 g_m 的影响

$$
\begin{aligned}
I_{DS} &= W Q_n(y) v \\
&= W C_{ox} [V_{GS} - V_T - V(y)] \frac{\mu_{eff} \, | E_y |}{1 + \dfrac{1}{E_{sat}} | E_y |} \\
&= W C_{ox} [V_{GS} - V_T - V(y)] \frac{\mu_{eff} \, \dfrac{dV}{dy}}{1 + \dfrac{1}{E_{sat}} \dfrac{dV}{dy}} \\
&= \frac{\mu_{eff}}{1 + \dfrac{V_{DS}}{E_{sat}L}} C_{ox} \frac{W}{L} \left[(V_{GS} - V_T) V_{DS} - \frac{1}{2} V_{DS}^2 \right]
\end{aligned}
\tag{3-107}
$$

$$
g_m = \frac{\partial I_{DS}}{\partial V_{GS}} \bigg|_{V_{DS}} = \frac{\beta V_{DS}}{1 + \dfrac{V_{DS}}{E_{sat}L}} = \frac{\beta}{\dfrac{1}{V_{DS}} + \dfrac{1}{E_{sat}L}}
\tag{3-108}
$$

$$
I_{DS} = W Q_n v_{sat} = W v_{sat} C_{ox} (V_{GS} - V_T - V'_{DSsat})
\tag{3-109}
$$

$$
V'_{DSsat} = \frac{E_{sat} L (V_{GS} - V_T)}{E_{sat} L + (V_{GS} - V_T)}
\tag{3-110}
$$

$$
I'_{DSsat} = W v_{sat} C_{ox} \frac{(V_{GS} - V_T)^2}{E_{sat} L + (V_{GS} - V_T)}
\tag{3-111}
$$

4. 体电荷变化效应

如图3-62所示,当 NMOS 全沟道反型开启时,V_{DS} 在沟道区产生的 $V(y)$ 会叠加在衬底表面势 $2V_B$ 上,同时造成诱导出来的 NP 结的 E_F^n 和 E_F^p 分裂,且分裂的间距随 $V(y)$ 增大而增大。在图3-37的分析中,V_{DS} 较小时 GCA 处理假设 E_y 只影响载流子沿沟道方向的输运,而不影响沟道中的载流子数量,且 Q_B 按常数处理,即表面势 V_s 取 $2V_B$ 为常数,未考虑 $V(y)$ 叠加的影响。但当 V_{DS} 较大时,上述这种将 Q_B 按常数处理的方式需要进行修正,必须考虑 $V(y)$ 叠加的影响。$V(y)$ 的作用一方面是减少栅氧化层两侧的压差,直接减少穿过栅氧化层的电力线数量,即对衬底中的负电荷总量需求降低。这个影响在图 3-37 的分析中已经考虑到了，主要反映 E_x 的影响，如式(3-48)所示。另一个方面是造成诱导出来的 NP 结承担这个反偏电压，需要减少沟道区反型电子以便让更多

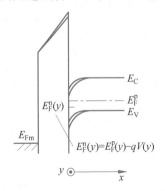

图 3-62　NMOS 中 V_{DS} 在沟道区产生的 $V(y)$ 在反型层中使得 E_F^n 和 E_F^p 分裂

电力线到达增厚的空间电荷层部分来承压。y 处的空间电荷层厚度 $d(y)$ 变大，在衬底区额外扩展出固定负电荷 ΔQ_B，在平方律模型处理中 ΔQ_B 被忽略了。当 V_{DS} 较大时，在 $V(y)$ 较大的区域，$|\Delta Q_B|$ 也是较大的，不能被忽略。

在实际处理中正好利用 $d(y)$ 变化得到的 ΔQ_B 来修正反型层电子的减少量。此时半导体表面势 $V_s = 2V_B + V(y)$，对应空间电荷层的厚度 $d(y)$ 由式(3-112)表示。此时的反型电子剂量由式(3-113)表示。式(3-113)不同于式(3-49)，式(3-113)中的 Q_B 是考虑了诱导出来的 NP 结承担反偏电压 $V(y)$ 后额外导致反型层电子剂量减少了 $|\Delta Q_B|$ 的。进而得到相应的 I_{DS} 如式(3-114)~式(3-116)所示。显然，在式(3-116)中没有了统一的 V_T，且公式表达非常复杂。式(3-116)称为体电荷模型的 I_{DS}-V_{DS} 关系。相应的，式(3-54)称为平方律模型的 I_{DS}-V_{DS} 关系。因为额外考虑了 $|\Delta Q_B|$ 大小的反型电子的减少，相同 y 处由式(3-113)表示的反型电子剂量 $|Q_n|$ 比式(3-49)要小，所以在积分式中其他对应量都和式(3-53)一致的情况下，积分结果式(3-116)要比式(3-54)的值小。如图 3-63 所示，相同衬底掺杂浓度 N_A 情况下，平方律模型给出的 I_{DS} 比体电荷模型高 20%~50%。N_A 越大，这个误差就越大，因为相同 $V(y)$ 对应的 $|\Delta Q_B| \propto \sqrt{V N_A}$。同时，由于饱和区的判据是 $y = L$ 处 $|Q_n| = 0$，相同 $V(y)$ 处体电荷模型比平方律模型有更多的反型电子损失，所以随着 V_{DS} 增大体电荷模型中 NMOS 更容易进入饱和，即 V_{DSsat} 更小，如图 3-63 所示。当 $V_{DS} \ll 2V_B$ 时，有式(3-117)。于是式(3-116)就简化为式(3-118)，从而与式(3-56)一致，显示出一个标准的线性区 I_{DS}-V_{DS} 关系。

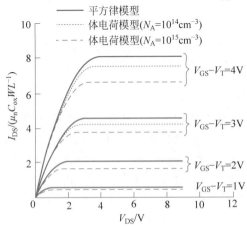

图 3-63　体电荷模型和平方律模型下 NMOS 输出特性曲线的对比

$$d(y) = \sqrt{\frac{2\varepsilon_s}{q} \frac{2V_B + V(y)}{N_A}} \tag{3-112}$$

$$
\begin{aligned}
Q_n(y) &= Q_-(y) - Q_B(y) \\
&= -C_{ox}[V_{GS} - V_{FB} - 2V_B - V(y)] - Q_B(y) \\
&= -C_{ox}[V_{GS} - V_{FB} - 2V_B - V(y)] + \\
&\quad \sqrt{2q\varepsilon_s N_A [2V_B + V(y)]}
\end{aligned} \tag{3-113}
$$

$$
\begin{aligned}
I_{DS} &= -I_y = -W\mu_n Q_n(y)\frac{dV(y)}{dy} \\
&= W\mu_n \{C_{ox}[V_{GS} - V_{FB} - 2V_B - V(y)] - \\
&\quad \sqrt{2q\varepsilon_s N_A [2V_B + V(y)]}\}\frac{dV}{dy}
\end{aligned} \tag{3-114}
$$

$$
\begin{aligned}
\int_0^L I_{DS}\,dy &= \int_0^{V_{DS}} W\mu_n \{C_{ox}[V_{GS} - V_{FB} - 2V_B - V(y)] - \\
&\quad \sqrt{2q\varepsilon_s N_A [2V_B + V(y)]}\}\,dV
\end{aligned} \tag{3-115}
$$

$$
\begin{aligned}
I_{DS} &= \mu_n C_{ox}\frac{W}{L}\left\{\left[V_{GS} - V_{FB} - 2V_B - \frac{V_{DS}}{2}\right]V_{DS} - \right. \\
&\quad \left. \frac{2}{3}\frac{\sqrt{2q\varepsilon_s N_A}}{C_{ox}}[(V_{DS} + 2V_B)^{3/2} - (2V_B)^{3/2}]\right\}
\end{aligned} \tag{3-116}
$$

$$(V_{DS} + 2V_B)^{3/2} \approx (2V_B)^{3/2}\left(1 + \frac{3}{2}\cdot\frac{V_{DS}}{2V_B}\right), \quad V_{DS} \ll 2V_B \tag{3-117}$$

$$
\begin{aligned}
I_{DS} &= \mu_n C_{ox}\frac{W}{L}\left(V_{GS} - V_{FB} - 2V_B - \frac{\sqrt{2q\varepsilon_s N_A \cdot 2V_B}}{C_{ox}}\right)V_{DS} \\
&= \mu_n C_{ox}\frac{W}{L}(V_{GS} - V_T)V_{DS}
\end{aligned} \tag{3-118}
$$

现在计算体电荷模型下进入饱和对应的 V_{DSsat}。当 $V_{DS} = V_{DSsat} = V(y=L)$ 时，$Q_n(L) = 0$，因此有式(3-119)。进而可以求得式(3-120)，由式(3-120)又可以直接获得此时的 V_{ox}，如式(3-121)所示。同时，在 $y=L$ 处进入临界饱和的 NMOS，$Q_n = 0$，因此表面势 V_s 将仅由 Q_B 决定，而且可以按照耗尽层近似处理，因而有式(3-122)，如图 3-64 所示。由式(3-122)又可以直接求解得到 Q_B，即式(3-123)。从式(3-121)可知，式(3-123)就是 $C_{ox}V_{ox}$ 的值，就是在 $Q_n = 0$ 处的 $qN_A d_{max}(L)$。于是从公式的形式上可以写成式(3-124)，使其看起来与 V_T 的定义式(3-16)一致。进一步，在式(3-124)对应的 $V_{DSsat} \gg 2V_B$ 且 N_A 很小满足

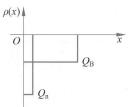

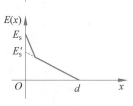

图 3-64　体电荷模型下 NMOS 临界饱和时半导体空间电荷层的电荷和电场分布

$$\frac{q\varepsilon_{s}N_{A}}{C_{ox}^{2}(V_{GS}-V_{T})}\ll 1$$

时,将式(3-124)代入式(3-116)可得 I_{DSsat} 的近似结果,如式(3-125)所示。形式上,体电荷模型给出了和平方律模型一样的临界饱和 V_{DSsat} 和 I_{DSsat},只不过要注意这里的 V_T 由式(3-124)定义。在体电荷模型中继续考虑衬偏效应时,需要进一步减少式(3-113)定义的 Q_n。当衬偏(反偏)电压为 $|V_{BS}|$ 时,沟道与衬底诱导出来的 NP 结进一步额外反偏承压 $|V_{BS}|$。沟道反型电子等效减少的量与衬底空间电荷层加厚增加的电荷量大小相等,因此需要将式(3-113)中 Q_B 部分对应的 $2V_B$ 改为 $2V_B+|V_{BS}|$,即可反映出对应的 Q_n 的减少量。需要注意的是,式(3-113)中的 $Q_-(y)$ 部分内的 $2V_B$ 不需要修改,因为衬偏电压并不在沟道 $2V_B$ 表面势的基础上额外叠加电势,这是与 V_{DS} 引入的 $V(y)$ 不同的。因此,考虑衬偏后的 I_{DS}-V_{DS} 关系如式(3-126)所示。

$$-C_{ox}[V_{GS}-V_{FB}-2V_B-V(y)]+\sqrt{2q\varepsilon_s N_A[2V_B+V(y)]}=0 \tag{3-119}$$

$$V_{DSsat}=V_{GS}-V_{FB}-2V_B+\frac{q\varepsilon_s N_A}{C_{ox}^2}\left[1-\sqrt{1+\frac{2C_{ox}^2(V_{GS}-V_{FB})}{q\varepsilon_s N_A}}\right] \tag{3-120}$$

$$V_{GS}-V_{FB}-V_s=V_{ox}=\frac{q\varepsilon_s N_A}{C_{ox}^2}\left[\sqrt{1+\frac{2C_{ox}^2(V_{GS}-V_{FB})}{q\varepsilon_s N_A}}-1\right] \tag{3-121}$$

$$V_{GS}-V_{FB}=V_s+V_{ox}=\frac{1}{2}E_s'd+\frac{|Q_B|}{C_{ox}}$$

$$=\frac{1}{2}\frac{|Q_B|}{\varepsilon_s}\frac{|Q_B|}{qN_A}+\frac{|Q_B|}{C_{ox}}=\frac{|Q_B|}{2C_d}+\frac{|Q_B|}{C_{ox}} \tag{3-122}$$

$$|Q_B|=\frac{q\varepsilon_s N_A}{C_{ox}}\left[\sqrt{1+\frac{2C_{ox}^2(V_{GS}-V_{FB})}{q\varepsilon_s N_A}}-1\right]=qN_A d_{max},\quad y=L \tag{3-123}$$

$$V_{DSsat}=V_{GS}-V_{FB}-2V_B-\frac{qN_A d_{max}(y=L)}{C_{ox}}=V_{GS}-V_T \tag{3-124}$$

$$I_{DSsat}\approx\frac{1}{2}\beta(V_{GS}-V_T)^2,\quad \frac{q\varepsilon_s N_A}{C_{ox}^2(V_{GS}-V_T)}\ll 1 \tag{3-125}$$

$$I_{DS}=\beta\left\{\left[V_{GS}-V_{FB}-2V_B-\frac{V_{DS}}{2}\right]V_{DS}-\frac{2}{3}\frac{\sqrt{2q\varepsilon_s N_A}}{C_{ox}}\right.$$

$$\left.[(V_{DS}+2V_B+|V_{BS}|)^{3/2}-(2V_B+|V_{BS}|)^{3/2}]\right\} \tag{3-126}$$

5. 非零漏电导

如图 3-65(a)所示,当 V_{DS} 超过饱和电压 $V_{GS}-V_T$ 后,沟道反型层的夹断点将从漏极向源极移动,产生一个 ΔL 大小的夹断区。同时,非夹断区的沟道长度也变为 L_{eff},如式(3-127)所示。因为夹断点处的 $V(y=L_{eff})=V_{GS}-V_T$,与刚出现饱和时的值一致,因此此时 NMOS 的饱和电流公式由式(3-128)给出。用式(3-129)定义一个沟道长度调制因子 λ,表征 V_{DS} 超过饱和电压后对沟道长度的调制能力,其典型值为 $(0.1\sim0.01)\text{V}^{-1}$。

考虑沟道长度调制效应后的饱和区漏导 g_{Dsat} 由式(3-130)定义,其中 I_{DSsat} 是刚出现饱和时的饱和电流。显然,g_{Dsat} 非零,即式(3-131)定义的饱和区输出电阻并非无穷大而是一个有限值。结合图 3-65(b)可知,式(3-130)表示的是曲线饱和区的斜率。相应的,NMOS 输出特性曲线簇也存在一个类似 BJT 的厄利电压 V_A,如图 3-65(b)所示。式(3-132)表示了 V_A 与 λ 互为倒数的关系。

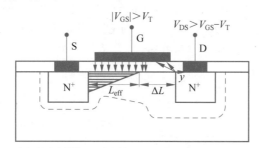

(a) 沟道长度调制效应对应的NMOS反型载流子分布示意图

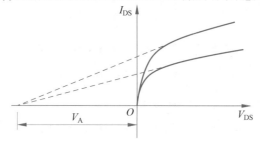

(b) 沟道长度调制效应对应的NMOS输出特性曲线

图 3-65　沟道长度调制效应对应的 NMOS 反型载流子分布示意图和输出特性曲线

$$L_{eff} = L - \Delta L = L\left(1 - \frac{\Delta L}{L}\right) \tag{3-127}$$

$$I'_{DSsat} = \mu_n C_{ox} \frac{W}{L_{eff}} \frac{1}{2}(V_{GS} - V_T)^2 = \mu_n C_{ox} \frac{W}{L} \frac{1}{2}(V_{GS} - V_T)^2 \left/ \left(1 - \frac{\Delta L}{L}\right)\right.$$

$$= I_{DSsat} \left/ \left(1 - \frac{\Delta L}{L}\right)\right. \tag{3-128}$$

$$\frac{\Delta L}{L} = \lambda \Delta V_{DS} = \lambda(V_{DS} - V_{DSsat}) \tag{3-129}$$

$$g_{Dsat} = \frac{\partial I_{DSsat}}{\partial V_{DS}}\bigg|_{V_{GS}} = \frac{\partial I_{DSsat}}{\partial L}\bigg|_{V_{GS}} \frac{\partial L}{\partial V_{DS}}\bigg|_{V_{GS}}$$

$$= \mu_n C_{ox} \frac{W}{2}(V_{GS} - V_T)^2 \left(-\frac{1}{L^2}\right) \frac{\partial L}{\partial V_{DS}}\bigg|_{V_{GS}}$$

$$= \mu_n C_{ox} \frac{W}{L} \frac{1}{2}(V_{GS} - V_T)^2 \frac{1}{L}\left(-\frac{\partial L}{\partial V_{DS}}\right)_{V_{GS}}$$

$$= I_{DSsat} \frac{1}{L} \frac{\Delta L}{\Delta V_{DS}} = \lambda I_{DSsat} \tag{3-130}$$

$$r_o = \frac{1}{g_{Dsat}} = \frac{1}{\lambda I_{DSsat}} \qquad (3\text{-}131)$$

$$g_{Dsat} = \lambda I_{DSsat} = \frac{I_{DSsat}}{|V_A|} \qquad (3\text{-}132)$$

除去上述沟道长度调制效应导致非零漏电导外,漏电场的静电反馈效应也会导致相似的结果。如图 3-65(c)所示,当 V_{DS} 变大时,电场 E_D 变大,NMOS 衬底固定负电荷在沟道区有限,则需要更多的 Q_n 来匹配对应的 E_D,因此 I_{DS} 增大。这样随着 V_{DS} 增大,I_{DS} 不再饱和,随之增大,出现非零漏电导。

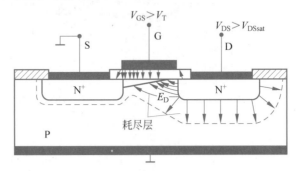

图 3-65(c)　NMOS 漏电场静电反馈效应示意图

6. 源漏串联电阻对 g_D 和 g_m 的影响

如图 3-35 所示,I_{DS} 是需要流经漏极和源极所在区域的。尽管这两个区域是重掺杂的,但也有串联电阻 R_D 和 R_S,如图 3-66 所示。此时,漏导 g_D 需要由式(3-133)来表达,显然 R_S 和 R_D 的影响是直接的。为了获得式(3-133)的完整表达,联立式(3-134)和式(3-135)可以获得式(3-136),进而可得式(3-133)的完整显式表达式(3-137),式中下标 i 代表不考虑源漏串联电阻的对应量。式(3-137)表明,源漏串联电阻对线性区的漏导影响大,对饱和区的漏导影响小。

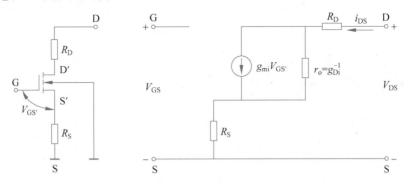

图 3-66　源漏串联电阻对 g_D 和 g_m 影响的等效电路图

$$g_D = \left.\frac{\partial I_{DS}}{\partial V_{DS}}\right|_{V_{GS}} = \frac{1}{\left.\dfrac{\partial V_{DS}}{\partial I_{DS}}\right|_{V_{GS}}} = \frac{1}{\left.\dfrac{\partial V_{D'S'}}{\partial I_{DS}}\right|_{V_{GS}} + (R_S + R_D)} \qquad (3\text{-}133)$$

$$dV_{GS} = dV_{GS'} + R_S dI_{DS} = 0 \tag{3-134}$$

$$dI_{DS} = \frac{\partial I_{DS}}{\partial V_{GS'}}\bigg|_{V_{D'S'}} dV_{GS'} + \frac{\partial I_{DS}}{\partial V_{D'S'}}\bigg|_{V_{GS'}} dV_{D'S'} = g_{mi} dV_{GS'} + g_{Di} dV_{D'S'} \tag{3-135}$$

$$\frac{\partial I_{DS}}{\partial V_{D'S'}}\bigg|_{V_{GS}} = \frac{g_{Di}}{g_{mi} R_S + 1} \tag{3-136}$$

$$g_D = \frac{1}{\dfrac{g_{mi} R_S + 1}{g_{Di}} + (R_S + R_D)} = \frac{g_{Di}}{1 + g_{mi} R_S + g_{Di}(R_S + R_D)} \cdot$$

$$= \begin{cases} \dfrac{g_{Di}}{1 + g_{mi} R_S + g_{Di}(R_S + R_D)} [\text{线性区}, g_{Di} = \beta(V_{GS} - V_T)] \\ g_{Di}(\text{饱和区}, g_{Di} \approx 0) \end{cases} \tag{3-137}$$

同理,根据图 3-66 可以求得新的 g_m,即式(3-138)。显然,在跨导里 R_S 的影响大。联立式(3-139)和式(3-140)可得式(3-141),进而可得式(3-142)。利用式(3-142),可以将完整的显式式(3-138)写为式(3-143)。由式(3-143)可知,特别在饱和区,当 $R_S \gg g_{mi}^{-1}$ 时,$g_m \approx R_S^{-1}$,是一个与器件本征参数无关的量,意味着 R_S 主导跨导。

$$g_m = \frac{\partial I_{DS}}{\partial V_{GS}}\bigg|_{V_{DS}} = \frac{1}{\dfrac{\partial V_{GS}}{\partial I_{DS}}\bigg|_{V_{DS}}} = \frac{1}{\dfrac{\partial V_{GS'}}{\partial I_{DS}}\bigg|_{V_{DS}} + R_S} \tag{3-138}$$

$$dV_{DS} = dV_{D'S'} + (R_S + R_D) dI_{DS} = 0 \tag{3-139}$$

$$dI_{DS} = \frac{\partial I_{DS}}{\partial V_{GS'}}\bigg|_{V_{D'S'}} dV_{GS'} + \frac{\partial I_{DS}}{\partial V_{D'S'}}\bigg|_{V_{GS'}} dV_{D'S'} = g_{mi} dV_{GS'} + g_{Di} dV_{D'S'} \tag{3-140}$$

$$dI_{DS} = g_{mi} dV_{GS'} + g_{Di}[-(R_S + R_D)] dI_{DS} \tag{3-141}$$

$$\frac{\partial I_{DS}}{\partial V_{GS'}}\bigg|_{V_{DS}} = \frac{g_{mi}}{1 + g_{Di}(R_S + R_D)} \tag{3-142}$$

$$g_m = \frac{1}{\dfrac{1 + g_{Di}(R_S + R_D)}{g_{mi}} + R_S} = \frac{g_{mi}}{1 + g_{mi} R_S + g_{Di}(R_S + R_D)}$$

$$= \begin{cases} \dfrac{g_{mi}}{1 + g_{mi} R_S + g_{Di}(R_S + R_D)} [\text{线性区}, g_{Di} = \beta(V_{GS} - V_T) \neq 0] \\ \dfrac{g_{mi}}{1 + g_{mi} R_S} (\text{饱和区}, g_{Di} \approx 0) \end{cases} \tag{3-143}$$

7. 饱和区 g_m 的极限

如图 3-67 所示,NMOS 饱和时,沟道 $y=0$ 处的反型半导体与源极之间形成 NN^+ 的高低结,其对应的势垒高度 qV_{HL} 由式(3-144)定义,其中 n_s 是源极电子浓度,n_c 是 $y=0$ 处电子浓度。根据 g_m 的定义,考虑到 V_{ox} 的分压后有 $dV_{GS} \geqslant -dV_{HL}$,可得式(3-145)。在 V_{DS} 固定的条件下,$y=0$ 处的 I_{DS} 可由漂移电流公式求得式(3-146),其

中 A 是电流截面积，n_c 随 V_{GS} 而变化。根据式（3-145）可得式（3-147），这给出了饱和区 g_m 的上限。

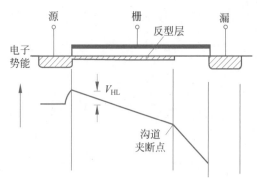

图 3-67　饱和区 $y=0$ 处沟道与源极之间导带底存在势垒差 qV_{HL}（N^+/N 高低结势垒）

$$V_{HL} = \frac{kT}{q}\ln\frac{n_s}{n_c} \qquad (3\text{-}144)$$

$$g_m = \frac{\mathrm{d}I_{DS}}{\mathrm{d}V_{GS}} \leqslant \frac{\mathrm{d}I_{DS}}{-\mathrm{d}V_{HL}} \qquad (3\text{-}145)$$

$$I_{DS} = Aq\mu_n E_y n_c(V_{GS}) \qquad (3\text{-}146)$$

$$g_m \leqslant \frac{Aq\mu_n E_y \,\mathrm{d}n_c}{\dfrac{kT}{q}\dfrac{1}{n_c}\mathrm{d}n_c} = \frac{Aq\mu_n E_y n_c}{kT/q} = \frac{I_{DS}}{kT/q} = \frac{qI_{DS}}{kT} \qquad (3\text{-}147)$$

8. 栅诱导漏极泄漏电流

如图 3-68 所示，当 NMOS 处于亚阈值区域且栅极和漏极存在交叠时，如果 V_{DS} 较大就会产生栅诱导漏极泄漏电流（Gate-Induced Drain Leakage，GIDL）效应。如图 3-69 所示，此时漏极将有大量电力线穿过栅氧化层指向栅极，而漏极对应大量电力线发出的正电荷就是其电离后的固定正电荷，即 N^+ 漏极将出现耗尽区。由于其重掺杂浓度 N_D 很高，耗尽区内的电场梯度很大，进而导致能带弯曲度很大。沿图 3-69 中的水平虚线画得的能带图就非常类似反偏 P^+N^+ 隧穿二极管耗尽区能带图。当耗尽区内的电场足够大时，将产生大量隧穿辅助的电子-空穴对，包括带间直接隧穿、缺陷能级辅助隧穿和热发射

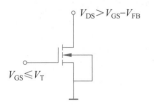

图 3-68　GIDL 效应对应的 NMOS 器件偏置状态

结合隧穿的电子-空穴对产生机制。其中，空穴流向栅氧化层下方的漏极耗尽区，电子流向中性漏区，如图 3-69 所示。因为栅氧化层下方对应的漏极耗尽区内积累的空穴不能流入栅极，它们将横向流向电势低的沟道衬底区，形成横向空穴电流。如果衬底和源极是短接的，那么这些空穴电流最终流入源极。同时，大小相同的电子电流流入了漏极。于是，GIDL 效应等于产生了从漏极流向源极的一股电流。因为此时 NMOS 并未开启，所以这个电流是一个关态漏电流，如图 3-70 所示。

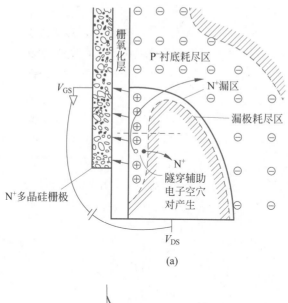

(a)

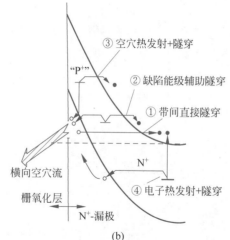

(b)

图 3-69　GIDL 效应产生原理和对应的隧穿机制示意图

显然,带间隧穿的难度要高于陷阱能级辅助的各种隧穿,因此造成 GIDL 效应增大的因素主要包括浅结工艺使用的 Ge 预非晶化工艺(产生禁带中间体缺陷能级)、热载流子注入(产生界面缺陷能级)以及 Fowler-Nordheim(F-N)隧穿。相应的,为了抑制 GIDL 效应,可以考虑:一是增加 t_{ox},降低 E_{ox} 和 E_s;二是降低衬底近表面区域的缺陷密度 N_t;三是提高漏区掺杂浓度 N_D,减小 GIDL 区域耗尽层厚度,减少隧穿辅助产生电子空穴对的区域体积;四是采用新型漏区结构,例如轻掺杂漏结构(LDD),以降低漏极附近的电场。

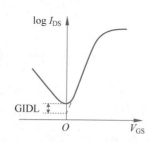

图 3-70　GIDL 效应在转移特性曲线上的表现

3.4.6 击穿特性

本节将按照源漏击穿和栅击穿两大类对 MOSFET 击穿特性进行描述。

1. 源漏击穿

1）漏衬 PN 结雪崩击穿

如图 3-71 所示，NMOS 工作时漏衬底间是反偏的，随着反偏电压的增加耗尽区主要在轻掺杂浓度为 N_A 的衬底中扩展。

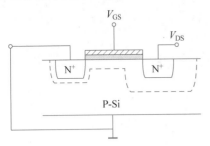

图 3-71　NMOS 漏衬 PN 结示意图

当耗尽层中的电场达到击穿电场 E_C 时，PN 结雪崩击穿，对应的雪崩击穿电压为 BV_{DS}。按照线性电场分布和高斯定理，忽略 PN 结内建电势差可以直接求得击穿时的电压，即

$$BV_{DS} = \frac{\varepsilon_s E_C^2}{2qN_A}$$

显然，随着 N_A 增大，BV_{DS} 减小。然而在实际 NMOS 中，如图 3-72 所示，漏极和栅极是有交叠的，因而在交叠处的角落区往往存在密集的电力线，即较强的电场。这种情况在 V_{DS} 较大时更为明显，因此往往在 V_{DS} 达到上述漏衬击穿电压 BV_{DS} 之前，角落区就已经发生了击穿。此时的输出特性曲线簇上显示出击穿电压随 V_{GS} 增大而增大，因为 V_{GS} 增大后需要更大的 V_{DS} 才能在角落区产生击穿，如图 3-72 所示。

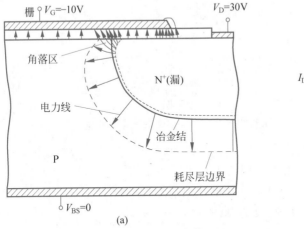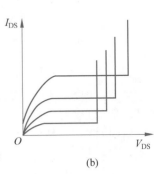

图 3-72　栅漏有交叠时 NMOS 漏衬 PN 结雪崩击穿原理图和对应的输出特性曲线簇

2）沟道雪崩击穿

沟道雪崩击穿即 E_y 在沟道区引起的击穿。随着 V_{DS} 增加，E_y 变大到 E_C 时，沟道发生雪崩击穿。如图 3-73(a)所示，击穿产生电子-空穴对，由于 NMOS 栅氧化层中的电场发自栅极，E_y 发自漏极，电子将向栅极和漏极运动，而空穴则向最近的衬底运动。向栅极运动的电子，因为能量较大将有可能注入栅氧化层中并驻留(热电子注入)，在栅氧

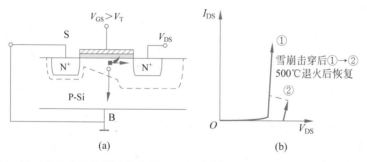

图 3-73 NMOS 发生沟道雪崩击穿原理图和雪崩注入导致的输出特性曲线状态转换

化层内部积累形成额外负电荷。如图 3-73(b)所示,热电子注入栅氧化层后,NMOS 的 V_T 将增大,相同 V_{DS} 下对应的 I_{DS} 减小,沟道雪崩击穿弱化,最终导致击穿电压随输出特性测试次数增加而增大,这称为蠕变现象。然而,器件经高温退火处理后,注入栅氧化层内的电子将被有效清除,NMOS 的 V_T 将恢复成原始状态,于是在图 3-73(b)中的输出特性曲线上可以出现状态①和状态②之间的反复转变。根据图 3-59 可知,E_y 的峰值出现在靠近漏极的沟道区,沟道雪崩击穿也应该发生在那里。然而,在这里附近的沟道区表面势往往可能比 $V_{GS}-V_{FB}$ 还要大,对应的栅极电场由衬底表面指向栅极,不利于电子注入栅氧化层。而在

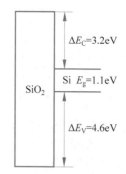

图 3-74 SiO$_2$/Si 体系能带对准示意图

PMOS 器件中,则由于 V_{DS} 往往比 V_{GS} 更负,栅氧化层内部的电场反而更有利于电子注入,所以在因为 $|V_{DS}|>|V_{GS}-V_T|$ 而产生沟道雪崩击穿时,PMOS 的热电子注入效应反而更明显。但在沟道长度 L 减小而导致的沟道雪崩击穿时,靠近漏极的 NMOS 栅氧化层内部的电场仍是从栅极指向衬底的,因而也同样会产生显著的热电子注入。之所以仅讨论热电子的注入,是因为 SiO$_2$/Si 体系能带对准的情况说明空穴注入栅氧化层的势垒要比电子高很多,如图 3-74 所示,相应的注入概率要低 3~4 个数量级。

3）漏源势垒穿通

漏源势垒穿通如图 3-75 所示。这个现象并不是经典的雪崩击穿,而是随着 V_{DS} 的增加,漏衬 PN 结的耗尽区在衬底中展开直至该耗尽区与源衬 PN 结的耗尽区连通。未穿通时,源衬漏之间存在中性 P 区,导致 V_{DS} 的压降基本串联分布在漏衬反偏 PN 结和衬源正偏 PN 结上,主要是分布在反偏的漏衬 PN 结上。I_{DS} 此时基本就是漏衬 PN 结的反向饱和电流。一旦发生穿通,中性 P 区消失,源极发出的电子将不再需要扩散过程,而是直接在耗尽区的电场内漂移至漏极,源漏间仅仅相当于存在一个有限电阻,I_{DS} 将迅速变大,表观上看类似源漏击穿。如图 3-75 所示,当漏衬 PN 结反偏对应的耗尽区宽度达到沟道长度 L 时,其对应的 V_{DS} 即为源漏势垒穿通电压 V_{PT},如式(3-148)所示,其中 V_D 是漏衬 PN 结内建电势差。由式(3-148)可知,短沟道、低 N_A 容易产生漏源势垒穿通。

$$V_{PT} = \frac{qN_A L^2}{2\varepsilon_s} - V_D \tag{3-148}$$

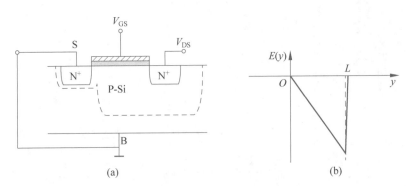

图 3-75　NMOS 漏源势垒穿通示意图和对应的电场分布

2. 栅击穿

如图 3-76 所示,因为氧化层质量的波动和击穿主导机制随厚度而变,不同厚度的 SiO_2 往往对应一定范围的击穿电压。SiO_2 典型的击穿电场 5～10MV/cm。当 SiO_2 质量较好,$E_C = 10MV/cm$ 时,t_{ox} 由 100nm 变为 200nm,BV_{GS} 相应由 100V 变为 200V,击穿时的栅极电流密度 J 高达 $10^6 \sim 10^{10} A/cm^2$,击穿点瞬间温度可达 4000K。例如,当 $C_{ox} = 1pF$(总电容),$t_{ox} = 100nm$,栅极荷电 $Q = 5 \times 10^{-11} C$,对应的 E_{ox} 如式(3-149)所示。显然,栅氧化层可能已经击穿。为了防止静电等瞬间引起 V_{GS} 过大导致栅氧化层击穿,在 MOSFET 制备时往往采用如图 3-77 类似的静电释放(ESD)措施,即通过一个与栅极并联的齐纳二极管钳位住 V_{GS},防止 V_{GS} 过大。

$$E_{ox} = \frac{Q}{t_{ox}C_{ox}} = 5(MV/cm) \tag{3-149}$$

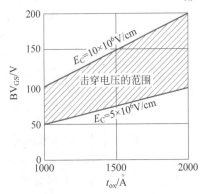

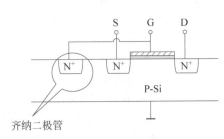

图 3-76　SiO_2 栅氧化层击穿电压与厚度 t_{ox} 的关系　　　图 3-77　避免栅极击穿的静电防护结构

3.5　MOSFET 的频率特性

3.5.1　交流小信号等效电路

1. MOSFET 中的电容

如图 3-78 所示,MOSFET 是一个四端器件,其中存在栅源交叠电容 C_{GSO}、栅漏交叠

视频

电容 C_{GDO}、栅源电容 C_{GS}、栅漏电容 C_{GD}、栅衬电容 C_{GB}、漏衬结电容 C_{JD} 和源衬结电容 C_{JS}。其中,因为 C_{GS} 和 C_{GD} 载流子需要流经有电阻的反型层才能到达源极或漏极,因而属于分布式电容。C_{GB} 就是 MIS 两端器件对应的 C_{ox} 与衬底空间电荷层电容 C_S 的串联值,而且在线性区和饱和区由于反型载流子来自源漏而不是衬底,从而客观上使反型层屏蔽了衬底的影响,导致其一般远小于 C_{ox},在本节的分析中予以忽略(也可以认为 B 端浮空)。

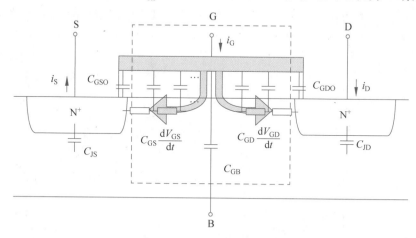

图 3-78　MOSFET 中存在的常见电容

在低频不需要考虑电容效应时,$I_{GS}=0$,I_{DS} 可以进行微分处理,如式(3-150)所示。对应的交流电流表达式如式(3-151)所示。在高频需要考虑各种电容效应时,如图 3-78 所示,仅对图中虚线框内的本征电容效应进行分析,要在低频基础式(3-151)上额外加上电容导致的交流电流。用式(3-152)~式(3-154)来表示各个终端的交流电流。此时 $i_G \neq 0$,$i_D \neq i_S$,而 $i_S = i_G + i_D$。

$$dI_{DS} = \frac{\partial I_{DS}}{\partial V_{GS}}\bigg|_{V_{DS}} dV_{GS} + \frac{\partial I_{DS}}{\partial V_{DS}}\bigg|_{V_{GS}} dV_{DS} = g_m dV_{GS} + g_D dV_{DS} \qquad (3\text{-}150)$$

$$i_{DS} = g_m v_{GS} + g_D v_{DS} \qquad (3\text{-}151)$$

$$i_G = C_{GS}\frac{dV_{GS}}{dt} + C_{GD}\frac{dV_{GD}}{dt} \qquad (3\text{-}152)$$

$$i_D = g_m v_{GS} + g_D v_{DS} - C_{GD}\frac{dV_{GD}}{dt} \qquad (3\text{-}153)$$

$$i_S = g_m v_{GS} + g_D v_{DS} + C_{GS}\frac{dV_{GS}}{dt} = i_G + i_D \qquad (3\text{-}154)$$

2. 分布电容 C_{GS} 和 C_{GD}

以 NMOS 为例,分布电容 C_{GS} 和 C_{GD} 可由式(3-155)和式(3-156)来定义,其中 Q_G 是栅极总正电荷量。通过式(3-157)可以获得 Q_G,式中利用了长沟近似,认为空间电荷层的固定电荷面密度 Q_B' 是一个常数,如式(3-158)所示,式中 W 是 NMOS 的沟道宽度。而沟道中反型层的电荷面密度 Q_n 由式(3-159)定义。根据式(3-52)可得式(3-160)。联立式(3-159)和式(3-160),式(3-157)可以展开为式(3-161),进而积分后有式(3-162)。式(3-162)中的 I_{DS} 可以改写为式(3-163),于是,式(3-162)形式上简化为式(3-164),这就是 Q_G 的通用表达式,也是线性区的 Q_G。饱和时,令 $V_{DS}=V_{GS}-V_T$,此时 $V_{GD}=V_T$,Q_G 简化为式(3-165)。定义栅极总电容 C_G 为式(3-166),其中 C_{ox} 是单位面积的氧化层电容。于是,线性区 C_{GS} 和 C_{GD} 就可以由式(3-167)和式(3-168)分别来表示。两个式子中,利用了线性区的条件,得到 $V_{GS} \approx V_{GD}$。利用式(3-165)可得饱和区的 C_{GS} 和 C_{GD},如式(3-169)和式(3-170)所示。饱和区,因为 $V_{DS}=V_{GS}-V_T$,$V_{GD}=V_T$ 是一个固定值,所以 $C_{GD}=0$。

$$C_{GS}=\frac{\partial Q_G}{\partial V_{GS}}\bigg|_{V_{GD}} \tag{3-155}$$

$$C_{GD}=\frac{\partial Q_G}{\partial V_{GD}}\bigg|_{V_{GS}} \tag{3-156}$$

$$Q_G=-(Q_1+Q_B)=-W\int_0^L Q_n(y)\mathrm{d}y-W\int_0^L (-q)N_A d_{max}(y)\mathrm{d}y$$

$$\approx -W\int_0^L Q_n(y)\mathrm{d}y-WLQ_B' \tag{3-157}$$

$$Q_B'=-(2q\varepsilon_s N_A)^{1/2}(2V_B+|V_{BS}|)^{1/2} \tag{3-158}$$

$$Q_n(y)=-C_{ox}[V_{GS}-V_T-V(y)] \tag{3-159}$$

$$\mathrm{d}y=-\frac{\mu_n W}{I_{DS}}Q_n(y)\mathrm{d}V \tag{3-160}$$

$$Q_G=\frac{\mu_n W^2 C_{ox}^2}{I_{DS}}\int_0^{V_{DS}}[V_{GS}-V_T-V(y)]^2\mathrm{d}V-Q_B \tag{3-161}$$

$$Q_G=\frac{\mu_n C_{ox}^2 W^2}{3I_{DS}}[(V_{GS}-V_T)^3-(V_{GS}-V_T-V_{DS})^3]-Q_B$$

$$=\frac{\mu_n C_{ox}^2 W^2}{3I_{DS}}[(V_{GS}-V_T)^3-(V_{GD}-V_T)^3]-Q_B \tag{3-162}$$

$$I_{DS}=\mu_n C_{ox}\frac{W}{L}(V_{GS}-V_T-\frac{1}{2}V_{DS})V_{DS}$$

$$=\frac{\mu_n C_{ox}W}{2L}[(V_{GS}-V_T)^2-(V_{GS}-V_T-V_{DS})^2] \tag{3-163}$$

$$=\frac{\mu_n C_{ox}W}{2L}[(V_{GS}-V_T)^2-(V_{GD}-V_T)^2]$$

$$Q_G=\frac{2}{3}C_{ox}WL\frac{(V_{GS}-V_T)^3-(V_{GD}-V_T)^3}{(V_{GS}-V_T)^2-(V_{GD}-V_T)^2}-Q_B(线性区) \tag{3-164}$$

$$Q_{\mathrm{G}} = \frac{2}{3} C_{\mathrm{ox}} WL (V_{\mathrm{GS}} - V_{\mathrm{T}}) - Q_{\mathrm{B}} (\text{饱和区}, V_{\mathrm{GD}} = V_{\mathrm{T}}) \tag{3-165}$$

$$C_{\mathrm{G}} = C_{\mathrm{ox}} WL \tag{3-166}$$

$$C_{\mathrm{GS}} = \frac{\partial Q_{\mathrm{G}}}{\partial V_{\mathrm{GS}}} \Big|_{V_{\mathrm{GD}}}$$

$$= \frac{2}{3} C_{\mathrm{ox}} WL \left[1 - \frac{(V_{\mathrm{GD}} - V_{\mathrm{T}})^2}{(V_{\mathrm{GS}} + V_{\mathrm{GD}} - 2V_{\mathrm{T}})^2} \right]$$

$$\xrightarrow{V_{\mathrm{GS}} \approx V_{\mathrm{GD}}} \frac{1}{2} C_{\mathrm{ox}} WL = \frac{1}{2} C_{\mathrm{G}} (\text{线性区}) \tag{3-167}$$

$$C_{\mathrm{GD}} = \frac{\partial Q_{\mathrm{G}}}{\partial V_{\mathrm{GD}}} \Big|_{V_{\mathrm{GS}}}$$

$$= \frac{2}{3} C_{\mathrm{ox}} WL \left[1 - \frac{(V_{\mathrm{GS}} - V_{\mathrm{T}})^2}{(V_{\mathrm{GS}} + V_{\mathrm{GD}} - 2V_{\mathrm{T}})^2} \right]$$

$$\xrightarrow{V_{\mathrm{GS}} \approx V_{\mathrm{GD}}} \frac{1}{2} C_{\mathrm{ox}} WL = \frac{1}{2} C_{\mathrm{G}} (\text{线性区}) \tag{3-168}$$

$$C_{\mathrm{GS}} = \frac{2}{3} C_{\mathrm{ox}} WL = \frac{2}{3} C_{\mathrm{G}} (\text{饱和区}) \tag{3-169}$$

$$C_{\mathrm{GD}} = 0 (\text{饱和区}) \tag{3-170}$$

3. 等效电路

考虑电容交流导电，结合图 3-78 和式(3-167)～式(3-170)可以给出 MOSFET 本征等效电路，如图 3-79 所示。图中，R_{GS} 是对 C_{GS} 充放电时的等效沟道串联电阻，定义如式(3-171)所示。显然，$R_{\mathrm{GS}} < R_{\mathrm{on}}$。在上一节 C_{GS} 的推导中没有涉及沟道电阻的分压，所以在图 3-80 中需要额外串联 R_{GS}。结合图 3-78 和图 3-79，图 3-80 给出了实际 MOSFET 的交流小信号等效电路。图中虚线框内的部分对应 MOSFET 本征等效电路，其中受控电流源对 $V_{\mathrm{GS'}}$ 敏感，即对从 V_{GS} 中扣除 R_{GS} 上的分压后对应的 C_{GS} 上的分压敏感。

$$R_{\mathrm{GS}} = \frac{2}{5} \frac{1}{\beta(V_{\mathrm{GS}} - V_{\mathrm{T}})} < R_{\mathrm{on}} = \frac{1}{\beta(V_{\mathrm{GS}} - V_{\mathrm{T}})} \tag{3-171}$$

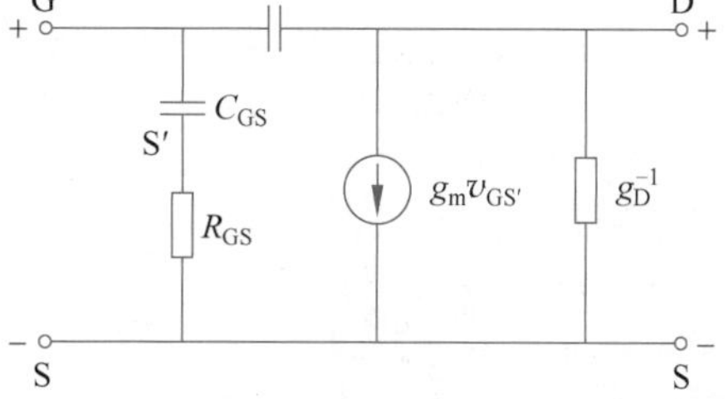

图 3-79 MOSFET 交流小信号本征等效电路

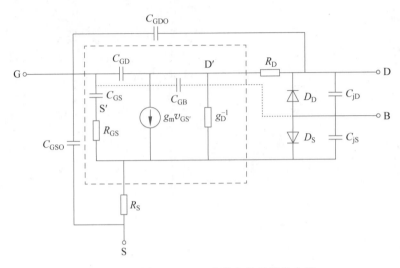

图 3-80　实际 MOSFET 交流小信号等效电路

视频

3.5.2　高频特性

1. 跨导截止频率

在具体电路中，MOSFET 一般是偏置在饱和区的。如图 3-81 所示，此时 $C_{GD}=0$，等效电路得到简化。考察跨导 g_m 对频率的依赖关系，如式（3-172）所示。式中 ω_{g_m} 由式（3-173）定义，对应跨导截止频率 f_{g_m}，即当交变频率达到这个值时，器件的跨导大小退化到低频跨导的 $1/\sqrt{2}$，代入式（3-169）和式（3-171）可得 ω_{g_m} 的完整展开式（3-174）。由图 3-81 可知，随着频率增加，输入回路 C_{GS} 的容抗越来越小，$v_{GS'}$ 在其上的分压比例越来越低，而输出回路的受控电流源正比于 C_{GS} 上的分压，所以放大能力越来越弱。

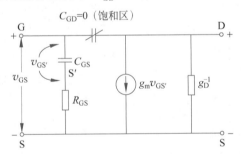

图 3-81　饱和区 MOSFET 交流小信号本征等效电路

$$g_m(\omega)=\frac{\partial I_{DS}}{\partial V_{GS}}=\frac{\partial I_{DS}}{\partial V_{GS'}}\frac{\partial V_{GS'}}{\partial V_{GS}}=g_m\frac{\dfrac{1}{i\omega C_{GS}}}{\dfrac{1}{i\omega C_{GS}}+R_{GS}}=\frac{g_m}{1+i\omega C_{GS}R_{GS}}=\frac{g_m}{1+i\dfrac{\omega}{\omega_{g_m}}}$$

$$(3\text{-}172)$$

$$\omega_{g_m} = \frac{1}{C_{GS}R_{GS}} \rightarrow f_{g_m} = \frac{1}{2\pi C_{GS}R_{GS}} \tag{3-173}$$

$$\omega_{g_m} = \left[\frac{2}{3}C_G \cdot \frac{2}{5} \frac{1}{\beta(V_{GS}-V_T)} \right]^{-1} = \frac{15}{4} \frac{\mu_n(V_{GS}-V_T)}{L^2} \tag{3-174}$$

2. 特征频率

由图 3-81 可知,随着频率 f 上升,C_{GS} 对应的容抗下降,i_{GS} 上升;同时,$v_{GS'}$ 下降,i_{DS} 下降。定义,当 $i_{GS} = i_{DS}\big|_{V_{DS}}$ 时,$f = f_T$,称为特征频率。结合式(3-175)和式(3-176)可得式(3-177),由式中 ω_T 可得 f_T,即式(3-178)。根据式(3-95)和式(3-169)可得 f_T 的展开式(3-179)。假设此时沟道区平均电场为式(3-180),可得 NMOS 电子沟道渡越时间 τ,即式(3-181)。对比式(3-179)和式(3-181)易知,f_T 本质上反映的是电子的沟道渡越时间。显然,为了提高 f_T,扩展放大交流电流的频率范围,可以根据式(3-179)采取措施:一是提高 μ_n,例如 Si(100)面上采用<110>方向的电子沟道;二是减小 L。

$$i_{GS} = \frac{v_{GS'}}{\dfrac{1}{i\omega C_{GS}}} = i\omega C_{GS} v_{GS'} \tag{3-175}$$

$$i_{DS}\big|_{v_{DS}=0} = g_m v_{GS'} \tag{3-176}$$

$$|i_{GS}| = |i_{DS}| \rightarrow \omega_T C_{GS} v_{GS'} = g_m v_{GS'} \tag{3-177}$$

$$\omega_T = \frac{g_m}{C_{GS}} \rightarrow f_T = \frac{g_m}{2\pi C_{GS}} \tag{3-178}$$

$$f_T = \frac{3}{4\pi} \frac{\mu_n(V_{GS}-V_T)}{L^2} \tag{3-179}$$

$$|\bar{E}(y)| = \frac{V_{DSsat}}{L} \tag{3-180}$$

$$\tau = \frac{L}{\mu_n |\bar{E}(y)|} = \frac{L}{\mu_n \dfrac{V_{DSsat}}{L}} = \frac{L^2}{\mu_n V_{DSsat}} \tag{3-181}$$

此外,提高 f_T 还需要尽量减小 C_{GSO} 和 C_{GDO},特别是 C_{GDO}。如图 3-82 所示,此时的输入电容 C_i 由式(3-182)定义,而连接输入和输出回路的反馈电容 C_f 不再为零而是式(3-183)。如果没有 C_{GDO},f_T 应由式(3-184)表示,显然 C_{GSO} 让 f_T 减小了。一般饱和区 R_{GS} 是较小的,忽略 R_{GS} 后,再看 C_{GDO} 的影响。如图 3-82 所示,由式(3-176)可知,D、S 交流短路(这里指输出回路直流电源),忽略漏导后 C_f 两端的交流压差 v_{C_f} 为式(3-185),其中 $|G_v|$ 是式(3-96)定义的电压增益。于是,流经 C_f 的交流电流可以折算到输入端,等于在输入端并联了一个变大的 C_f 作为新增输入电容 C_i',如式(3-186)所示。于是,此时的 f_T 将由式(3-187)表示。因为 G_V 一般很大,所以 f_T 近似就是式(3-188)。这就是要尽量减小 C_{GDO} 的原因。在器件制备工艺上可以采用一些特殊设计,例如底切

栅结构来增大 G 和 D 之间的距离,以减小 C_{GDO} 同时不影响器件的其他关键电学特性,如图 3-83 所示。

$$C_i = C_{GS} + C_{GSO} \tag{3-182}$$

$$C_f = C_{GD} + C_{GDO} \tag{3-183}$$

$$f_T = \frac{g_m}{2\pi C_{GS}} \rightarrow f_T = \frac{g_m}{2\pi C_i} \tag{3-184}$$

$$v_{C_f} = v_{GS} + |G_V| v_{GS} = (1 + |G_V|)v_{GS} \tag{3-185}$$

$$C_i' = (1 + |G_V|)C_f \tag{3-186}$$

$$f_T = \frac{g_m}{2\pi(C_i + C_i')} = \frac{g_m}{2\pi[C_{GS} + C_{GSO} + (1 + |G_V|)C_{GDO}]} \tag{3-187}$$

$$f_T \approx \frac{g_m}{2\pi(1 + |G_V|)C_{GDO}} \tag{3-188}$$

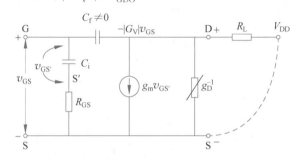

图 3-82　饱和区 MOSFET 减小 C_{GSO} 和 C_{GDO} 提高 f_T 的原理

(a) 正常垂直栅结构　　　　　　　　(b) 底切栅结构

图 3-83　28 纳米技术代利用过刻蚀工艺产生底切金属栅结构来减小 C_{GDO} 的金属
　　　　栅剖面结构透射电镜显微图

(Yan Z Z,et al. IEEE ELECTRON DEVICE LETTERS,2023,44(6):983-986.)

3.6 MOSFET 的开关特性

3.6.1 电阻型负载 MOS 倒相器

如前所述,MOSFET 通过 V_{GS} 的变化可以开启或关闭 D、S 间的电流通道,因而可以作为开关器件使用。按照图 3-84(a)的电路接法,在电源和增强型 NMOS 的漏极之间串联一个负载电阻 R_D,在 D、S 极之间接入一个负载电容 C,并且 B、S 短接消除衬偏效应后,就制备了一个简单的电阻型负载 MOS 倒相器,也叫 MOS 反相器。因为 R_D 和 NMOS 是个串联关系,所以可以用式(3-189)来表示 R_D 上的电流。在图 3-84(b)的 NMOS 输出特性曲线图上,这个关系式就是一条直线,称为电阻负载线。当输入电压 $V_{GS} < V_T$ 时,NMOS 关闭,电源和地(S 极)之间开路,对应图 3-84(b)中截止区输出特性曲线。该输出特性曲线与负载线的交点 B 就给出了稳态关态下电源流经 R_D 和 NMOS 的电流。当 $V_{GS} > V_T$ 时,NMOS 开启,电源和地之间导通,稳态下 NMOS 对应的开启状态的输出特性曲线如图 3-84(b)所示。此时,负载线与输出特性曲线的交点 A 给出了稳态开态下电源流经 R_D 和 NMOS 的电流。交点 A 和 B 对应的 V_{DS} 分别代表稳态开态和关态下的输出电压 V_{DS},即 V_{on} 和 V_{off}。于是,随着 V_{GS} 的变化,NMOS 就实现了开关作用。图 3-84(a)中的负载电容 C 主要来自漏衬 PN 结的结电容、下级 MOS 管的输入电容以及输出信号线与衬底间的电容。

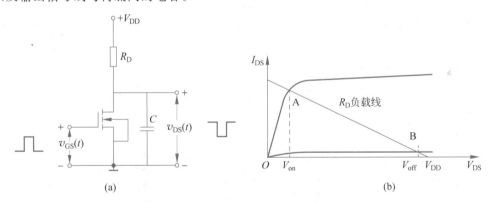

图 3-84 电阻型负载 MOS 倒相器的典型工作电路图和负载线

$$I_{DS} = \frac{V_{DD} - V_{DS}}{R_D} \tag{3-189}$$

因为存在负载电容 C,输出电压并不能随输入电压同步变化,如图 3-85 所示。在输入电压 V_{GS} 跳变到 V_T 之上前,NMOS 处于关闭状态,$V_{DS} = V_{off}$。当 V_{GS} 突然跳变到 V_T 之上时,NMOS 开启。但由于先前 $V_{DS} = V_{off}$,电容 C 的极板上已经对应 V_{off} 大小充满了电,而电容两端的电压不能突变,需要经历一定的时间通过有沟道电阻的 NMOS 放电。在图 3-85 中 $t=0$ 时,V_{DS} 下降到 V_{off} 的 90%,进而在 $t=t_{on}$ 时下降到 V_{off} 的 10%。t_{on} 称为倒相器的导通时间。稳定开启后,$V_{DS} = V_{on}$,是一个比较小的值。当 V_{GS} 突变到

V_T 之下后,NMOS 关闭,电源通过 R_D 对 C 充电,直至 $V_{DS} = V_{off}$。同理,电源通过电阻对电容充电,需要一定的时间才能建立起最终的稳态 V_{off}。如图 3-85 所示,V_{DS} 从稳态 V_{on} 上升到 $90\% V_{off}$ 所需的时间是 t_{off},称为倒相器的关断时间。

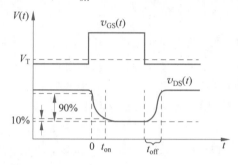

图 3-85　电阻型负载 MOS 倒相器输入和输出电压随时间变化曲线

如图 3-86(a) 所示,倒相器的导通过程对应负载电容 C 的放电过程,也是从关态 B 到开态 A 的过程。在这个过程中 NMOS 漏源间的电阻从关态的无穷大向稳态开启的 $g_{D(on)}^{-1}$ 转变。以式(3-190)作为 C 放电过程的平均电阻,可以由式(3-191)估算出 t_{on}。显然,降低 C,提高 g_{ms} 都有利于降低 t_{on}。如图 3-87(a) 所示,倒相器的关断过程对应负载电容 C 的充电过程,也是从开态 A 到关态 B 的过程。在这个过程中电源通过 R_D 对电容 C 充电。可以用式(3-192)估算 t_{off}。降低 C,减小 R_D,都有利于减小 t_{off}。但减小 R_D 是一个需要谨慎处理的方法,因为图 3-87(b) 中负载曲线的斜率是 R_D^{-1},减小 R_D 等于增加负载线的斜率,导致 V_{off} 与 V_{on} 间的差值减小,限制了倒相器的逻辑摆幅 $(V_{off} - V_{on})$。

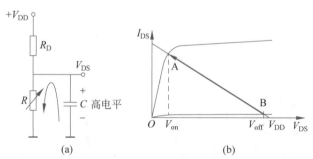

图 3-86　电阻型负载 MOS 倒相器导通过程示意图

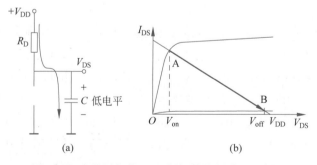

图 3-87　电阻型负载 MOS 倒相器关断过程示意图

$$\bar{R}(t) \approx \frac{1}{g_{D(on)}} \qquad (3\text{-}190)$$

$$t_{on} = \bar{R}(t)C = \frac{C}{g_{D(on)}} = \frac{C}{g_{ms}} \qquad (3\text{-}191)$$

$$t_{off} = R_D C \qquad (3\text{-}192)$$

3.6.2 增强型-增强型 MOS 倒相器

R_D 虽然是一个简单的电阻,但在 MOS 管的实际制备工艺中,一个确定阻值的电阻是很难精确制备的,且电阻在芯片上所占的面积也往往较大。于是人们引入了有源负载,即利用增强型 NMOS 作为负载,且负载管 M_2 的 G、D 短接,形成了增强型-增强型 MOS(E-E MOS)倒相器,如图 3-88(a)所示。因为倒相管 M_1 与电阻型负载 MOS 倒相器一致,因此导通过程也与电阻型负载 MOS 倒相器一致,两者的区别在于关断过程。由于 M_2 管的 $V_{GD}=0$,当 $V_{DS} \leqslant V_{DD} - V_{T2}$ 时,M_2 管将导通且处于饱和区。

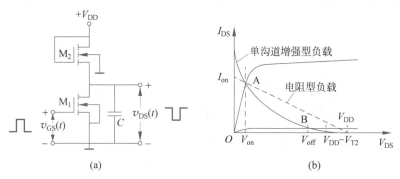

图 3-88　E-E MOS 倒相器电路图和对应的负载线

关断过程如图 3-88 所示,实际上是电源通过 M_2 管对电容 C 的充电,E-E MOS 倒相器开始从状态 A 向状态 B 转变。由于开始充电时,$V_{DS}=V_{on}$ 较小,满足 M_2 管的导通条件,于是通过 M_2 管的充电电流将按照 M_2 管的饱和特性随着 $V_{GS2} - V_{T2}(=V_{DD} - V_{DS} - V_{T2})$ 而减小。这种减小的速度很快,因为随着充电进行,V_{DS} 在增大,充电电流按照 $(V_{GS2} - V_{T2})^2$ 快速减小。图 3-88 还表明,M_2 管存在衬偏效应,随着 V_{DS} 的增大,V_{T2} 也在增大,这进一步加快了充电电流的减小速度。当 $V_{DS}=V_{DD} - V_{T2}$ 时,充电过程结束。显然,这个关断过程要比电阻型负载 MOS 倒相器慢很多,对应的 V_{off} 也更小,倒相器逻辑输出摆幅也更小。

下面定量计算导通电压 V_{on} 和导通电流 I_{on}。如图 3-88(b)所示,导通时 V_{on} 较小,M_1 管处于线性区,M_2 管处于饱和区。因此流经 M_2 管的电流可由式(3-193)表示,其中 β_L 是负载管的跨导因子,$V_{T2,BS}$ 是负载管考虑衬偏效应后的阈值电压,g_{mL} 是负载管的饱和区跨导。流经 M_1 管的电流可由式(3-194)表示,其中 β_D 是倒相管的跨导因子,V_{T1} 是倒相管的阈值电压,g_{mD} 是倒相管的饱和区跨导。于是令式(3-193)和式(3-194)相等即可解出 V_{on},如式(3-195)所示,进而通过式(3-193)可得 I_{on},如式(3-196)所示。倒相器关断时，M_1 管处于截止区，M_2 管处于饱和区。V_{off} 可以直接得出，如式（3-197）所示。

$$I_{on} = \frac{\beta_L}{2}\left[(V_{DD} - V_{on}) - V_{T2,BS}\right]^2$$

$$\approx \frac{\beta_L}{2}(V_{DD} - V_{T2,BS})^2 = \frac{g_{mL}}{2}(V_{DD} - V_{T2,BS}) \qquad (3\text{-}193)$$

$$I_{on} = \beta_D\left[(V_{GS} - V_{T1})V_{on} - \frac{1}{2}V_{on}^2\right]$$

$$\approx \beta_D(V_{GS} - V_{T1})V_{on} = g_{mD}V_{on} \qquad (3\text{-}194)$$

$$V_{on} = \frac{g_{mL}}{2g_{mD}}(V_{DD} - V_{T2,BS}) \qquad (3\text{-}195)$$

$$I_{on} = \frac{g_{mL}}{2}(V_{DD} - V_{T2,BS}) \qquad (3\text{-}196)$$

$$V_{off} \approx V_{DD} - V_{T2,BS} \qquad (3\text{-}197)$$

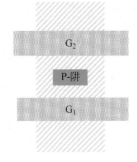

图 3-89　E-E MOS 倒相器电路典型版图结构

E-E MOS 倒相器优点很突出，即单沟道制备简单、面积小集成度高。如图 3-89 所示，在版图的 P 阱区域上直接制作相邻的两个栅极 G_1 和 G_2，再通过适当布线即可实现倒相器的制作。但是其缺点也很明显，即 t_{off} 长，导通态存在电源到地的大电流通路导致功耗大，负载管 M_2 还存在衬偏效应。

视频

3.6.3　增强型-耗尽型 MOS 倒相器

为了继承有源负载的优点，克服增强型 NMOS 负载管的缺点，人们又设计了一种利用耗尽型 NMOS 作为负载管的增强型-耗尽型 MOS（E-D MOS）倒相器，如图 3-90（a）所示。在这种倒相器的负载管 M_2 中，G、S 短接，$V_{GS2} = 0 > V_{T2}(<0)$ 始终成立，只要 $V_{DS} < V_{DD}$ 耗尽型 M_2 管一直处于导通态。

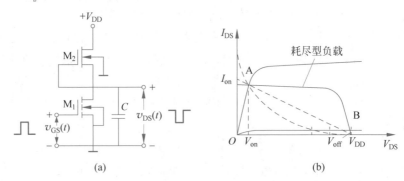

(a)　　　　　　　　　　　　(b)

图 3-90　E-D MOS 倒相器电路图和对应的负载线

由于倒相管 M_1 与前述那些倒相器相同，因此 E-D MOS 倒相器的导通过程也与前面讨论过的导通过程一致。导通状态 A 时，$V_{DS} = V_{on}$，是较小的值，M_1 照旧处于线性区，而 M_2 在 $|V_{T2}| \ll 1$ 时，满足 $V_{DD} - V_{DS} > 0 - V_{T2}$，处于饱和区。在关断状态 B 时，$M_1$

处于截止区，$V_{DS}=V_{off}\approx V_{DD}$，$M_2$ 管满足 $V_{DD}-V_{DS}\approx 0<0-V_{T2}$，处于线性区。与前述两种类型倒相器不同的是，E-D MOS 倒相器的关断过程需要重新分析。M_1 管关断后，$V_{DS}=V_{on}$ 还是较小的值，电源开始通过 M_2 管给电容 C 充电。此时，M_2 管满足 $V_{DD}-V_{DS}>0-V_{T2}$，处于饱和区。这种状态直至电容 C 充电至 V_{DS} 使其满足 $V_{DD}-V_{DS}=0-V_{T2}$ 而结束，并继而使 M_2 管进入线性区。而 $|V_{T2}|\ll 1$，可见 V_{DS} 要在很接近 V_{DD} 的时候才使 M_2 管退出饱和区。这意味着，在几乎整个充电过程中，充电电流都是 M_2 管的饱和区电流，如图 3-90(b) 所示。显然，这个充电电流要比 E-E MOS 倒相器和电阻型负载倒相器原则上讲都要大很多，因此 t_{off} 会更小。但随着 V_{DS} 的变化，V_{T2} 也跟着变化，即 M_2 管存在衬偏效应，这使得 M_2 管在充电过程中饱和充电电流随 V_{DS} 增大而些许减小，如图 3-90(b) 所示。

E-D MOS 倒相器的优点很明显，即 t_{off} 短，面积小集成度高，单沟道结构简单。其缺点是导通时存在电源到地之间的大电流通路导致功耗大，存在衬偏效应，耗尽型 MOS 制作增加了工艺复杂性。

3.6.4 互补型 MOS 倒相器

为了克服上述 MOS 倒相器在导通时存在电源到地之间的贯穿大电流导致的过高功耗，人们又提出了一种利用增强型 PMOS 管作为负载管的互补型 MOS(CMOS) 倒相器，如图 3-91(a) 所示。在这种倒相器中两个管子的电学特性参数大小相同，M_2 管的栅极与 M_1 管的栅极并联，M_2 管的源极接电源，漏极与 M_1 管的漏极短接，形成一种上下对称的接法，同时也消除了 M_2 管的衬偏效应。在同一张 I_{DS}-V_{DS} 图中，NMOS 的输出特性曲线没有特殊变化，但 PMOS 的 $V_{DSp}=V_{DS}-V_{DD}$，因而需要将整个 PMOS 的输出特性曲线簇整体向右平移 V_{DD}，如图 3-91(b) 所示。当输入电压 V_{in} 为低电平(如 $V_{in1}=0V$)时，M_1 处于截止区，M_2 管满足 $V_{GS2}=V_{in}-V_{DD}<V_{Tp}<0$，处于强烈开启状态，负载线($V_{in1}$ 对应的 PMOS 输出特性曲线)与 M_1 的截止曲线交于状态①，M_2 管处于线性区，$v_{out}\approx V_{DD}$。当 V_{in} 为高电平(如 $V_{in5}=V_{DD}$)时，M_2 管满足 $V_{GS2}=V_{DD}-V_{DD}>V_{Tp}<0$，处于截止区，显然 M_1 管处于强烈开启状态，负载线(V_{in5} 对应的 PMOS 输出特性曲线)与 M_1

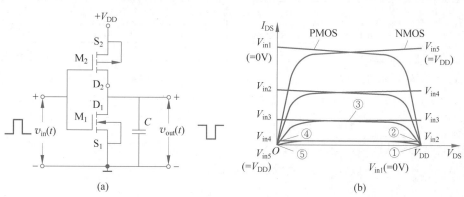

(a)   (b)

图 3-91 CMOS 倒相器电路图和对应的开关状态转换过程

的输出特性曲线交于状态⑤，M_1 管处于线性区，$V_{out} \approx 0V$。

图 3-92 给出了 V_{in} 和 V_{out} 之间 5 个典型状态的稳态对应关系。如前所述，$V_{in1}=0V$ 对应 $V_{out} \approx V_{DD}$，对应图 3-92 中的状态点①。当 $V_{in}=V_{in2} > V_{Tn}$ 时，M_1 管开启，M_2 管的 $|V_{GS2}|$ 下降，由图 3-91(a)可知，此时两个管子的曲线交于图 3-91(b)中的状态②，对应一个比 V_{DD} 略小的 V_{out}，如图 3-92 中的状态点②。当 $V_{in}=V_{in3}=V_{DD}/2$ 时，由图 3-91(b)可知，此时两个管子的特性曲线相同（忽略极性），对于漏导为零的理想 MOS 器件，交点是饱和区对应的那一段曲线，对应着图 3-92 中 $V_{in}=$

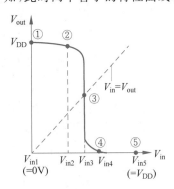

图 3-92　CMOS 倒相器输入电压与输出电压的对应关系

V_{in3} 处垂直变化的 V_{out} 那一段。若漏导非零，则两者的交点应该是 $V_{DS}=V_{DD}/2$ 处，对应图 3-92 上的状态点③。当 $V_{in}=V_{in4}$ 时，M_2 管虽然开启但 $|V_{GS2}|$ 已经很小，两个管子的输出特性曲线交于图 3-92(b)上的状态④，V_{out} 接近 0V，对应图 3-92 上的状态点④。当 $V_{in}=V_{in5}=V_{DD}$ 时，M_2 管截止，M_1 管强烈开启，两者输出特性曲线交于图 3-91(b)上的状态⑤，$V_{out} \approx 0V$，对应图 3-92 上的状态点⑤。图 3-92 清晰地显示了随着输入电压 V_{in} 由 0 向 V_{DD}，即由低电平向高电平变化过程中输出电压 V_{out} 由高电平向低电平转换的过程，即倒相过程。

由表 3-4 可知，在 V_{in} 由 0V 向 V_{DD} 逐渐增大的过程中，结合图 3-91、图 3-92 易见，在倒相发生时两个管子都处于饱和区。实际上，除去作为始末状态的①和⑤，两个管子在倒相过程中都是导通的，如图 3-93 所示。所以，CMOS 倒相器状态转换的必要条件是两个管子同时导通。图 3-93 也显示，在 $V_{out} \leqslant V_{in}-V_{Tp}$ 和 $V_{out} \geqslant V_{in}-V_{Tn}$ 两条虚线间且 $I>0$ 的区域是满足两个管子同时处于饱和区的条件的。而它们恰好截出 V_{out} 变化曲线对应正在倒相的那一段。在状态转换这一段，I 达到峰值。图 3-93 还特别给出了理想的矩形状态转换的示意曲线。

表 3-4　图 3-91 5 个状态点对应的 M_1 和 M_2 管的工作区

V_{in}	V_{in1}/①	V_{in2}/②	V_{in3}/③	V_{in4}/④	V_{in5}/⑤
M_1	截止区	饱和区	饱和区	线性区	线性区
M_2	线性区	线性区	饱和区	饱和区	截止区

假设 NMOS 和 PMOS 完全对称，即 $V_{Tn}=|V_{Tp}|=V_T$，$\beta_n=\beta_p=\beta$。现在求转换电压 V_{in}^*。如图 3-91 和表 3-4 所示，状态转换时两个管子都处于饱和区，有式(3-198)。于是，得出 $V_{in}^*=V_{DD}/2$。如图 3-93 所示，当 V_{in} 从 0 增大到 V_{in}^* 时，PMOS 从线性区进入饱和区，NMOS 从饱和区进入线性区，V_{out} 从 $V_{in}^*-V_{Tp}$ 跳变到 $V_{in}^*-V_{Tn}$。显然，这个跳变满足式(3-199)。所以，CMOS 完成状态转换要求 $V_T \leqslant V_{DD}/2$。

$$\beta_n(V_{in}^*-V_{Tn})^2=\beta_p(V_{in}^*-V_{DD}-V_{Tp})^2 \rightarrow V_{in}^*=V_{DD}/2 \tag{3-198}$$

$$(V_{in}^*-V_{Tp})-(V_{in}^*-V_{Tn})=|V_{Tp}|+V_{Tn}=2V_T \leqslant V_{DD} \rightarrow V_T \leqslant V_{DD}/2 \tag{3-199}$$

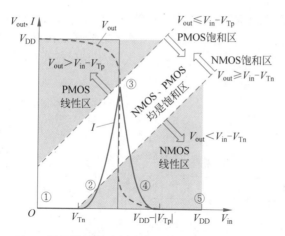

图 3-93 CMOS 倒相器倒相过程对应的电源到地之间的电流 I 变化图

如图 3-91(a) 所示，当 $V_T = V_{DD}/2$ 时，只有状态③满足两个管子同时导通的条件，其他 4 个状态总是对应其中一个管子处于截止区，$I=0$。于是，如图 3-94 所示，此时 CMOS 倒相器的电压传输特性曲线是一个理想的矩形曲线。由图 3-93 可知，此时状态转换对应的跳变电压为 $V_{DD}/2$，意味着倒相器的噪声容限大。但如此高的 V_T，也必然导致状态转换时 I 较小，开关功耗低，同时对负载电容 C 的充放电时间长。若 $V_T < V_{DD}/2$，如 $V_T = 0.1V_{DD}$，根据图 3-91(b) 可知，状态②对应 M_1 管更高的饱和电流，于是两根曲线的交点将更加小于 V_{DD}，电压传输特性曲线也将更早偏离 V_{DD} 向更小的方向倾斜，如图 3-94 所示。如图 3-95 所示，此时标志倒相过程的范围曲线 $V_{out} \leq V_{in} - V_{Tp}$ 和 $V_{out} \geq V_{in} - V_{Tn}$ 将更加向 $V_{out} = V_{in}$ 直线靠近，导致倒相过程对应的跳变电压减小，电压传输特性变差，噪声容限减小。但好处是，两者均处于饱和区的转换状态③时，对应的 I 更大，对负载电容 C 的充放电时间更短，但相应的状态转换功耗也自然增大。

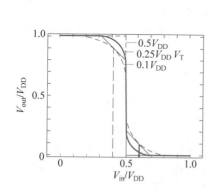

图 3-94 CMOS 倒相器电压传输
特性对 V_T 的依赖

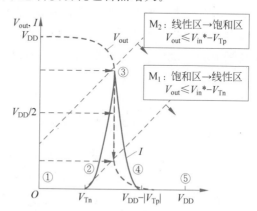

图 3-95 CMOS 倒相器状态转换跳变电压
大小对 V_T 的依赖

如图 3-96 所示，在电阻型负载倒相器、E-E 倒相器、E-D 倒相器和 CMOS 倒相器中，关态充电过程 CMOS 倒相器和 E-D MOS 倒相器原则上都可能具有较快的充电速度，且

CMOS 倒相器还没有衬偏效应,电压传输特性可以是近乎理想的矩形。CMOS 倒相器的优点非常明显：维持任意一个稳定高或低电平态几乎不存在电源到地的贯通电流,因而无用功耗,即静态功耗小,倒相发生前随着输入电压变化产生的对负载电容进行充放电的 MOS 管的导电能力一直在增大。

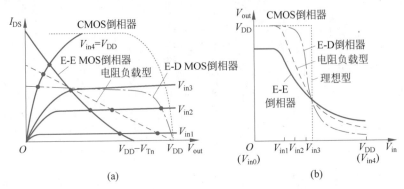

图 3-96　几种倒相器负载线和电压传输特性的对比

但 CMOS 倒相器也有相应的缺点：两种导电沟道需要电学隔离导致单元面积大,可能还有致命的闩锁寄生效应。如图 3-97 所示的 N 阱 CMOS 器件,在 P-Si 衬底上制作一个 N 阱,在 N 阱中制备 PMOS,在紧邻 N 阱的 P-Si 衬底上制备 NMOS。两个 MOS 通过 P-Si 衬底与 N 阱间形成的反偏 PN 结进行电学隔离。当 NMOS 的漏极存在信号噪声导致瞬间其与 P-Si 衬底形成的 N^+P 结出现明显正偏时(如 $V_{out} = -0.7V$),该漏极将向衬底发射电子,电子进入衬底后有机会被相邻 N 阱的 V_{DD} 正电势抽取进入 N 阱,并在流经 N 阱一段距离后被电源 V_{DD} 抽走。如此一来,其在 N 阱流经一段阱区对应的电阻 R_{well} 后,必然导致 N 阱电势低于 V_{DD}。如果这个电压差大于 0.7V,则在 N 阱内部触发 PMOS 的源极与 N 阱衬底形成的 P^+N 结出现明显正偏,该源极将向 N 阱发射空穴。发射出来的空穴进一步可能被相邻 P-Si 衬底具备的 $-V_{SS}$ 电势抽取而进入 P-Si 衬底。在流经 P-Si 衬底对应的电阻 R_{sub} 后被接地电势 $-V_{SS}$ 抽走。在 R_{sub} 上产生的分压进一步抬高了 P-Si 衬底对 NMOS 源极的电势差,导致源极与衬底形成的 N^+P 结更强烈正偏。

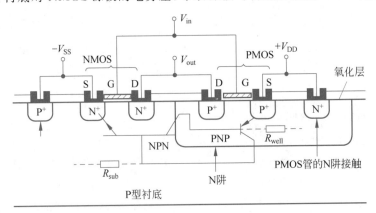

图 3-97　N 阱工艺制备的 CMOS 倒相器具有闩锁寄生效应原理图

于是更多电子注入衬底,继而被 N 阱吸引输运到 V_{DD},引起 N 阱内 PMOS 的源极与 N 阱间 P^+N 结的更强烈正偏,更多空穴随之注入 N 阱……如此反复,就形成了一个 PMOS 源极与 NMOS 源极之间的正反馈电流循环,最终直接导致一个不可控大电流在电源 V_{DD} 和接地电极 $-V_{SS}$ 之间流动,烧毁器件。这就是 CMOS 特有的闩锁效应。它本质上是一个横向 NPN BJT 和纵向 PNP BJT 两个 BJT 基区和集电区对调共用的寄生效应,类似 PNPN 闸流管。现代工艺中为了克服闩锁效应,往往应用浅槽隔离技术(STI)直接将 NMOS 和 PMOS 进行物理层面的电学隔离,消除载流子的横向输运。但这显然意味着 CMOS 所占的单元面积要更大一些。

3.7 MOSFET 的功率特性

视频

如图 3-98 所示,在散热极限以下和沟道不发生击穿的条件下 MOSFET 允许的最大 I_{DS} 为 $I_{DSsatmax}$,对应 $V_{DS} = V_{DSsatmax}$。此时对应的输出电压最大幅值为 $\frac{1}{2}(BV_{DS} - V_{DSsatmax})$,输出电流最大幅值为 $\frac{1}{2}I_{DSsatmax}$。对应的最大输出功率为式(3-200)。功率 MOSFET 的优点:①它是多子器件,不存在少子复合寿命,因而工作频率高,开关速度快;②电压控制性器件,输入阻抗高,所需开关的驱动电流小;③热稳定性好,温度升高后,载流子在沟道的迁移率下降延缓了温度的更快升高。功率 MOSFET 的缺点:①为了耐压,栅氧化层厚度往往较厚,所需充分开启的 V_{GS} 即 V_{on} 较大;②R_{on} 较大。

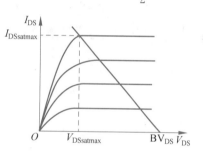

图 3-98 MOSFET 功率特性中输出电压、电流最大幅值的定义

$$P_{omax} = \frac{1}{2} \times \frac{1}{2}I_{DSsatmax} \cdot \frac{1}{2}(BV_{DS} - V_{DSsatmax})$$

$$= \frac{1}{8}I_{DSsatmax}(BV_{DS} - V_{DSsatmax}) \tag{3-200}$$

图 3-99 给出了几种功率 MOSFET 的典型剖面结构示意图。LDMOS(Laterally Diffused MOSFET)的优点是 N^- 漂移区可以有效提高 BV_{DS} 和 V_{PT},同时 L 减小可以提高 g_m 和 f_T。缺点也是明显的,即管芯面积因为 N^- 漂移区的存在而变大,且 R_{on} 也因为 N^- 区的存在而更大。VVMOS(垂直 V 形槽 MOSFET)通过在深度方向上腐蚀衬底形成漏极在下源极在上的垂直结构,N^- 漂移区转移到衬底内部,且在 V 形槽的两侧形成两个导电沟道。这一方面节省了管芯面积,另一方面等效减小了 R_{on}。但 V 形槽的形成依靠腐蚀工艺,不易控制,可靠性差;V 形槽尖端存在集中的电力线,局部电场强,BV_{DS} 下降;V 形槽尖端存在电流拥挤效应,导致 R_{on} 上升。于是人们又提出了 VUMOS(垂直 U 形槽 MOSFET)结构。其优点很明显:槽底的尖端电场下降了,BV_{DS} 得以提高;N^- 漂移区电流易展开,R_{on} 有所下降。缺点是 U 形槽也是靠腐蚀工艺制备的,可控性差,器

件可靠性差。现在广泛采用 VDMOS(垂直双扩散 MOSFET),利用双扩散工艺获得表层 P^- 和 N^+ 区。它具有和 MOSFET 极其相似的结构,只不过漏极在衬底。显然,这种结构通过衬底 N^- 漂移区可以获得较大的 BV_{DS},又是标准平面工艺制备,可靠性也高。但 N^- 漂移区的存在使得它的 R_{on} 也是较大的。

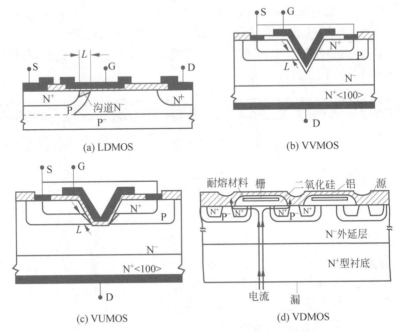

(a) LDMOS   (b) VVMOS

(c) VUMOS   (d) VDMOS

图 3-99　几种功率 MOSFET 的剖面结构图

习题

1. 设 MIS 结构中氧化层中可动正电荷的分布为 $\rho(x)$,试证明它对平带电压的贡献为

$$V_{FB} = -\frac{1}{C_{ox}} \int_0^{t_{ox}} \frac{x}{t_{ox}} \rho(x) \mathrm{d}x$$

并分别求可动电荷均匀分布在靠近 $Si\text{-}SiO_2$ 界面和金属氧化物界面很薄一层情况下对平带电压的贡献。

2. 试推导 MIS 结构平带电容的表达式,其中衬底为 P 型硅。

3. 考虑两种 P-Si 衬底的 MOS 结构:MOS-A,$W_m > W_s$,固定正电荷 $Q_f = 0$;MOS-B,$W_m = W_s$,固定正电荷 $Q_f > 0$。

(1) 分别画出上述两种 MOS 结构在 $V_G = 0$V 和 $V_G = V_{FB}$ 时的能带图。

(2) 若 t_{ox}、N_A 等均已知,写出 MOS-B 在 $V_G = 0$V 时 SiO_2 上压降 V_{ox} 的求解方程。

4. 早期 MOS 工艺利用重掺杂多晶硅作为栅极材料,当施加栅极电压时,在多晶硅和二氧化硅界面附近也会感应出一层空间电荷层,称为多晶硅栅耗尽效应。考虑多晶硅栅耗尽,假设 NMOS 栅极采用 N^+ 多晶硅,掺杂浓度为 N_{poly},计算器件开启时等效的氧化层厚度,并分析多晶硅栅耗尽效应对器件性能的影响。

5. 对于某 PMOS 器件,栅氧化层厚度 $t_{ox}=12\text{nm}$,氧化层电荷 $Q_f/q=2\times10^{11}\text{cm}^{-2}$,如何选用合适的栅极材料和衬底掺杂浓度,使得阈值电压 $V_{TP}=-0.3\text{V}$。

6. 考虑一个 NMOS 结构,$N_D=2\times10^{16}\text{cm}^{-3}$,$t_{ox}=10\text{nm}$,$Q_f/q=5\times10^{10}\text{cm}^{-2}$。当栅电极分别为 Al、$N^+$ 多晶硅和 P^+ 多晶硅时,计算 V_{FB} 和 V_T。

7. 为了将器件彼此隔离,每个 MOSFET 都被场氧化层包围。如果要求与场氧化层有关的寄生"场晶体管"的 $V_T>10\text{V}$,计算场氧化层的最小厚度,其中 $qN_A=10^{17}\text{cm}^{-3}$,$Q_f/q=10^{11}\text{cm}^{-2}$,栅极采用 N^+ 多晶硅。

8. 对于习题 7 所述的寄生 MOS 结构,衬底掺杂浓度改为 $N_A=10^{15}\text{cm}^{-3}$,氧化层厚度未知,其他条件不变。若通过沟道阻止注入来满足所需阈值电压的要求,求所需的最小注入剂量。

9. 已知一个 N 阱 CMOS 反相器的衬底掺杂浓度 $N_A=10^{15}\text{cm}^{-3}$,N 阱掺杂浓度 $N_D=5\times10^{16}\text{cm}^{-3}$,栅氧化层厚度 $t_{ox}=20\text{nm}$。忽略氧化层电荷,NMOS/PMOS 都是 N^+ 多晶硅栅。

(1) 计算 V_{Tn} 和 V_{Tp}。

(2) 若想只通过一次离子注入,调整阈值电压使 $V_{Tn}=-V_{Tp}$,应注入何种类型离子,计算注入剂量 N_{im} 以及调整后的 V_{Tn} 和 V_{Tp}。

10. 对于 NMOSFET,$qV_B=0.4\text{eV}$,当衬底偏置电压 $V_{BS}=-1\text{V}$ 时,阈值电压的变化为 1V。求当衬底偏置电压 $V_{BS}=-3\text{V}$ 时,阈值电压的变化是多少。

11. 已知 NMOS 的衬底掺杂浓度为 N_A,氧化层厚度为 t_{ox},在 P 型衬底进行硼离子注入来调节阈值电压,总剂量为 N_{im}。根据注入的硼离子的分布状况,求垂直沟道方向的电场分布 $E(x)$,以及忽略半导体功函数变化时均匀分布在 $0\sim d$ 处($d<d_{max}$)和 Si-SiO_2 界面两种情况下阈值电压的差值。

12. 在 $N_A=10^{16}\text{cm}^{-3}$ 的 P-Si 衬底上制成一个 Al 栅 MOS 结构,栅 SiO_2 层厚度 $t_{ox}=50\text{nm}$,假定 SiO_2 中不存在电荷。当栅压为 0V 和 1V 时,分别计算:

(1) 半导体表面势 V_s;

(2) 半导体内部空间电荷层厚度 X_d;

(3) 半导体表面电场 E_s;

(4) 半导体表面电子面密度 Q_n/q。

13. 设 MOSFET 的 x 方向为垂直于半导体表面指向体内,y 方向为从源指向漏。当器件处于线性区时,沟道反型电子面密度有如下表达式:

$$Q_n(y)=C_{ox}[V_{GS}-V_T-V(y)]$$

(1) 推导沟道表面处的 $V(y)$ 以及横向电场 $E(y)$ 的表达式;

(2) 用(1)中推导出的表达式,求 MOSFET 处于临界饱和状态时的 $V(y)$ 和 $E(y)$。

14. 某 N 沟道 MOSFET 工作在线性区,$W=15\mu m$,$L=2\mu m$,$C_{ox}=6.9\times10^{-8}\text{F/cm}^2$,$V_{DS}=0.1\text{V}$。测得当 $V_{GS}=1.5\text{V}$ 时,$I_{DS}=35\mu A$,当 $V_{GS}=2.5\text{V}$ 时,$I_{DS}=75\mu A$,求沟道

内载流子的迁移率和阈值电压。

15. 一理想 MOS 电容,掺杂浓度 $N_A = 10^{17}\,\mathrm{cm}^{-3}$,当表面势比费米势大 10% 时,计算反型层厚度。

16. 假设 NMOS 器件特性可由平方律模型描述(忽略亚阈值电流和沟道长度调制效应),已知 $\beta = \mu_n C_{ox} \dfrac{W}{L} = 25\,(\mu\mathrm{A/V}^2)$,$V_T = 1\mathrm{V}$,$V_{DS} = 3\mathrm{V}$,栅极电压 V_{GS} 在 $0\sim4\mathrm{V}$ 变化。

(1) 写出 $\sqrt{I_{DS}}$-V_{GS} 表达式,并说明突变点及原因。

(2) 写出跨导 g_m 和漏导 g_d 表达式,并说明突变点及原因。

17. 考虑 N 沟道 MOSFET,其衬底掺杂浓度 $N_A = 2 \times 10^{16}\,\mathrm{cm}^{-3}$,阈值电压 $V_T = 0.4\mathrm{V}$,沟道长度 $L = 1\mu\mathrm{m}$。器件偏置情况为 $V_{GS} = 1\mathrm{V}$,$V_{DS} = 2.5\mathrm{V}$。求由沟道长度调制引起的漏源电流和理想漏源电流之比。

18. 某 NMOSFET,$\mu_n C_{ox} \dfrac{W}{L} = 100\,(\mu\mathrm{A/V}^2)$,$W/L = 10$,$V_T = 0.5\mathrm{V}$,漏源偏置电压 $V_{DS} = 2\mathrm{V}$。当 $V_{GS} = 0.8\mathrm{V}$ 时,求理想的漏源电流。如果考虑沟道长度调制效应,$\lambda = 0.02\mathrm{V}^{-1}$,重新求解漏源电流和输出阻抗。

19. 证明体电荷模型下且无衬偏电压时,MOS 的饱和漏源电压可表示为

$$V_{DSsat} = V_{GS} - V_{FB} - 2V_B + \frac{\gamma^2}{2}\left[1 - \sqrt{1 + \frac{4}{\gamma^2}(V_{GS} - V_{FB})}\right]$$

其中:$\gamma = \sqrt{2\varepsilon_s q N_A}$。

20. 若 NMOS 的 $W/L = 10$,$\mu_n = 400\,\mathrm{cm}^2/(\mathrm{V}\cdot\mathrm{s})$,$t_{ox} = 10\mathrm{nm}$,$V_T = 2\mathrm{V}$。

(1) 求当 $V_{GS} = 5\mathrm{V}$ 时,使得饱和跨导 g_{ms} 下降到理想值 20% 时的源极电阻 R_s;

(2) 使用(1)中求得的 R_s 值,当 $V_{GS} = 3\mathrm{V}$ 时,g_{ms} 下降到理想值的百分之几?

21. 若 NMOS 的衬底掺杂浓度 $N_A = 7 \times 10^{16}\,\mathrm{cm}^{-3}$,栅氧厚度 $t_{ox} = 15\mathrm{nm}$,忽略氧化层中电荷和界面电荷的影响,栅极为 N^+ 多晶硅栅。

(1) 用 $V_s = 2V_B$ 估算器件亚阈值摆幅。

(2) 根据恒电流定义法,若定义 $I_{DS} = 0.3\mu\mathrm{A}$ 时的栅极电压为阈值电压,求 $V_{GS} = 0\mathrm{V}$ 时的 I_{OFF}。

(3) 对于(2)中结论,若希望通过施加衬偏电压来降低 I_{OFF},计算 I_{OFF} 比原先降低一个数量级所需施加的衬偏电压 V_{BS}。

22. 证明当 $C_d \ll C_{ox}$ 时,书中所述两种求亚阈值摆幅的方法可以等效,即

$$\mathrm{SS} = \frac{kT}{q}\ln 10 \frac{1}{1 - \left[1 + \dfrac{2C_{ox}^2}{qN_A\varepsilon_s}(V_{GS} - V_{FB})\right]^{-1/2}} \approx \frac{kT}{q}\ln 10\left(1 + \frac{C_d}{C_{ox}}\right)$$

23. 已知 NMOS 的基本器件参数(μ_n、C_{ox}、W/L)和 kT/q,器件的偏置条件为 $V_{GS} - V_T \gg V_{DS} > 0$。计算沟道中扩散电流与漂移电流之比。

24. 若 NMOS 的源漏掺杂浓度 $N_D = 10^{19}\,\mathrm{cm}^{-3}$,衬底掺杂浓度 $N_A = 10^{16}\,\mathrm{cm}^{-3}$,沟

道长度 $L=1.0\mu\text{m}$，$t_{\text{ox}}=15\text{nm}$，$V_\text{T}=0.3\text{V}$，计算 $V_{\text{GS}}=0\text{V}$ 时的源漏穿通电压。

25. 若沟道横向电场 $E(y)$ 为非均匀电场，证明临界饱和时沟道渡越时间为

$$\tau=\frac{4}{3}\frac{L^2}{\mu_\text{n}V_{\text{DSsat}}}$$

26. 利用 MOSFET 交流小信号模型，推导交流小信号下，当 NMOS 工作在饱和区时，栅电压对 C_{GS} 充电时的等效沟道串联电阻为

$$R_{\text{GS}}=\frac{2}{5}\frac{1}{\beta(V_{\text{GS}}-V_\text{T})}$$

第 4 章

小尺寸 MOSFET

4.1 小尺寸效应

4.1.1 MOSFET 的短沟道效应

MOSFET 的工作原理自其 1926 年被正式申请发明专利以来至今并未发生过改变，但当其沟道长度 L、沟道宽度 W 等尺寸变小，特别是进入亚 100nm 范围后，很多与尺寸有关的二阶效应突显出来并严重影响其电学特性。典型二阶效应包括阈值电压"滚降"（V_T roll-off）、反常短沟道效应（V_T roll-up）、窄沟道效应（NWE）、漏感应势垒降低（DIBL）、亚阈值特性退化、热载流子效应以及速度饱和效应。这些二阶效应统称为小尺寸效应，有时也用短沟道效应（Short Channel Effect，SCE）代指。本章将对这些效应逐一做出分析。

视频

视频

4.1.2 阈值电压"滚降"

根据 NMOS 的阈值电压定义式（4-1）可知，V_{Tn} 与沟道长度 L 并无直接关系。但图 4-1 的结果清晰表明随着 L 减小，V_{Tn} 开始快速下降。这个效应就是阈值电压"滚降"效应，是最典型的短沟道效应。

$$V_{Tn} = \phi_{ms} - \frac{Q_f}{C_{ox}} + \frac{qN_A d_{max}}{C_{ox}} + \frac{2kT}{q}\ln\left(\frac{N_A}{n_i}\right) \qquad (4\text{-}1)$$

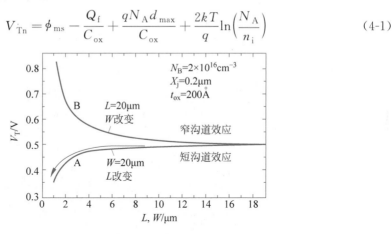

图 4-1 NMOS 阈值电压"滚降"现象

如图 4-2 所示，对于长沟道 NMOS 来说，正常开启时沟道区大部分范围内的电势分布在 y 方向是非常平缓的。这意味着 y 方向的电场梯度很小，可以忽略，如式（4-2）所示，这就是缓变沟道近似。所以此时沟道内部的二维泊松方程就简化为式（4-3）。然而当沟道长度很短时，沟道内的电势分布不再平缓，如图 4-3 所示。沿图 4-3 内箭头所示的 y 方向，插图表明随着 y 的增加，电势 ϕ 也在快速上升，因此有式（4-4）。此时，沟道内的二维泊松方程如式（4-5），变形后得到式（4-6），其中 $\rho(x,y)$ 是衬底内部忽略了反型电子后的净剩电荷体密度，即 $-qN_A$。因为 $\frac{\partial^2 \phi(x,y)}{\partial y^2} > 0$，所以有效净剩电荷体密度 $|\rho_{eff}| < |\rho|$，

即式(4-7)成立。既然衬底有效掺杂浓度 N_{Aeff} 降低，由式(4-1)易知 V_{Tn} 减小。这就是阈值电压滚降效应的定性分析。其实质就是短沟道时缓变沟道近似不再成立，E_y 开始明显影响反型电子数量即反型条件。

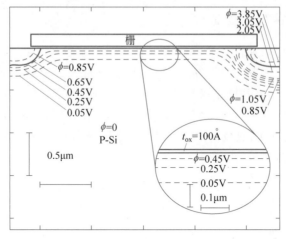

图 4-2　典型长沟道 NMOS 在 $V_{\text{DS}}=3\text{V}, V_{\text{GS}}=V_{\text{Tn}}$ 时衬底电势分布

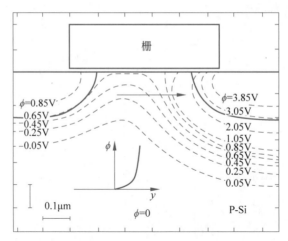

图 4-3　典型短沟道 NMOS 在 $V_{\text{DS}}=3\text{V}, V_{\text{GS}}=V_{\text{Tn}}$ 时衬底电势分布及随图中箭头变化的电势

$$\frac{\partial^2 \phi(x,y)}{\partial y^2} = 0 \tag{4-2}$$

$$\frac{\partial^2 \phi(x,y)}{\partial x^2} = -\frac{\rho(x,y)}{\varepsilon_s} \tag{4-3}$$

$$\frac{\partial^2 \phi(x,y)}{\partial y^2} > 0 \tag{4-4}$$

$$\frac{\partial^2 \phi(x,y)}{\partial x^2} + \frac{\partial^2 \phi(x,y)}{\partial y^2} = -\frac{\rho(x,y)}{\varepsilon_s} \tag{4-5}$$

$$\frac{\partial^2 \phi(x,y)}{\partial x^2} = -\frac{\rho(x,y)}{\varepsilon_s} - \frac{\partial^2 \phi(x,y)}{\partial y^2} = -\frac{\rho_{\mathrm{eff}}(x,y)}{\varepsilon_s} = \frac{qN_{A\,\mathrm{eff}}}{\varepsilon_s} \tag{4-6}$$

$$N_{A\,\mathrm{eff}} < N_A \rightarrow V_{Tn} \downarrow \tag{4-7}$$

现在使用电荷分享模型,即 Poon-Yau 模型来定量分析阈值电压的滚降。为了简化符号,对于 NMOS 的阈值电压这里使用 V_T 代替 V_{Tn},如式(4-8)所示。式(4-9)和式(4-10)分别给出了衬偏系数和空间电荷层最大厚度。如图 4-4 所示,在 $V_{DS} = 0\mathrm{V}$ 时,漏源 N^+P 结的内建电势差对应一个耗尽区,需要衬底提供一定量的固定负电荷来满足 P 区一侧的耗尽区需求。由于沟道较短,这部分固定负电荷就必然在栅极下方的沟道区。而 NMOS 的栅极在施加 V_{GS} 开启时,栅极电力线也是需要穿过栅氧化层终结在衬底固定负电荷和反型电子上。这就造成了衬底固定负电荷一部分需要与源漏极与衬底形成的 PN 结的耗尽区共享。共享区域的设置如图 4-4 所示,栅极独享一个梯形截面的固定负电荷区,假设栅极电力线只限制终结在这个梯形区域里。于是,可以用式(4-11)来重写 V_T 得到 V_T',其中 Q_B' 代表梯形区域对应的固定负电荷面密度,Q_B'/Q_B 为共享因子 F,如式(4-12)所示。$F = 1$ 表示没有共享,$F = 0$ 表示完全共享。显然 F 越大,V_T 滚降效应越小。

如图 4-4 所示,近似认为源漏 PN 结的冶金学边界剖面和相应的耗尽区边界都分别是以结深 x_j、r_2 为半径的同心圆。同时,在 $V_{DS} = 0\mathrm{V}$ 时,近似认为源漏耗尽区在衬底一侧的厚度与空间电荷层最大厚度 $d_{\max}$ 近似相等($2V_B$ 与 V_D 差不多大小)。于是,就有了式(4-13),进而可得相对具体的 F 展开式(4-14)和 V_T' 表达式(4-15)。当 $d_{\max}/x_j$ 较小时,即 N_A 较大,$d_{\max}$ 较小,共享程度较小,F 较大,F 可以近似为式(4-16)。当 $d_{\max}/x_j$ 较大时,即 N_A 较小,$d_{\max}$ 较大,共享程度较大,F 较小,F 可以近似为式(4-17)。于是 V_T 的滚降量可以写为式(4-18)。显然,影响 V_T 滚降的因素有:①L 减小,F 减小,ΔV_T 增大;②t_{ox} 减小,ΔV_T 减小;③x_j 增大,F 减小,ΔV_T 增大;④N_A 减小,$d_{\max}$ 增加(α 增大),F 减小,ΔV_T 增大。前两个规律可以从式(4-18)直接看出,后两个规律则可以从图 4-4 的模型设计直观获得。电荷分享模型实质上是栅极能够有效控制的衬底固定负电荷量减少了,有效 Q_B 下降,导致 V_T 下降。图 4-5 给出了应用该模型预测的 V_T 与实验测量值之间的较好吻合关系。

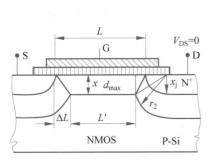

图 4-4　NMOS 电荷分享模型($V_{DS} = 0\mathrm{V}$)

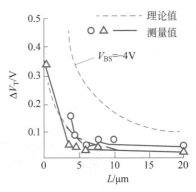

图 4-5　电荷分享模型与实验结果的对比

$$V_T = V_{FB} + 2V_B + \frac{|Q_B|}{C_{ox}} = V_{FB} + 2V_B + \gamma \sqrt{2V_B + |V_{BS}|} \tag{4-8}$$

$$\gamma = \frac{\sqrt{2\varepsilon_s q N_A}}{C_{ox}} \tag{4-9}$$

$$d_{max}(V_{BS}) = \left[\frac{2\varepsilon_s}{q} \frac{(2V_B + |V_{BS}|)}{N_A} \right]^{1/2} \tag{4-10}$$

$$V'_T = V_{FB} + 2V_B + \frac{|Q'_B|}{C_{ox}} = V_{FB} + 2V_B + \left| \frac{Q'_B}{Q_B} \right| \gamma \sqrt{2V_B + |V_{BS}|} \tag{4-11}$$

$$F = \left| \frac{Q'_B}{Q_B} \right| = 1 - \frac{2 \times d_{max} \Delta L / 2}{d_{max} L} = 1 - \frac{\Delta L}{L} \tag{4-12}$$

$$\Delta L = (r_2^2 - d_{max}^2)^{1/2} - x_j \approx [(x_j + d_{max})^2 - d_{max}^2]^{1/2} - x_j$$
$$= x_j \left[\left(1 + \frac{2d_{max}}{x_j} \right)^{1/2} - 1 \right] \tag{4-13}$$

$$F = \left| \frac{Q'_B}{Q_B} \right| = 1 - \frac{x_j}{L} \left[\left(1 + \frac{2d_{max}}{x_j} \right)^{1/2} - 1 \right] \tag{4-14}$$

$$V'_T = V_{FB} + 2V_B + \gamma \sqrt{2V_B + |V_{BS}|} \left\{ 1 - \frac{x_j}{L} \left[\left(1 + \frac{2d_{max}}{x_j} \right)^{1/2} - 1 \right] \right\} \tag{4-15}$$

$$F = \left| \frac{Q'_B}{Q_B} \right| = 1 - \frac{x_j}{L} \left[\left(1 + \frac{2d_{max}}{x_j} \right)^{1/2} - 1 \right] \approx 1 - \frac{d_{max}}{L} \left(\frac{d_{max}}{x_j} \text{较小时} \right) \tag{4-16}$$

$$F = \left| \frac{Q'_B}{Q_B} \right| = 1 - \alpha \frac{d_{max}}{L} \left(\frac{d_{max}}{x_j} \text{较大时,经验参数} \alpha > 1 \right) \tag{4-17}$$

$$\Delta V_T = |V'_T - V_T| = (1 - F) \gamma \sqrt{2V_B + |V_{BS}|}$$
$$= \gamma \sqrt{2V_B + |V_{BS}|} \frac{x_j}{L} \left[\left(1 + \frac{2d_{max}}{x_j} \right)^{1/2} - 1 \right]$$
$$= \alpha \frac{d_{max}}{L} \gamma \sqrt{2V_B + |V_{BS}|} = 2\alpha \frac{\varepsilon_s}{\varepsilon_{ox}} \frac{t_{ox}}{L} (2V_B + |V_{BS}|) \tag{4-18}$$

当 $V_{DS} > 0$ 时,如图 4-6 所示,V_{DS} 大部分电压降落在漏衬反偏 PN 结上。此时 F 改由式(4-19)表示,相应的 ΔV_T 可由式(4-20)表示。抑制 V_T 滚降效应可以减小 x_j、减小 t_{ox}、减小 $|V_{BS}|$、减小 V_{DS} 或增大 N_A 实现。

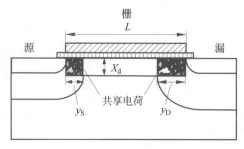

图 4-6　NMOS 电荷分享模型($V_{DS} > 0V$)

$$F = \left| \frac{Q'_\mathrm{B}}{Q_\mathrm{B}} \right| = 1 - \alpha \frac{1}{L} \frac{y_\mathrm{S} + y_\mathrm{D}}{2} \tag{4-19}$$

$$\Delta V_\mathrm{T} = \frac{\alpha(y_\mathrm{S} + y_\mathrm{D}) \sqrt{q\varepsilon_\mathrm{s} N_\mathrm{A}(V_\mathrm{B} + 0.5 \mid V_\mathrm{BS} \mid)}}{LC_\mathrm{ox}} \tag{4-20}$$

4.1.3 反常短沟道效应

与图 4-1 不同的是,图 4-7 表明随着 L 减小,V_T 会先反常增大然后才快速减小,这个现象称为反常短沟道效应(Reversed Short Channel Effect,RSCE)。在平面 MOSFET 工艺中曾经大量应用多晶硅自对准栅极工艺(见附录 E)。这种工艺是在高质量栅氧化层制备完成后,其上大面积淀积多晶硅栅极,然后通过光刻、干法刻蚀工艺直接形成多晶硅/栅氧化层叠层复合栅极结构。在干法刻蚀过程中,源漏等不需要保留栅氧化层的区域的栅氧化层都将被刻蚀去除。刻蚀过程不可避免会对留存下来的栅极结构底层栅氧化层的边缘和衬底 Si 表层造成一定的刻蚀损伤,引起栅极完整性问题。于是,往往需要在栅极复合结构形成后增加一次再氧化工艺,消耗掉那些损伤的 Si 表层并同时通过高温修复可能受损的栅氧化层边缘部分。然而,Si 的氧化过程是以 O 原子扩散通过生成的氧化硅层到达界面与新鲜衬底 Si 发生氧化反应来持续进行的,且在界面反应时会向衬底 Si 中注入大量点缺陷,包括自间隙 Si 原子和空位。如图 4-8 所示,位于栅极边缘与衬底相交的角落区域能接收到更多 O 原子且角落区本来就是损伤、应力可能集中的区域,因此这个区域的衬底 Si 将加速氧化生成更厚氧化层的同时,也会在氧化过程中向衬底内部释放更多的点缺陷。这些氧化产生的点缺陷将导致 B 原子在 Si 中的扩散增强,称为氧化增强扩散(OED)。显然 OED 仅对在栅极边缘对应的衬底附近注入了更多的点缺陷的区域作用明显,而在栅极中部这种效应要弱得多。

如图 4-7 和图 4-9 所示,在栅氧化层制备之前,为了调节 NMOS 和 PMOS 的阈值电

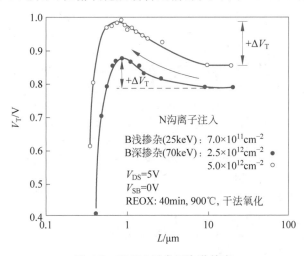

图 4-7 NMOS 反常短沟道效应

(Cheng Y H,et al. 1997 International Conference on Simulation of Semiconductor Processes and Devices,1997:249-252.)

压,往往在工艺上还有一步阈值电压调整离子注入,一般是在衬底表层注入 B 离子。为了抑制 NMOS 源漏间的亚表面穿通效应,往往还有一步注入深度更深的防穿通 B 离子注入。这样 NMOS 的衬底一般就会形成表层 B 掺杂浓度低于体内掺杂浓度的倒分布结构。栅极再氧化过程的高温导致衬底 B 离子从体内峰值处向表层和体内更深层扩散。因为栅极边缘向衬底注入更多点缺陷,B 离子在沟道内部发生不均匀的扩散,即栅极边缘对应的衬底表层 B 浓度会高于栅极中部衬底表层的 B 浓度,如图 4-9 所示。如图 4-10 所示,在考虑点缺陷导致的 OED 效应后,仿真表明确实会让体内 B 向衬底表面和内部发生更多扩散,使得表层 B 浓度比不考虑 OED 效应的栅极中部衬底表层高。利用式(4-21)来表示反型层厚度范围内沟道表层区域 B 杂质电荷面密度随 y 的指数衰减关系,其中 Q_{fs0} 表示 $y=0$ 处源(漏)端杂质电荷面密度与栅极中部杂质电荷面密度的差值,G_0 是横向分布特征长度。于是,可以通过式(4-22)获得整个栅极范围内 OED 效应造成额外 B 杂质电荷量的增量。相应的,式(4-23)就给出了这些额外增量电荷对 ΔV_T 的影响。显然,L 越小,ΔV_T 越大。图 4-11 的理论预测与实验基本一致的结果证实了模型的有效性。

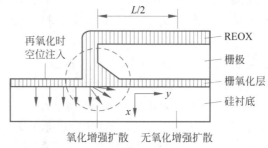

图 4-8　多晶硅栅极刻蚀形成后的再氧化工艺(REOX)导致栅极边缘处下方
衬底表层有大量空位等点缺陷注入

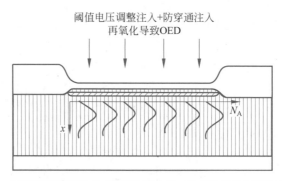

图 4-9　阈值电压调整注入、防穿通注入后,考虑再氧化工艺后氧化
增强扩散导致衬底表层 B 原子再分布

$$Q_{fs}(y) = Q_{fs0} \exp(-y/G_0) \tag{4-21}$$

$$Q_{FS} = 2W \int_0^{L/2} Q_{fs}(y)\,\mathrm{d}y = 2Q_{fs0}G_0 W [1 - \exp(-L/2G_0)] \tag{4-22}$$

$$\Delta V_T = \frac{Q_{FS}}{C_{ox}LW} = \frac{2Q_{fs0}G_0}{C_{ox}L}[1 - \exp(-L/2G_0)] \tag{4-23}$$

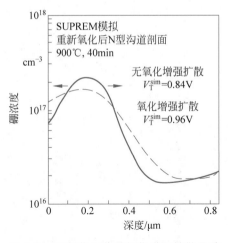

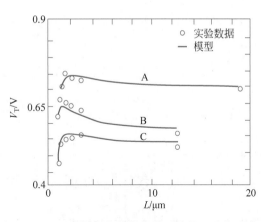

图 4-10 再氧化工艺后氧化增强扩散导致
沟道区 B 离子扩散再分布

图 4-11 再氧化工艺后氧化增强扩散导致的反常
短沟道模型与实验结果的对比

4.1.4 窄沟道效应

如图 4-12 所示,当 NMOS 的沟道宽度变窄时,V_T 越来越大,这称为窄沟道效应
(Narrow Width Effect,NWE)。之所以出现这种效应,是因为 NMOS 器件在宽度方向
存在额外的 Q_W,如图 4-13 所示。一些额外的电力线穿过栅氧化层终结在 Q_W 上,必然
引起 V_T 的上升。正常宽沟 NMOS 的阈值
电压可以用式(4-24)表示,其中栅氧化层上
的压降 V_{ox} 用式(4-25)表示。但对窄沟
NMOS 来说,其阈值电压需要用式(4-26)表
示,Q_W 的贡献不能被忽略。假设图 4-13 上
表示的 Q_W 部分的截面轮廓是 1/4 圆弧,则
存在式(4-27)。实际应用中往往引入经验
参数 G_W 用式(4-28)来普适地表征 Q_W 的
影响。由式(4-28)可知,随着 W 减小 Q_W/Q_B 变大,式(4-26)表征的 V_T 要上升。

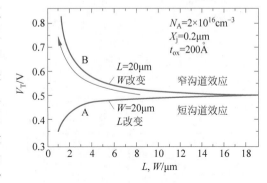

图 4-12 NMOS 窄沟道效应

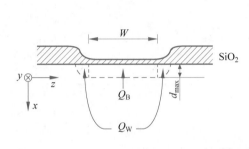

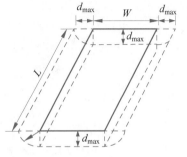

图 4-13 窄沟道效应的机理

$$V_{T,宽沟} = V_{FB} + 2V_B + \gamma\sqrt{2V_B + |V_{BS}|} \tag{4-24}$$

$$\frac{|Q_B|}{C_{ox}} = \gamma\sqrt{2V_B + |V_{BS}|} \tag{4-25}$$

$$V_{T,窄沟} = V_{FB} + 2V_B + \gamma\sqrt{2V_B + |V_{BS}|} + \frac{|Q_W|}{C_{ox}}$$

$$= V_{FB} + 2V_B + \frac{|Q_B|}{C_{ox}}\left(1 + \left|\frac{Q_W}{Q_B}\right|\right) \tag{4-26}$$

$$\left|\frac{Q_W}{Q_B}\right| = \frac{\frac{1}{2}\pi d_{max}^2}{Wd_{max}} = \frac{\pi}{2}\frac{d_{max}}{W} \tag{4-27}$$

$$\left|\frac{Q_W}{Q_B}\right| = G_W\frac{d_{max}}{W} \tag{4-28}$$

图 4-14 给出了几种常用隔离措施对应的窄沟道效应原理。抬升场氧化物隔离没有对宽度方向衬底上的 Q_W 产生有效限制，这种隔离对应比较严重的窄沟道效应。Si 局部氧化隔离（LOCOS）因为氧化过程消耗衬底 Si，一部分氧化硅深入了衬底 Si，从而部分抑

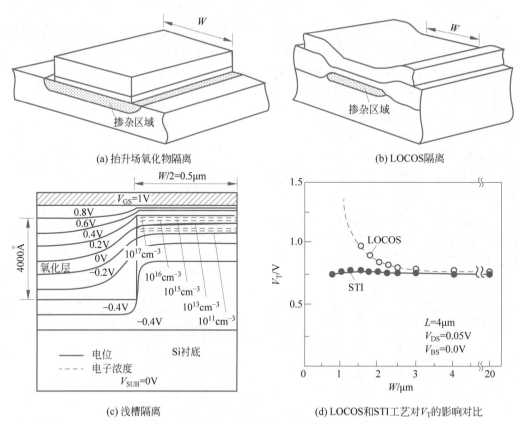

(a) 抬升场氧化物隔离　　(b) LOCOS隔离　　(c) 浅槽隔离　　(d) LOCOS和STI工艺对V_T的影响对比

图 4-14　几种隔离措施对应的窄沟道效应原理

184

制了窄沟道效应。比较彻底消除窄沟道效应的技术是浅槽隔离技术（Shallow Trench Isolation,STI）。在这种技术中,直接通过在 Si 衬底上腐蚀出浅槽并在槽内填充氧化硅起到电学隔离的作用,如图 4-14(c)所示。这样,当 $V_{GS}=1V$ 时,可以看到由于 STI 内有氧化层,其内部电场要比衬底 Si 内的弱,等势线变化更为缓慢。于是,相同 x 处 STI 内的电势比相邻衬底 Si 内的电势要高,客观上造成 STI 内的电势能额外吸引 Si 衬底内的电子,造成衬底 Si 靠近 STI 的区域电子浓度更高。STI 结构不但彻底消除了窄沟道效应,还能引起反向窄沟道效应,即沟道越窄,V_T 反而略微减小,如图 4-14(d)所示。

如图 4-14(b)所示,LOCOS 隔离可以部分抑制窄沟道效应。但如图 3-22 所示,在 LOCOS 场氧化物的下方需要增加一次 B 注入作为沟道阻止措施。于是在场氧化层生长时,这些 B 有机会做横向扩散,如图 4-15 所示。这导致衬底 B 杂质浓度边缘高、中间低,边缘部分对应的栅极不易开启。这样,随着 W 减小,栅极下方衬底的 B 杂质浓度等效提高,V_T 必然上升,形成一种新的窄沟道效应机制。

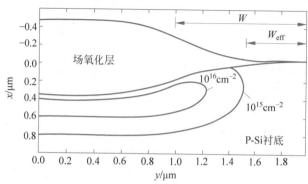

图 4-15 杂质横向扩散引起窄沟道效应

4.1.5 漏感应势垒降低

视频

如图 4-16 所示,理论预测和实验结果都表明 NMOS 阈值电压随着 V_{DS} 的增加而减小,特别是当沟道长度较短时这种减小的趋势更加明显,称为漏感应势垒降低（Drain Induced Barrier Lowering,DIBL）效应。一般用式(4-29)来表征 DIBL 效应,其中 σ 是 DIBL 因子,常用单位是 mV/V。

$$V_T(V_{DS})=V_T(0)-\sigma V_{DS} \tag{4-29}$$

如图 4-17 所示,可以从电荷分享角度来解释 DIBL 效应。式(4-30)给出了此时的电荷分享因子 F,其中 y_S 和 y_D 分别由式(4-31)和式(4-32)表达,式中 V_{bi} 是源、漏与衬底 PN 结内建电势差。于是,ΔV_T 随 V_{DS} 增加而变大,如式(4-33)所示。

$$F=\left|\frac{Q'_B}{Q_B}\right|$$
$$=1-\left\{\frac{x_j}{2L}\left[\left(1+\frac{2y_S}{x_j}\right)^{1/2}-1\right]+\frac{x_j}{2L}\left[\left(1+\frac{2y_D}{x_j}\right)^{1/2}-1\right]\right\} \tag{4-30}$$
$$=1-\alpha\frac{1}{L}\frac{y_S+y_D}{2}$$

$$y_S = \sqrt{\frac{2\varepsilon_s}{qN_A}(V_{bi} + |V_{BS}|)} \tag{4-31}$$

$$y_D = \sqrt{\frac{2\varepsilon_s}{qN_A}(V_{bi} + V_{DS} + |V_{BS}|)} \tag{4-32}$$

$$\Delta V_T = \frac{\alpha(y_S + y_D)\sqrt{q\varepsilon_s N_A(V_B + 0.5|V_{BS}|)}}{LC_{ox}} \tag{4-33}$$

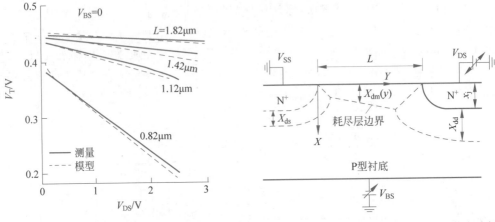

图 4-16 NMOS 漏感应势垒降低现象   图 4-17 电荷分享角度解释 NMOS 漏感应势垒降低效应

也可以从能带及表面势的角度更加直观地对 DIBL 效应进行理解。如图 4-18 所示，相同 V_{DS} 条件下，减小 L 可以降低源极与沟道区 N^+N 高低结的势垒高度；同样，相同 L 情况下，提高 V_{DS} 也可以降低源极与沟道区 N^+N 高低结的势垒高度。图 4-19 进一步表明，相同 V_{DS} 情况下，减小 L，直接减小了源极与沟道区 N^+N 高低结两侧的表面势差，即

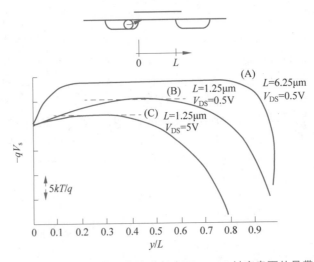

图 4-18 漏感应势垒降低效应对归一化沟道长度下 NMOS 衬底表面处导带底能带的影响

减小了结的势垒高度。式(4-34)给出了整个沟道区任意 y 处的表面势值,其中 V_{sL} 由式(4-35)定义,代表了长沟道 NMOS 的表面势影响,V_{TL} 就是长沟道 NMOS 的阈值电压。而 l 是特征长度,由式(4-36)定义,其中 η 为拟合参数。于是,针对 V_{DS} 的大小取值,可以分别近似得到 ΔV_T 的表达式,如式(4-37)所示。DIBL 效应是明显可以降低 V_T 的,其本质是 V_{DS} 在 $y=0$ 附近的 $V(y)\neq0$,引起了源极与沟道区 N^+N 高低结的正偏,进而使得在沟道区该处的电子浓度显著增加,等效降低了达到强反型对 V_{GS} 的要求。

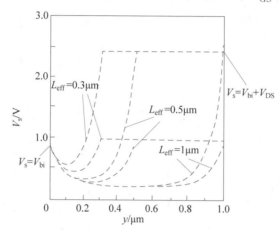

图 4-19　漏感应势垒降低效应对 NMOS 衬底表面势的影响

(Liu Z H. IEEE Transactions On Electron Devices,1993,40(I):86-95.)

$$V_s(y) = V_{sL} + (V_{bi} + V_{DS} - V_{sL})\frac{\sinh(y/l)}{\sinh(L/l)} + $$
$$(V_{bi} - V_{sL})\frac{\sinh[(L-y)/l]}{\sinh(L/l)} \tag{4-34}$$

$$V_{sL} = V_{GS} - V_{TL} + 2V_B \tag{4-35}$$

$$l = \sqrt{\frac{\varepsilon_s d_{max} t_{ox}}{\eta \varepsilon_{ox}}} \tag{4-36}$$

$$-\Delta V_T = \begin{cases} [2(V_{bi} - 2V_B) + V_{DS}][\exp(-L/2l) + \\ \quad 2\exp(-L/l)](V_{DS}\ 很小,L \gg l) \\ [3(V_{bi} - 2V_B) + V_{DS}]\exp(-L/l) + \\ \quad 2\sqrt{(V_{bi} - 2V_B)(V_{bi} - 2V_B + V_{DS})}\exp(-L/2l)(V_{DS}\ 大,L \gg l) \end{cases} \tag{4-37}$$

4.1.6　短沟道 MOSFET 的亚阈特性

如图 4-20 所示,在沟道长度较短时,NMOS 在亚阈值区域的转移特性曲线与长沟道情况差别巨大:V_{DS} 增加,短沟道 NMOS 器件在 $V_{GS}=0$V 时的漏电流 I_{DSst} 急剧增加、亚阈值摆幅(SS)快速增大。这构成了短沟道 MOSFET 器件的亚阈值特性(简称亚阈特性),典型特性如表 4-1 所示。

视频

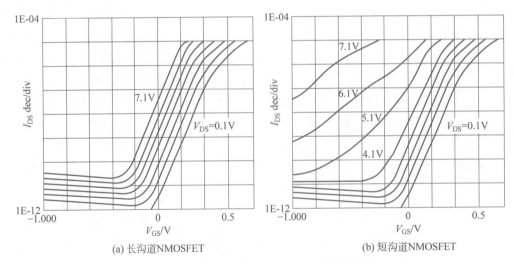

(a) 长沟道NMOSFET　　　　　(b) 短沟道NMOSFET

图 4-20　长、短沟道 NMOSFET 亚阈特性的对比

表 4-1　长、短沟道 MOS 器件亚阈特性对比

长　沟　道	短　沟　道	长　沟　道	短　沟　道
$I_{DSst} \propto 1/L$	$I_{DSst} > 1/L$	SS 与 L 弱相关	$L\downarrow$,SS$\uparrow$
I_{DSst} 与 V_{DS} 弱相关	$V_{DS}\uparrow$,$I_{DSst}\uparrow$		

随着沟道长度缩短,图 4-21 显示出明显如表 4-1 所示的亚阈特性。而图 4-22 则显示,随着衬底掺杂浓度的变大,NMOS 亚阈值摆幅出现明显变大时对应的沟道长度更短。这说明短沟道亚阈特性与衬底掺杂有明显依赖关系。

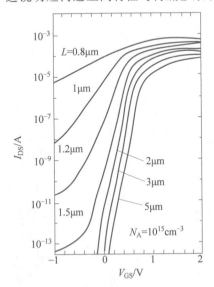

图 4-21　短沟道 NMOS 亚阈特性的表现

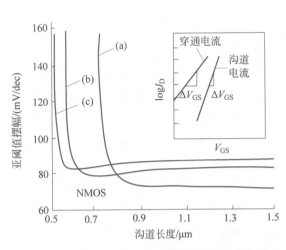

图 4-22　短沟道 NMOS 亚阈值摆幅随衬底掺杂浓度的变化(N_A(a)$<N_A$(b)$<N_A$(c))

如图 4-23 所示,MOSFET 衬底区域的掺杂是不均匀的,特别是平面 MOSFET 工艺中有一步阈值电压调整注入,使得 NMOS 衬底表层区域的 B 杂质浓度高于衬底掺杂浓度。这自然造成沟道区附近的漏衬 N^+P 结衬底一侧的耗尽区宽度比对应衬底内部的耗尽区厚度要薄,形成一种衬底内部耗尽区边界向源极凸起的分布。这种凸起的情况,随着 V_{DS} 的增加而尤为明显,如图 4-24 所示。随着 V_{DS} 的增加,在衬底表面区域以下逐渐出现一个隆起的高电势鞍区。直至 V_{DS} 足够大时,这个鞍区将源漏极连通,如图 4-24(g) 所示。电势高的地方,附加电势能低,这些区域的能带将整体下弯,形成电子聚集区,于是一个独立于反型电子沟道层的连通源漏极的电子导电通道在表面以下的位置形成,称为亚表面穿通。所以,短沟道 MOSFET 的 I_{DSst} 应由式(4-38)来表达,其中 I_{PT} 对应亚表面穿通电流,这个电流贡献了与长沟道 MOSFET 不同的亚阈特性。

$$I_{DSst,短沟} = I_{DSst(扩散)} + I_{PT} \tag{4-38}$$

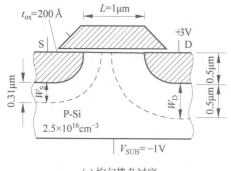

(a) 均匀掺杂衬底

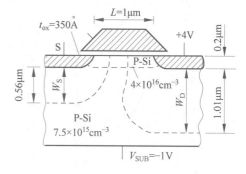

(b) V_T 调整注入后的非均匀掺杂衬底

图 4-23　NMOS 衬底掺杂分布对衬底耗尽区分布的影响

为了抑制亚表面穿通效应,需要采取非均匀掺杂措施。一般要求衬底区域的掺杂浓度 N_B 是沟道区掺杂浓度 N_{ch} 的 1/10,不能太低,如式(4-39)所示。还需要非常具有针对性的防穿通注入,如图 4-25 所示。提高穿通区域衬底掺杂浓度能有效抑制这些区域反偏漏衬 PN 结耗尽在衬底内部的扩展。图 4-26 清晰表明适当的防穿通注入能有效降低 SS 和 I_{DSst},使短沟道器件的亚阈特性接近长沟道器件。描述 SS 的公式此时一般可用式(4-40)表示,其中 n 是系数。

$$N_B = N_{ch}/10 \tag{4-39}$$

$$SS = n\frac{kT}{q}\ln 10 \tag{4-40}$$

除去防穿通注入,平面 MOSFET 制备又引入了一种更具针对性且有效的晕注入,也称为口袋注入,如图 4-27 所示。在晕注入工艺中,需要在晶体管栅极叠层结构形成并完成轻掺杂浅源漏(LDD)后、边墙结构形成前,增加两次倾斜的 B 离子注入,使得注入的 B 离子能完整包围 N 型源漏易穿通区域。这样可以更针对性地有效抑制结耗尽区向衬底内部的扩展,起到抑制亚表面穿通的效果。当然,这等效提高了结区 P 型一侧的掺杂浓度,会降低漏结雪崩击穿电压。

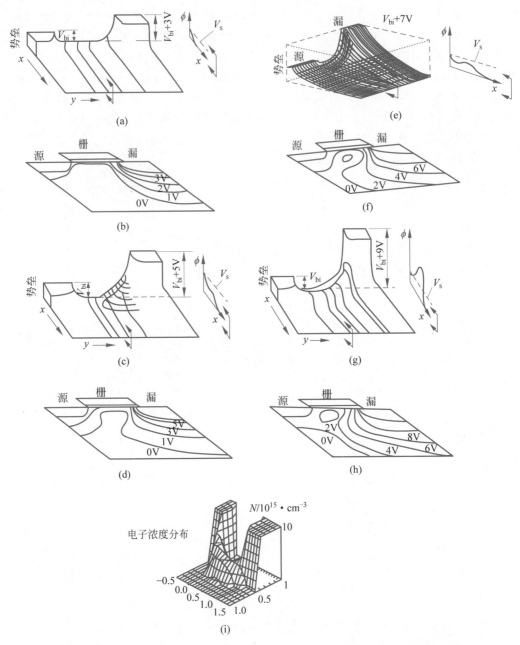

图 4-24　亚表面穿通现象的解释：(a)、(c)、(e)、(g)对应不同 V_{DS}（3V、5V、7V、
　　　　9V)情况下的三维电势分布；(b)、(d)、(f)、(h)相应的两维电势分布投
　　　　影图；(i)：与(g)对应的电子浓度分布三维图

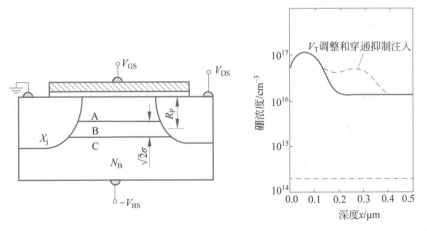

图 4-25 抑制亚表面穿通和防穿通注入原理图

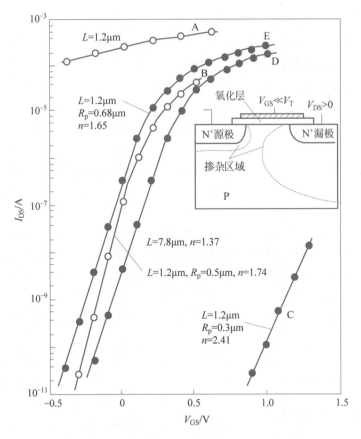

图 4-26 防穿通注入抑制亚表面穿通的效果

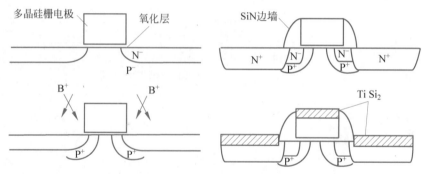

图 4-27　晕注入抑制亚表面穿通的原理图

视频

4.1.7　热载流子效应抑制——新型漏结构

　　NMOS 饱和后,夹断区里沟道方向的峰值电场可用式(4-41)计算,其中 t_{ox} 和 x_j 均以 cm 为单位。为了抑制热电子效应,就需要增大 t_{ox}、x_j,降低 V_{DS}(即 V_{DD})以及考虑使用新型漏结构形成缓变 PN 结。

$$|E_{ymax}| = (V_{DS} - V_{DSsat})/0.22t_{ox}^{1/3}x_j^{1/3} \tag{4-41}$$

　　基于 P 比 As 原子在 Si 内的扩散速度快的事实,人们利用 P、As 两次注入形成源漏区掺杂后,在热退火激活杂质的过程中可以形成如图 4-28 所示的双扩散缓变漏(Double Diffused Drain,DDD)结构。因为 P 扩散得快,所以其突出 As 分布部分的浓度会较低,最终 DDD 结构形成 N^+N^- 的复合漏极。如图 4-29 所示,研究表明,在相同结深的情况下,采用 DDD(P 和 As)结构的 NMOS 比采用单一 As 杂质(SDA)注入的漏额外多出一个低掺杂的 N^- 区。相应的,在图 4-30 上可以看到对 SDA 结构来说结深 x_j 大的器件 E_y 峰值低,而相同 x_j 情况下 DDD 结构器件的 E_y 峰值最低。而且可以从图 4-30 上看到,E_y 的峰值都出现在漏区内部。由于当时技术手段有限,源漏结的杂质激活都要通过较长时间的退火来实现,这自然导致 x_j 大的源漏,其靠近 P-Si 衬底部分 N_D 较小,漏衬结耗尽区可以较大部分进入漏区从而使总耗尽区宽度更宽一些,相同反偏 V_{DS} 下,E_y 峰值电场也就低一些。但高温长时间退火不利于形成浅结,而浅结是 MOS 器件微缩提高集成度的必然要求,所以 DDD 结构能适用的最小 L 约为 $1.5\mu m$,对应的 $V_{DD}=5V$。

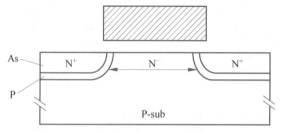

图 4-28　双扩散缓变漏结构

　　随着离子注入和快速热退火技术的快速进步,$L \leqslant 1.25\mu m$ 后人们开始利用轻掺杂漏(Lightly Doped Drain,LDD)结构替代 DDD 结构。LDD 结构中,源漏区分成深浅两个

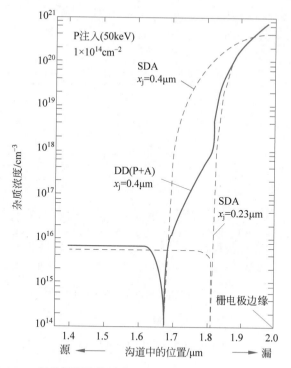

图 4-29　双扩散漏结构对应的杂质在沟道表层 y 方向的分布

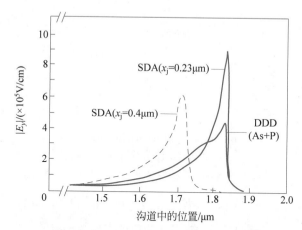

图 4-30　图 4-29 双扩散漏结构对应的 E_y 在沟道表层 y 方向的分布

掺杂区域,结深浅的区域就是 LDD 区域,其杂质浓度要低一些;结深深的区域就是传统的源漏区,掺杂浓度很高,起到降低寄生电阻的作用。LDD 结构与单一结构常规源漏对应的杂质分布的差别如图 4-31 所示。图 4-32 的仿真结果表明,LDD 对应的 N^- 区的存在有效扩展了耗尽区的宽度,在相同 V_{DS} 条件下,其对应的 E_y 峰值电场明显下降。这非常有利于抑制热载流子效应,提高器件的可靠性。同样的,仿真表明 E_y 峰值也是出现在漏区内部而不是 PN 结的冶金学界面。仿照式(4-41)可知,因为 LDD 对应的 N^- 区近似

存在额外分压 $E_{y\max}L_{n^-}$，其中 L_{n^-} 代表 N$^-$ 区的宽度，夹断区内的 $E_{y\max}$ 可由式（4-42）估算，进而得到式（4-43）。显然，$E_{y\max}$ 减小了。

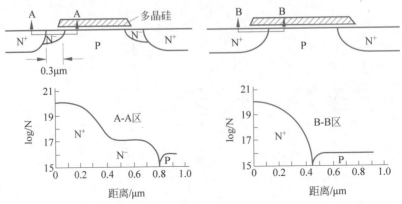

图 4-31　LDD 结构和单一结构源漏对应的杂质在沟道表层 y 方向的分布

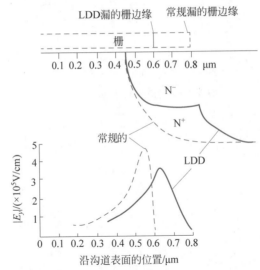

图 4-32　LDD 结构和常规单一结构源漏对应的 E_y 在沟道表层 y 方向的分布

$$|E_{y\max}| \approx (V_{DS} - |E_{y\max}|L_{n^-} - V_{DSsat})/0.22t_{ox}^{1/3}x_j^{1/3} \tag{4-42}$$

$$|E_{y\max}| \approx (V_{DS} - V_{DSsat})/(0.22t_{ox}^{1/3}x_j^{1/3} + L_{n^-}) \tag{4-43}$$

4.2　小尺寸 MOSFET 的直流特性

4.2.1　载流子速度饱和效应

如图 4-33 所示，Si 中载流子的漂移速度会随着漂移电场的增强而逐渐饱和。如图 4-34 所示，随着 V_{DS} 增加沟道区内部就会出现速度未饱和区和饱和区。图 3-42 中用反型层消失作为饱和的条件，进而用简单的耗尽层近似处理了沟道夹断区的电场分布，导致电场在未饱和区和饱和区出现中断。这说明这种处理存在弊端，需要改进。

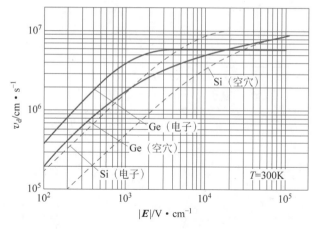

图 4-33　300K 下 Si 中载流子平均漂移速度与漂移电场强度的关系

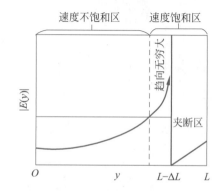

图 4-34　MOSFET 饱和条件下反型层和夹断区内（耗尽层近似）的 E_y 分布

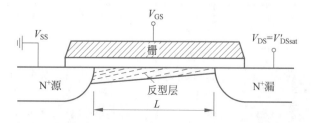

图 4-35　NMOS 器件 $y = L$ 处刚达到速度饱和时反型层的分布

可以用式(4-44)来表示漂移速度,其中 E_{sat} 对应速度饱和时需要的电场。随着 V_{DS} 增加到 V'_{DSsat},$y = L$ 处载流子速度达到饱和速度 v_{sat}。此时该处的 I_{DS} 满足式(4-45),同时也满足式(4-46)。两式联立可直接求得此时饱和的条件,如式(4-47)和式(4-48)所示。这里的饱和是指载流子的速度达到饱和,并不一定是反型载流子消失而沟道夹断。根据式(4-45),当 V_{DS} 不足以触发速度饱和时,即短沟道器件的线性区 I_{DS} 表达式可以用式(4-49)来表示。

对短沟道器件来说,易满足 $E_{sat}L \ll V_{GS} - V_T$,速度饱和条件式(4-47)和式(4-48)简化为式(4-50)和式(4-51)。由式(4-50)可知,进入饱和时 V_{DS} 是一个常数,与 V_{GS} 无关。

由式(4-51)可知,饱和区的电流正比于 $V_{GS}-V_T$ 的一次方且与 L 无关,g_m 也与 L 无关。表 4-2 给出了长短沟道 NMOSFET 的典型特性对比。

$$v = \mu_{eff} \frac{|E_y|}{1+|E_y|/E_{sat}} \tag{4-44}$$

$$I_{DS} = WQ_n(y)v = WC_{ox}[V_{GS}-V_T-V(y)] \frac{\mu_{eff}}{1+\dfrac{1}{E_{sat}}\dfrac{dV}{dy}} \frac{dV}{dy}$$

$$= \frac{\mu_{eff}}{1+\dfrac{V'_{DSsat}}{E_{sat}L}} C_{ox} \frac{W}{L} \left[(V_{GS}-V_T)V'_{DSsat} - \frac{1}{2}V'^2_{DSsat}\right] \tag{4-45}$$

$$I_{DS} = Q_n(y=L)Wv_{sat} = Wv_{sat}C_{ox}(V_{GS}-V_T-V'_{DSsat}) \tag{4-46}$$

$$V'_{DSsat} = \frac{E_{sat}L(V_{GS}-V_T)}{E_{sat}L + (V_{GS}-V_T)} \tag{4-47}$$

$$I'_{DSsat} = v_{sat}C_{ox}W \frac{(V_{GS}-V_T)^2}{E_{sat}L+(V_{GS}-V_T)} \tag{4-48}$$

$$I_{DS} = \frac{\mu_{eff}}{1+\dfrac{V_{DS}}{E_{sat}L}} C_{ox} \frac{W}{L} \left[(V_{GS}-V_T)V_{DS} - \frac{1}{2}V^2_{DS}\right] \tag{4-49}$$

$$V'_{DSsat} = E_{sat}L \tag{4-50}$$

$$I'_{DSsat} = v_{sat}C_{ox}W(V_{GS}-V_T) \tag{4-51}$$

表 4-2　长沟道和短沟道 NMOSFET 的特性对比

长沟道 NMOSFET 的行为	短沟道 NMOSFET 的行为
V_T 不依赖于 L 和 W	V_T 一般随 L 减小而减小;W 也会影响 V_T
V_T 不依赖于 V_{DS}	V_T 随 V_{DS} 增加而减小
V_T 具有衬偏效应	V_T 具有衬偏效应,但因为电荷分享,V_T 随$\|V_{BS}\|$增加而增加的速度要慢一些
亚阈值电流 I_{DSst} 正比于 $1/L$	I_{DSst} 随 L 减小的增长速度快于 $1/L$ 的增加
I_{DSst} 与 V_{DS} 无关	I_{DSst} 随 V_{DS} 增加而增加
SS 与 L 无关	SS 随 L 减小而变大
I_{DSsat} 与 V_{DS} 无关	因 DIBL 效应,I_{DSsat} 随 V_{DS} 增加而增加
I_{DSsat} 正比于$(V_{GS}-V_T)^2$	I_{DSsat} 正比于 $V_{GS}-V_T$
I_{DSsat} 正比于 $1/L$	$L\ll1$,I_{DSsat} 与 L 无关

4.2.2　短沟道器件沟道中的电场

1. 突变结耗尽层近似模型

如图 4-36 所示,当 $V_{DS}>V'_{DSsat}$ 时沟道内将出现速度饱和区(Velocity Saturation

视频

Region，VSR)和正常反型区两个区域。现在分析 VSR 内的电场分布，首先尝试第 3 章经典的突变结耗尽层近似模型。在 VSR 假设：

（1）类似简单的 N^+P 结反偏，只考虑 V_{DS} 不考虑 V_{GS}；

（2）耗尽层近似，可动电荷为零；

（3）突变结近似，P 点为耗尽层边界。

建立如图 4-37 所示的坐标系，则 VSR 内的泊松方程如式(4-52)所示。因为 P 点对应速度饱和点，有 $V(y=P)=V'_{DSsat}$，所以 VSR 区域的承压为 $V_{DS}-V'_{DSsat}$。进而可以直接利用突变结耗尽层近似获得 ΔL 为式(4-53)。同时，获得 VSR 内的线性电场分布如式(4-54)或式(4-55)。同时利用不定积分式(4-56)可以获得速度非饱和区内的 $E(y)$ 分布式(4-57)。显然，在 $y'=0$ 的 P 点，$E(y)$ 发散，两个区域的电场不再连续。但这个模型下获得了在 VSR 内可动电荷浓度 $n=0$ 时 $|E(y)|$ 逐渐增大的直观图，如图 4-38 所示。

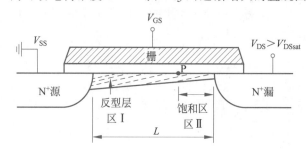

图 4-36　NMOS 器件 $V_{DS}>V'_{DSsat}$ 时沟道反型层的分布

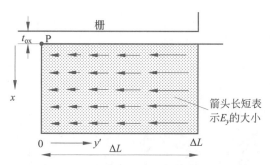

图 4-37　NMOS 突变结耗尽层近似模型对应的
　　　　VSR 内电场分布示意图

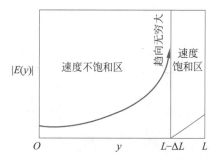

图 4-38　突变结耗尽层近似处理得到
　　　　VSR 内的 E_y 分布

$$\frac{-\,\mathrm{d}\,|\,E_y(y)\,|}{\mathrm{d}y}=\frac{-qN_A}{\varepsilon_s} \tag{4-52}$$

$$\Delta L=\left[\frac{2\varepsilon_s}{qN_A}(V_{DS}-V'_{DSsat})\right]^{1/2} \tag{4-53}$$

$$|\,E_y(y)\,|=\frac{qN_A}{\varepsilon_s}[y-(L-\Delta L)] \tag{4-54}$$

$$|\,E_y(y')\,|=\frac{qN_A}{\varepsilon_s}y' \tag{4-55}$$

$$\int_0^y -I_{DS}dy = \int_0^{V(y)} -W\mu_n C_{ox}[V_{GS}-V_T-V(y)]dV(y) \tag{4-56}$$

$$|E(y)| = \frac{V'_{DSsat}}{2L} \Big/ \sqrt{1-\frac{y}{L-\Delta L}} \tag{4-57}$$

2. 恒定电场梯度模型

耗尽层近似模型之所以造成 P 点处电场发散不连续,主要还是因为 VSR 内的可动电荷被忽略了。现在应用恒定电场梯度模型来处理 VSR 内的电场分布。在稳态电流 I_{DS} 的情况下,可以用式(4-58)来计算 VSR 内漂移的电子浓度 n,其中 A_{ph} 是一个拟合参数,x_j 是源漏结深。因为反型层很薄,现在假设整个 x_j 范围内都有电子流动,需要 A_{ph} 来调整 n 的浓度。同时也需要改变突变结的假设,人为要求 P 点两侧的电场连续,如式(4-59)所示。于是,此时 VSR 内的电场分布就由式(4-60)来表示。显然,相对式(4-52),式(4-60)对应的电场梯度要更大一些,但其也只是给出了一个线性增长的 $|E(y)|$,如图 4-39 所示。这严重低估了漏端附近的电场。

$$qn = A_{ph}\frac{I_{DS}}{v_{sat}x_j W} \tag{4-58}$$

$$|E_y(y)| \Big|_{y=(L-\Delta L)^-} = |E_y(y)| \Big|_{y=(L-\Delta L)^+} = E_{sat} \tag{4-59}$$

$$\frac{d|E_y(y)|}{dy} = \frac{qN_A}{\varepsilon_s} + A_{ph}\frac{I_{DS}}{\varepsilon_s v_{sat}x_j W} \tag{4-60}$$

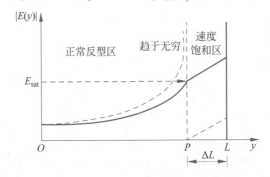

图 4-39　恒定电场梯度模型处理得到 VSR 内的 E_y 分布

3. 准二维模型

为了更真实反映 VSR 内电场的分布,还需要进一步考虑栅极电场 E_{ox} 的影响,如图 4-40 所示,这就是准二维模型。仍假设 $E_y(y')$ 仅是 y' 的函数,与 x 无关。此时 VSR 内的电荷由式(4-61)表示。建立如图 4-40 所示的高斯箱,假设 E_{ox} 仅作用在 x_j 的范围内,于是有式(4-62)。式(4-62)两边对 y' 求导可得式(4-63)。式中的 E_{ox} 和 n 分别可由式(4-64)和式(4-65)求得。式(4-65)中采用了空间电荷层厚度近似为 x_j 的条件。于是,式(4-63)可以简化为式(4-66),其中 l 由式(4-67)定义。将式(4-66)改写为式(4-68)。利用边界条件式(4-69)和式(4-70)可以求得 $V(y')$,如式(4-71)所示,进而通过式(4-72)得到 VSR 内的电场分布。显然,电场在 VSR 内呈现一种指数上升规律,比线性上升速度

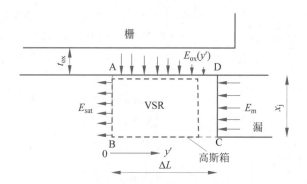

图 4-40 准二维模型下 VSR 内电场分布的影响因素与坐标体系

快得多。

$$\rho(x,y) = -q(N_A + n) \tag{4-61}$$

$$-|E_y(y')| x_j - \int_0^{y'} \frac{\varepsilon_{ox}}{\varepsilon_s} E_{ox}(y_1) \mathrm{d}y_1 + E_{sat} x_j = -\frac{q(N_A + n)}{\varepsilon_s} x_j y' \tag{4-62}$$

$$x_j \frac{\mathrm{d}|E_y(y')|}{\mathrm{d}y'} + \frac{\varepsilon_{ox}}{\varepsilon_s} E_{ox}(y') = \frac{q(N_A + n)}{\varepsilon_s} x_j \tag{4-63}$$

$$E_{ox}(y) = \frac{V_{GS} - V_{FB} - 2V_B - V(y)}{t_{ox}} \tag{4-64}$$

$$qn x_j \approx C_{ox}(V_{GS} - V_{FB} - 2V_B - V'_{DSsat}) - q N_A x_j \tag{4-65}$$

$$\frac{\mathrm{d}|E_y(y')|}{\mathrm{d}y'} = \frac{V(y') - V'_{DSsat}}{l^2} \tag{4-66}$$

$$l = \sqrt{\frac{\varepsilon_s}{\varepsilon_{ox}} t_{ox} x_j} \tag{4-67}$$

$$\frac{\mathrm{d}^2 V(y')}{\mathrm{d}y'^2} = \frac{V(y') - V'_{DSsat}}{l^2} \tag{4-68}$$

$$V(y') \Big|_{y'=0} = V'_{DSsat} \tag{4-69}$$

$$|E(y')| = \frac{\mathrm{d}V(y')}{\mathrm{d}y'} \Big|_{y'=0} = E_{sat} \tag{4-70}$$

$$V(y') = V'_{DSsat} + l E_{sat} \sinh(y'/l) \tag{4-71}$$

$$|E(y')| = \frac{\mathrm{d}V(y')}{\mathrm{d}y'} = E_{sat} \cosh(y'/l) \tag{4-72}$$

现在具体求解峰值电场 $E_{y\max}$，对应式(4-73)，需要进一步计算 ΔL。利用式(4-71)可得式(4-74)，用式(4-73)的等号两边分别减去式(4-74)等号两边的对应部分，可直接求得 ΔL，如式(4-75)所示。于是，代回式(4-73)可得峰值电场 $E_{y\max}$，如式(4-76)所示。当 $(V_{DS} - V_{DSsat})/l \gg E_{sat}$ 时，式(4-76)简化为式(4-77)。这也就是式(4-41)的来源。显然，式(4-67)代表的 l 是一个很关键的值。但这个值需要用经验公式来修正，如式(4-78)所示。图 4-41 显示了 NMOS 器件给定条件下准二维模型仿真得到 VSR 内的电场与实验测量的对比,显然两者非常接近。同时,图中也给出了与恒定电场梯度模型的对比:准二维模型给出了更大的漏端电场,更符合实际情况。当然,由于式(4-65)中,近似掉了一部分衬底 Q_B 电荷,导致反型电子浓度 n 在模型中偏大,式(4-76)给出的峰值电场应该比实际情况略大一些。

$$| E(y' = \Delta L) | = E_{y\max} = E_{sat} \cosh(\Delta L / l) \tag{4-73}$$

$$\frac{V_{DS}(y') \Big|_{y' = \Delta L} - V'_{DSsat}}{l} = E_{sat} \sinh(\Delta L / l) \tag{4-74}$$

$$\Delta L = -l \ln\left[\frac{E_{y\max} - (V_{DS} - V'_{DSsat})/l}{E_{sat}}\right] \tag{4-75}$$

$$E_{y\max} = \left[\frac{(V_{DS} - V'_{DSsat})^2}{l^2} + E_{sat}^2\right]^{1/2} \tag{4-76}$$

$$(V_{DS} - V_{DSsat})/l \gg E_{sat} \to E_{y\max} \approx (V_{DS} - V'_{DSsat})/l \tag{4-77}$$

$$l = \begin{cases} 0.22 t_{ox}^{1/3} x_j^{1/3} & (t_{ox} \geqslant 15\text{nm}) \\ 1.7 \times 10^{-2} t_{ox}^{1/8} x_j^{1/3} & (t_{ox} < 15\text{nm}) \end{cases} \tag{4-78}$$

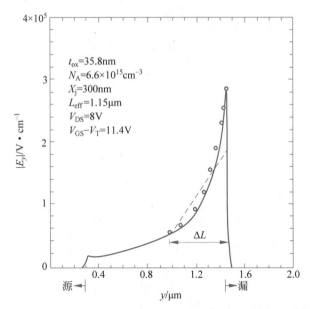

$t_{ox} = 35.8\text{nm}$
$N_A = 6.6 \times 10^{15}\text{cm}^{-3}$
$X_j = 300\text{nm}$
$L_{eff} = 1.15\mu\text{m}$
$V_{DS} = 8\text{V}$
$V_{GS} - V_T = 11.4\text{V}$

图 4-41　准二维模型下 VSR 内电场分布的实验与理论预测对比

4.3　MOSFET 的按比例微缩规律

4.3.1　按比例微缩规律概述

　　如图 4-42 所示,由 MOS 器件创新典型代表 Intel 公司公布的数据可知,自 1971 年第一个商用 4004 芯片诞生以来,芯片集成度基本按照每两年翻一番的规律迅速增加。这

视频

个数量变化规律最早由 Intel 的共同创始人 Gordon Moore 于 1965 年提出,因此也称为摩尔定律。由于芯片的物理面积并没有指数增加而是多年来基本保持在几平方厘米的大小,因此集成度的增加主要靠单个 MOS 器件的微缩来实现,如图 4-43 所示。当然,近些年多层堆叠、立体集成等新工艺也对集成度的继续提升起到了重要作用。显然,MOS 器件小型化不仅有利于提升电路速度、集成度、功能、可靠性、成品率和性价比,而且有利于降低功耗。器件的微缩需要遵从一定的规则,这就是经典的按比例微缩规律。

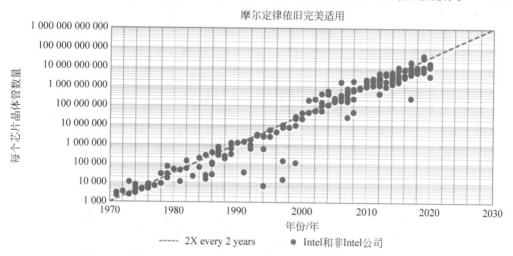

图 4-42　2021 年 10 月 27 日 Intel CEO Pat Gelsinger 在公司线上创新
活动上用该图阐述"摩尔定律是有效的"

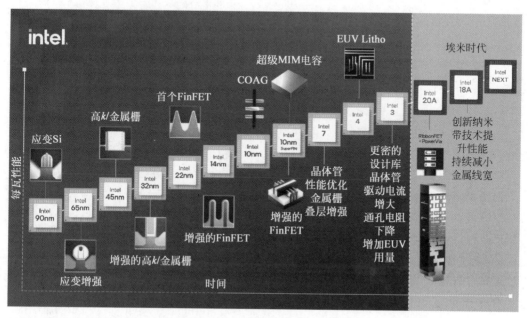

图 4-43　2022 年 2 月 16 日 Intel Ann Kelleher 在"Moore's Law-Now and in the Future"
报道中公布的 Intel 晶体管技术微缩路线图

4.3.2 MOSFET 的微缩规则

1. 恒定电场微缩

1974 年,IBM 公司的 Robert H. Dennard 等提出了恒定电场微缩规则(如图 4-44 所示),即器件特征尺寸缩小到原来器件的 $1/k$,工作电压也减小到原来的 $1/k$,如式(4-79)~式(4-81)所示。其核心就是微缩前后器件关键区域的电场强度不变,如式(4-82)和式(4-83)所示。但这必然要求衬底掺杂浓度提高到原来的 k 倍,如式(4-84)所示。

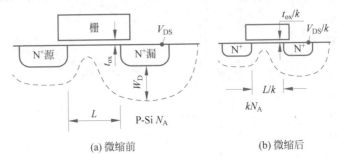

(a) 微缩前   (b) 微缩后

图 4-44 恒定电场微缩规则

(Dennard R H,et al. IEEE Journal of Solid-State Circuits,1974,9(5):256-268.)

$$x' = x/k \tag{4-79}$$

$$y' = y/k \tag{4-80}$$

$$\phi'(x',y') = \phi(x,y)/k \tag{4-81}$$

$$E'_x(x',y') = -\frac{\partial \phi'(x',y')}{\partial x'} = -\frac{\partial \phi(x,y)/k}{\partial x/k} = -\frac{\partial \phi(x,y)}{\partial x} = E_x(x,y) \tag{4-82}$$

$$E'_y(x',y') = -\frac{\partial \phi'(x',y')}{\partial y'} = -\frac{\partial \phi(x,y)/k}{\partial y/k} = -\frac{\partial \phi(x,y)}{\partial y} = E_y(x,y) \tag{4-83}$$

$$\left.\begin{array}{l} \dfrac{\partial^2 \phi(x,y)}{\partial x^2} + \dfrac{\partial^2 \phi(x,y)}{\partial y^2} = -\dfrac{\rho(x,y)}{\varepsilon_s}, \\[2mm] \dfrac{\partial^2 \phi'(x',y')}{\partial x'^2} + \dfrac{\partial^2 \phi'(x',y')}{\partial y'^2} = -\dfrac{\rho'(x',y')}{\varepsilon_s} \end{array}\right\} \rightarrow \rho'(x',y') = k\rho(x,y) \rightarrow N'_A = kN_A$$

$$\tag{4-84}$$

这样的设计规则,微缩前后器件各个关键性能参数包括漏衬 PN 结耗尽区宽度 W_D、C_{ox}、栅极总电容 C_G、I_{DS}、电流面密度 I/A、沟道电阻 R 将分别按照式(4-85)~式(4-89)变化。当然,式(4-85)中需要假设 PN 结内建电势差 $V_{bi} \ll V_{DS}$,因为一般情况下 $V'_{bi} \neq V_{bi}/k$。同时,在式(4-87)中需要假设 V_T 可以按照 $1/k$ 微缩,这个条件通过调整 ϕ_{ms} 等措施相对容易满足。

$$\left.\begin{array}{l} W_D = \left[\dfrac{2\varepsilon_s(V_{bi}+V_{DS})}{qN_A}\right]^{1/2} \\[4mm] W'_D = \left[\dfrac{2\varepsilon_s(V'_{bi}+V'_{DS})}{qN_A}\right]^{1/2} \end{array}\right\} \xrightarrow{V'_{bi} \ll V'_{DS}} W'_D = W_D/k \tag{4-85}$$

$$\left.\begin{array}{l} t'_{ox}=t_{ox}/k \to C'_{ox}=kC_{ox} \\ C_G=WLC_{ox} \\ C'_G=W'L'C'_{ox} \end{array}\right\} \longrightarrow C'_G=C_G/k \qquad (4\text{-}86)$$

$$\begin{aligned} I'_{DSsat} &= \frac{1}{2}\mu_n C'_{ox}\frac{W'}{L'}(V'_{GS}-V'_T)^2 = \frac{1}{2}\mu_n(kC_{ox})\frac{W/k}{L/k}\left(\frac{V_{GS}}{k}-\frac{V_T}{k}\right)^2 \\ &= I_{DSsat}/k\left(\text{假设 } V'_T=\frac{V_T}{k}\right) \end{aligned} \qquad (4\text{-}87)$$

$$I'/A' = \frac{I/k}{A/k^2} = k(I/A) \qquad (4\text{-}88)$$

$$\left.\begin{array}{l} R=V/I \\ R'=V'/I'=\dfrac{V/k}{I/k}=V/I \end{array}\right\} \longrightarrow R'=R \to g'_m=g_m, g'_D=g_D \qquad (4\text{-}89)$$

上述参数的变化最终反映到对电路性能的影响。式(4-90)~式(4-93)分别给出了电路延时 τ、功耗 P、功率密度 P/A 和集成度 CD 微缩前后的变化。表 4-3 总结了恒定电场微缩规则的主要结论。微缩后电路的延时减小、功耗降低、集成度提升的同时,芯片的功率密度保持不变。这意味着,相同物理面积的芯片按照这个规则微缩,总功率不变的情况下可以驱动数量是原来 k^2 倍的 MOS 器件工作。2022 年,Intel 7nm 工艺技术已经可以实现约 2 亿个/mm² MOS 器件的集成度。根据式(4-87)可得式(4-94),支撑上述结论的重要规律是微缩前后 MOSFET 的单位宽度驱动能力不变。按照摩尔定律的描述,$k^2=2$,则 $k \approx 1.4, 1/k \approx 0.7$。

表 4-3   恒定电场微缩规则和微缩前后器件参数与电路性能的变化

微缩规则	沟道长度	$L'=L/k$	器件特征尺寸
	沟道宽度	$W'=W/k$	
	栅氧化层厚度	$t'_{ox}=t_{ox}/k$	
	源漏结深	$x'_j=x_j/k$	
	衬底掺杂浓度	$N'_A=kN_A$	
	工作电压	$V'_{DD}=V_{DD}/k$	
器件参数变化	电场强度	$E'(x',y')=E(x,y)$	
	电势分布	$\phi'(x',y')=\phi(x,y)/k$	
	漏衬 PN 结耗尽区宽度	$W'_D=W_D/k$	
	栅极总电容	$C'_G=C_G/k$	
	漏源电流	$I'=I/k$	不适用亚阈值区
	电流面密度	$(I'/A')=k(I/A)$	
	沟道电阻	$R'=R$	
电路性能变化	电路延时(RC)	$\tau'=\tau/k$	
	功耗	$P'=P/k^2$	
	功率密度 P/A	$P'/A'=P/A$	
	集成度 CD	$CD'=k^2CD$	
前提假设	阈值电压	$V'_T=V_T/k$	一般不适用
	PN 结内建电势差	$V'_{bi} \ll V'_{DD}$	一般不适用

$$\left.\begin{array}{l} \tau = RC_{\mathrm{G}} \\ \tau' = R'C'_{\mathrm{G}} = RC_{\mathrm{G}}/k \end{array}\right\} \longrightarrow \tau' = \tau/k \qquad (4\text{-}90)$$

$$\left.\begin{array}{l} P = IV \\ P' = I'V' = (I/k)(V/k) = IV/k^2 \end{array}\right\} \longrightarrow P' = P/k^2 \qquad (4\text{-}91)$$

$$P'/A' = \frac{P/k^2}{A/k^2} = P/A \qquad (4\text{-}92)$$

$$\left.\begin{array}{l} \mathrm{CD} = 1/A \\ \mathrm{CD}' = 1/A' = \dfrac{1}{A/k^2} \end{array}\right\} \longrightarrow \mathrm{CD}' = k^2\,\mathrm{CD} \qquad (4\text{-}93)$$

$$\frac{I'_{\mathrm{DSsat}}}{W'} = \frac{I_{\mathrm{DSsat}}}{W}\left(\text{假设}\ V'_{\mathrm{T}} = \frac{V_{\mathrm{T}}}{k}\right) \qquad (4\text{-}94)$$

2. 准恒定电压微缩

然而恒定电场微缩要求不断降低工作电压 V_{DD},这在实际应用中遇到困难。为了应用的适用范围和标准化,V_{DD} 不能连续微缩。此外,V_{T} 和 V_{bi} 的微缩也存在困难。于是,人们又提出了恒定电压微缩规则。在这种微缩中,器件特征尺寸还是按照 $1/k$ 变化,但 V_{DD} 不变。显然,这将造成器件内的电场强度微缩后提高 k 倍。由此带来了一系列无法容忍的负效应,例如高场下的迁移率下降,热载流子效应和可靠性下降等。因此,恒定电压微缩规则后来没有被广泛采用。

相应的,人们提出了一种折中的微缩规则,即准恒定电压(QCV)微缩规则,延缓 V_{DD} 的下降速度,并尽量让一个 V_{DD} 能适用几个技术代,如图 4-45 所示。在这种微缩规则中,要求器件特征尺寸按 $1/k$ 缩小,但工作电压按照 v/k 缩小,其中 $1 \leqslant v \leqslant k$。对应的衬底掺杂浓度则要按照 vk 倍增加。可以参照式(4-79)～式(4-93)完整推导该规则下各个参数的变化,如表 4-4 所示。

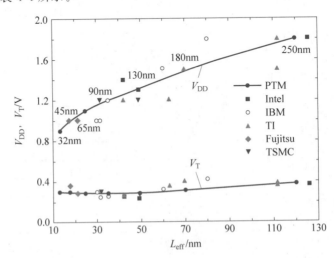

图 4-45　V_{DD} 和 V_{T} 随器件微缩的变化

(Stopjakova V,et al. Radioengineering,2018,27(1):171-185.)

表 4-4　准恒定电压微缩规则和微缩前后器件参数与电路性能的变化

微缩规则	沟道长度	$L'=L/k$	器件特征尺寸
	沟道宽度	$W'=W/k$	
	栅氧化层厚度	$t'_{ox}=t_{ox}/k$	
	源漏结深	$x'_j=x_j/k$	
	衬底掺杂浓度	$N'_A=vkN_A$	
	工作电压	$V'_{DD}=(v/k)V_{DD}$	
器件参数变化	电场强度	$E'(x',y')=vE(x,y)$	
	电势分布	$\phi'(x',y')=(v/k)\phi(x,y)$	
	漏衬 PN 结耗尽区宽度	$W'_D=W_D/k$	
	栅极总电容	$C'_G=C_G/k$	
	漏源电流	$I'=(v^2/k)I$	不适用亚阈值区
	电流面密度	$(I'/A')=v^2k(I/A)$	
	沟道电阻	$R'=R/v$	
电路性能变化	电路延时(RC)	$\tau'=\tau/(vk)$	
	功耗	$P'=(v^3/k^2)P$	
	功率密度 P/A	$P'/A'=v^3P/A$	构成严重挑战
	集成度 CD	$CD'=k^2CD$	
前提假设	阈值电压	$V'_T=(v/k)V_T$	比恒定电场规则更容易实现
	PN 结内建电势差	$V'_{bi}\ll V'_{DD}$	一般不适用

然而,如式(4-95)所示,准恒定电压微缩过程中必然引起芯片功率密度的快速增长。例如当 $v=1.2$ 时,$v^3\approx1.7$,如式(4-96)所示。这意味着微缩一次后,芯片功率密度就增加了 70%,这对芯片的散热能力是一个巨大的挑战。而且,这种功率增加还仅仅是器件正常工作所必需的能量消耗,如果再考虑到器件微缩,那么还会带来了很多漏电的额外因素,如图 4-46 所示。图 4-47 表明,整个芯片的功率密度将以人们无法接受的速度增加。图 4-46 中的很大一部分漏电是来自亚阈值区域的漏电。

$$(P'/A')=\frac{(v^3/k^2)P}{A/k^2}=v^3(P/A) \tag{4-95}$$

$$v=1.2,\quad v^3=1.73 \tag{4-96}$$

与式(4-87)不同的是,亚阈值电流 I_{DSst} 不能微缩,反而还会变大。如图 4-48(a)所示,亚阈值状态下,关态漏电($V_{GS}=0V$,$V_{DS}=V_{DD}$)I_{off} 随物理栅长减小而呈指数上升。图 4-48(b)则给出了器件反型状态下,传统 SiO_2 栅氧化层漏电密度 J_g 与等效氧化层厚度(Equivalent Oxide Thickness,EOT)的关系:J_g 随 EOT 减小呈指数上升。这两种漏电都增加了器件的总功率,而且如图 4-46 所示,如无特殊抑制措施漏电功率在 2000 年后将主导芯片总功率。

为了获得漏电可接受的微缩,人们用亚阈值特性在微缩后不变坏作为准则来微缩器件。显然,长沟道 MOSFET 中 I_{DSst} 与 V_{DS} 基本无关,而短沟道 MOSFET 中 I_{DSst} 与 V_{DS} 非常相关。于是,人们用经验准则来判定微缩后器件是否进入了亚阈特性退化的短

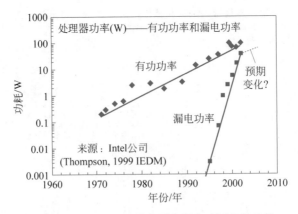

图 4-46　Intel 公司芯片有用和漏电功耗变化趋势

(Thompson S E，et al. IEEE Transactions on Semiconductor Manufacturing，2005，18(1)：26-36.)

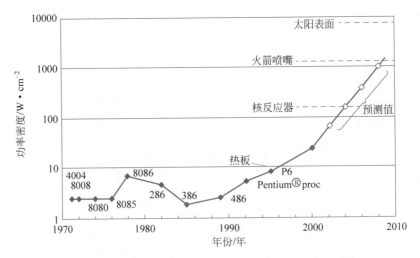

图 4-47　Intel 公司芯片功率密度实测数据和未来预测

(Gelsinger P P，Digest of Technical Papers. ISSCC(Cat. No.01CH37177)，2001：22-25.)

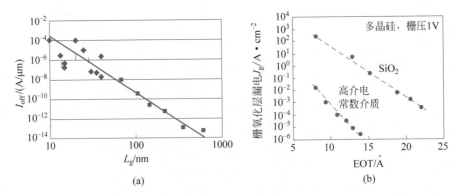

(a)　　　　　　　　　　(b)

图 4-48　I_{off} 与物理栅长的关系图以及栅极漏电与等效氧化层厚度 EOT 的关系图

(Doyle B，et al. Intel Technology Journal，2002，6(2)：42-54.)

沟道范围：微缩后，当 V_{DS} 增加 0.5V 时，若 I_{DSst} 增加小于 10％，则器件微缩后仍可按长沟道处理；反之，则需要考虑短沟道效应。

利用器件关键特征尺寸参数 x_j、t_{ox}、W_S 和 W_D，基于经验准则人们用二维仿真软件和真实实验数据总结出图 4-49 的微缩沟道尺寸下限 L_{min}。对数据进行拟合，可得式（4-97）。这就是用来快速判断微缩后器件亚阈特性是否退化的沟道长度下限经验公式。

$$L_{min} = A\left[x_j t_{ox}(W_S + W_D)^2\right]^{1/3} \tag{4-97}$$

式中：L_{min} 单位为 μm；A 单位为 $0.4 Å^{-\frac{1}{3}}$；x_j 单位为 μm；t_{ox} 单位为 Å；W_S、W_D 单位为 μm。

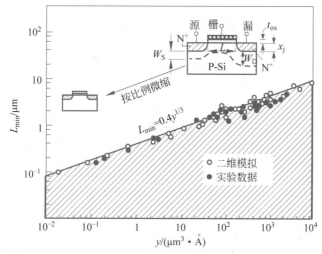

图 **4-49** 基于经验准则得到二维模型微缩沟道尺寸下限 L_{min} 仿真数据与
实验数据的对比（$y = x_j t_{ox}(W_S + W_D)^2$）

4.3.3 微缩的限制及对策

为了尽可能减小式（4-97）对应的 L_{min}，从而获得漏电可接受的更小的微缩器件，人们相继对式中涉及的关键特征尺寸参数 x_j、t_{ox}、W_S 和 W_D 进行了多方面的改进。

1. x_j

如图 4-50 所示，早期 MOSFET 的源漏接触金属电极是首先通过一步光刻工艺腐蚀出相应的接触窗口，然后淀积接触用的金属薄膜，再通过一次光刻工艺去除非接触用的金属薄膜来实现的。因为涉及光刻对准的问题，所以接触窗口只可能比源漏区的面积小，造成一段距离为 S 的源漏区上是没有金属薄膜的。沟道的电流流进源区后，先后经历积累区电阻 R_{AC}、扩展电阻 R_{SP}、源漏结区导通体电阻 R_{SH} 和金半接触电阻 R_{CO} 这些源极寄生串联电阻 R_S 的分量后，从接触的源极金属电极流走。由式（4-97）可知，减小 x_j 有利于减小 L_{min}。然而 R_{SH} 是反比于 x_j 的，减小 x_j 必然造成源漏寄生串联电阻 R_D、R_S 的增加，使线性区 g_D 和饱和区 g_m 下降，抵消微缩带来的收益。

视频

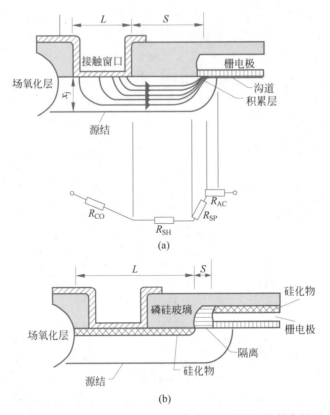

图 4-50　传统光刻得到的源漏接触电极(a)与自对准硅化物接触电极(b)的对比

20 世纪 90 年代前后,人们提出了一种新型接触工艺或结构,即自对准金属硅化物(Self-aligned Silicide,SALICIDE)接触工艺,如图 4-51 所示。在这种工艺中,源漏接触用的接触电极不需要光刻来开出接触窗口,而是利用自对准干法刻蚀形成的氮化物边墙结构自动将大面积淀积的金属薄膜(如 Ti)区分为与 Si 基源漏栅接触和与边墙等其他隔离用氮、氧化物接触的两大类接触区。然后通过热退火处理,让金属只与 Si 基源漏栅极发生金属硅化反应,形成接触用的金属硅化物电极。最后通过湿法选择性腐蚀液将在边墙等隔离用氮、氧化物上未参加反应的金属薄膜腐蚀掉,而源漏栅极上已经形成的金属硅化物则基本不受腐蚀液影响,从而最终自对准地在源漏栅极上形成接触用的金属电极。因为没有使用光刻工艺,不涉及对准套刻的工艺余量,整个源漏栅极区域上都可以形成接触电极,所以如图 4-50(b)和图 4-51(d)所示,S 可以尽量小,电流在从沟道区进入源极后,大部分电流只需经历很短的一段边墙下方对应的 R_{SH} 后即直接从接触电极金属层流出源极。所以这种结构因为多了一层与 R_{SH} 呈现并联关系的金属硅化物层,有效减小了 R_S、R_D,从而允许 x_j 进一步减小。自 20 世纪 90 年代开始,SALICIDE 工艺在平面 MOSFET 工艺中一直得到广泛应用,附录 E 给出了这种工艺。

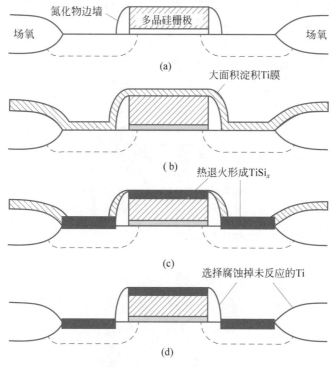

图 4-51 自对准硅化物工艺制备源漏接触电极 TiSi$_x$

2. t_{ox}

根据式(4-97)，减小 t_{ox} 也是有效降低 $L_{\min}$ 的措施之一。如图 4-52 所示，Intel 公司的栅氧化层电学等效厚度随着器件微缩一直逼近到 1nm 左右。在 45nm 技术代应用金属栅极/高 k 栅介质层前，使用多晶硅/SiON 栅极叠层的器件其栅极漏电流一直在呈现指数增长。这种快速增长的栅极漏电流为 t_{ox} 减薄设定了下限，如图 4-53 所示。如图 4-54 所示，栅极漏电流的可能机制包括直接隧穿、F-N(Fowler-Nordheim)隧穿以及越过栅氧化层势垒的热发射注入，其中在强反型状态下的 F-N 隧穿往往占据主导。F-N 隧穿电流对应式(4-98)，其中 A、B 为常数。根据栅极漏电流密度 $J_g < J_{\text{SD}}$(源漏 PN 结漏电/WL)的要求，以 $J_{\text{gmax}} = 10^{-10}\,\text{A/cm}^2$，$E_{\text{oxmax}} = 5.8\text{MV/cm}$ 为上限，利用式(4-99)可以估算出下限 t_{oxmin} 为几十埃。图 4-53 更是清晰指出，实际器件上应用 SiON 栅介质层时 $t_{\text{oxmin}} \approx 10\text{Å}$，而应用高 k 栅介质层时预测 $t_{\text{oxmin}} \approx 5\text{Å}$。

$$J_g = AE_{\text{ox}}^2 \exp(-B/E_{\text{ox}}) \tag{4-98}$$

$$t_{\text{oxmin}} = \frac{V_{\text{GS}} - V_{\text{FB}} - 2V_{\text{B}}}{E_{\text{oxmax}}} \tag{4-99}$$

如图 4-55 所示，相同 C_{ox} 下，可以采用具有介电常数为 $\varepsilon_{\text{高}k}$ 的高 k 材料，其 EOT 的计算由式(4-100)给出。显然，k 值($\varepsilon_{\text{高}k}$)越大，EOT 越小，选择合适的高 k 栅介质层可以进一步减小 t_{ox}。在图 4-55 中显示的众多高 k 材料中，HfO$_2$ 材料最终在量产工艺中得到广泛应用。与热氧化生成 SiO$_2$ 的过程不同，HfO$_2$ 需要通过一种新型的原子层沉积

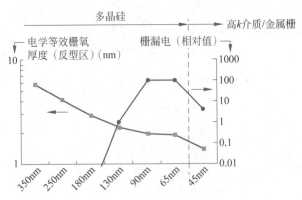

图 4-52　Intel 公司的 MOSFET 反型区栅氧化层 EOT 及对应的栅极漏电相对变化图

（Mistry K，et al. 2007 IEEE International Electron Devices Meeting，2007：247-250.）

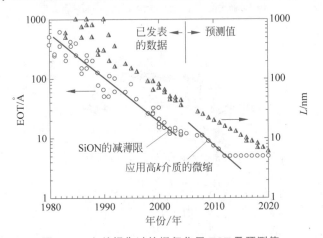

图 4-53　文献报告过的栅氧化层 EOT 及预测值

（Byoung H L，et al. Materials Today. 2006，9(6)：32-40.）

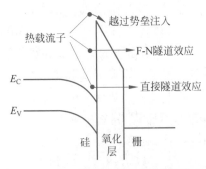

图 4-54　NMOS 器件栅极漏电流的可能机制

（Atomic Layer Deposition，ALD）过程来实现。如图 4-56 所示，在一个反应周期中 ALD 工艺主要通过相继饱和化学吸附反应气体 $HfCl_4$ 和 H_2O，近乎逐层生成固态 HfO_2 薄膜。ALD 工艺通过多个反应周期，线性生成所需 HfO_2 厚度。

$$EOT = \frac{\varepsilon_{SiO_2}}{\varepsilon_{高k}} t_{高k} \tag{4-100}$$

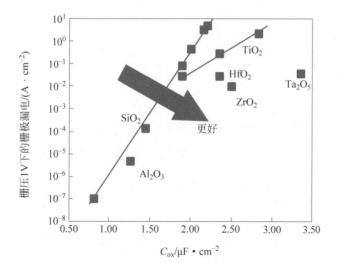

图 4-55　相同 C_{ox} 情况下高 k 栅介质层可以有效降低 J_g

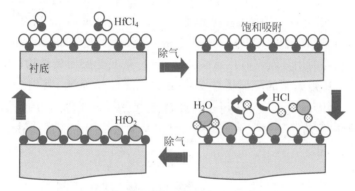

$$HfCl_4(气)+2H_2O(气)\rightarrow HfO_2(固)+4HCl(气)$$

图 4-56　ALD 生长 HfO_2 高 k 栅介质层过程示意图

3. W_S、W_D

根据式(4-97)可知,减小 W_S、W_D 也可以降低 L_{min}。根据式(4-85),提高衬底掺杂浓度 N_A 可以减小 W_S、W_D,但会造成 V_T 增大,与表 4-4 中对应的微缩要求不符。人们想到利用非均匀掺杂的方法来折中解决上述矛盾。典型的非均匀掺杂工艺是倒分布阱工艺,如图 4-57 所示。在这种工艺中,衬底表层区域掺杂浓度 N_{ch} 低于衬底内部的 N_{sub}。于是,强反型的出现主要看表层区域的能带弯曲情况。相应的,强反型对应的表面势 V_s 应根据 N_{ch} 计算。又因为 N_{ch} 区很薄,空间电荷层主要由衬底 N_{sub} 主导,于是 NMOS 的 V_T 近似可以由式(4-101)计算。

由于表层掺杂区域很薄,图 4-57 对应的倒分布阱工艺实际上造成了漏衬 PN 结绝大部分结区都是 $N(N_D^+)P(N_{sub})$ 结,根据式(4-102)可知此时的 BV_{DS} 将下降。典型的 Si 基漏衬 PN 结击穿场强约为 0.6MV/cm,而抑制漏端热载流子效应要求 $E_{ymax}\leqslant 0.2MV/cm$。图 4-32 对应的 LDD 工艺被引入,也实质形成了一种非均匀掺杂的衬底。

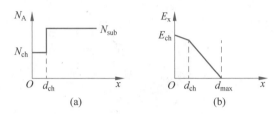

图 4-57　理想倒分布阱工艺具有的掺杂浓度和对应的空间电荷层电场分布示意图

利用倒分布阱和 LDD 等衬底非均匀掺杂工艺，平面 MOSFET 的微缩得以继续。

$$V_T \approx V_{FB} + \frac{2kT}{q}\ln\frac{N_{ch}}{n_i} + \frac{1}{C_{ox}}qN_{sub}\left(2\varepsilon_s \cdot 2\frac{kT}{q}\ln\frac{N_{ch}}{n_i}/qN_{sub}\right)^{1/2} \quad (4\text{-}101)$$

$$BV_{DS} + V_{bi} = \frac{\varepsilon_s E_c^2}{2qN_A} \quad (4\text{-}102)$$

4. 新结构

以 Intel 公司为例，图 4-27 所示的具有多晶硅/SiON 叠层栅极、LDD 结构和采用晕注入等非均匀衬底掺杂技术的平面 MOSFET 一直沿用到 90nm 工艺之前。在 90nm 技术代，Intel 公司成功商用以 PMOS 嵌入式 SiGe 源漏为典型标志的应变 Si 技术；在 45nm 技术代又成功商用具有划时代意义的金属栅/高 k 叠层栅极结构，如图 4-58 所示。然而，这些都仍然还是典型的平面体硅 MOSFET 结构。本质上，其仍会具有明显的 V_T 滚降、DIBL 和亚阈值漏电等与衬底相关的负效应，特别是图 4-24 所示的关态源漏间的漏电流。而这个漏电流的路径就在衬底内部，因此如果从结构上彻底去除这些衬底部分，就有可能抑制该漏电。

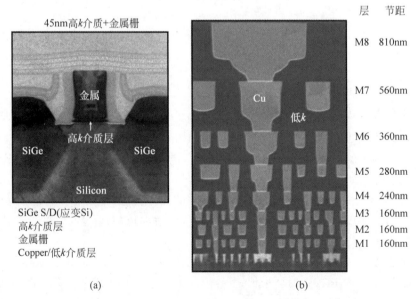

图 4-58　Intel 公司 45nm 平面工艺对应的 PMOS 剖面和 9 层铜互连结构（显示了 8 层）图

（Mistry K，et al. 2007 IEEE International Electron Devices Meeting，2007：247-250.）

于是，人们引入了全耗尽硅上绝缘体（Fully Depleted Si On Insulator，FDSOI）结构，如图 4-59 所示。在这种结构中，用一层隐埋氧化层彻底在电学上移除了源漏间的衬底漏电途径且在开启时整个衬底区全部耗尽。不仅如此，FDSOI 结构还能有效抑制与电荷分享机制相关的负效应。图 4-60 清晰地显示了 FDSOI 结构抑制电荷分享的原理。同时，由于衬底区很薄，而空间电荷层就是整个衬底区，所以其 $d_{\max}$ 被隐埋氧化层强制限制在衬底厚度。因此，当空间电荷层随着 V_{GS} 增加扩展到隐埋氧化层时，后续只能靠增加反型电子的浓度来满足 V_{GS} 的增加。这意味着强反型更容易实现，所以 FDSOI 器件对应更低的 V_T，如图 4-61 所示。同样，由于隐埋氧化层可以看作极低掺杂的一层衬底，它的存在将衬底的有效掺杂浓度 N_A 大大降低。相应的，图 3-46 中的空间电荷层等效 C_d 也更小，所以长沟道 FDSOI 器件的亚阈值摆幅可以接近室温下 60mV/dec 的极限值。图 4-61 中 $L=65$nm 的 FDSOI 器件与体 Si 器件的对比清晰说明了 FDSOI 可以具有更小亚阈值摆幅的事实。但是，也必须看到，当 FDSOI 器件的沟道长度很短时，由于隐埋氧化层的存在使得器件极易受源漏间电场渗透的影响，使得源漏电压通过隐埋氧化层开始明显调制沟道反型电子数量，如图 4-62 所示，将产生严重的短沟道效应。

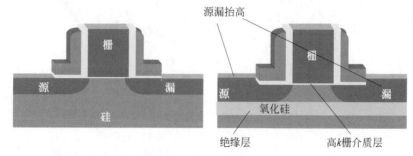

图 4-59　FDSOI 器件的基本结构示意图

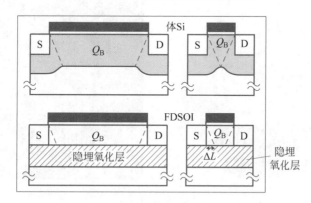

图 4-60　FDSOI 器件与体 Si 器件微缩前后的电荷分享对比图

此外，使用 FDSOI 衬底，其成本也较体硅衬底要高。为了进一步有效微缩，Intel 公司在 22nm 技术代成功商用立体鳍形场效应晶体管（FinFET）器件，如图 4-63 所示。如图 4-64 所示，在 FinFET 器件中，沟道宽度 $W=W_1+W_2+W_3$。器件开启时，整个 W 部分都在导电，而关态时，W_1、W_2 和 W_3 对应的沟道区因为鳍宽很窄而处于未反型的高阻

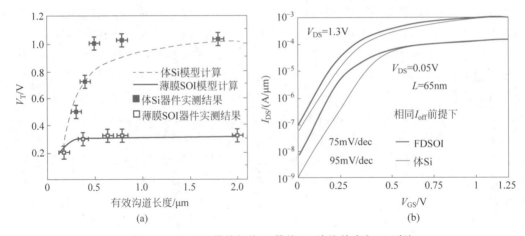

图 4-61　FDSOI 器件与体 Si 器件 V_T 滚降效应和 SS 对比

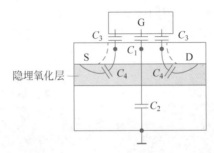

图 4-62　短沟道 FDSOI 器件源漏通过隐埋氧化层与沟道建立调制关系

（Yoshimi M，et al. IEEE Transactions on Electron Devices，1989，36（3）：493-503.）

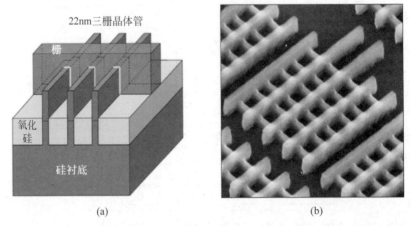

图 4-63　Intel 公司在 22nm 技术代正式量产了具有划时代意义的 FinFET 器件示意图和
实际器件结构的扫描电镜显微图

状态，只有 W_2 对应的衬底 Si 部分存在可能的源漏间漏电途径，但 W_2 很小，因此这部分漏电得到有效减小。这种对开关态非对称的导电影响，使得 FinFET 在继续延续微缩的同时一直应用至今。

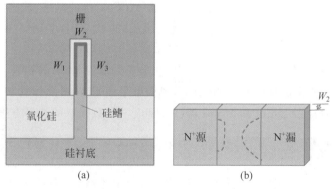

图 4-64　FinFET 工艺可以有效减小关态漏电的原理

　　然而到了 5nm 技术代（这里的技术代数值已经不代表 L 了，更多体现的是等效集成度），由于硅鳍越来越窄，高宽比越来越大，集成密度也越来越高，已经很难在工艺上进行有效制造了。人们又提出了纳米片环栅（Gate All Around，GAA）MOSFET 结构，如图 4-65 所示。由图可知，这种结构相当于将 FinFET 器件旋转 90°放平形成多层导通桥，通过在高度方向的叠层数量来实现等效微缩。然而，这同样为制造工艺提出了众多挑战。

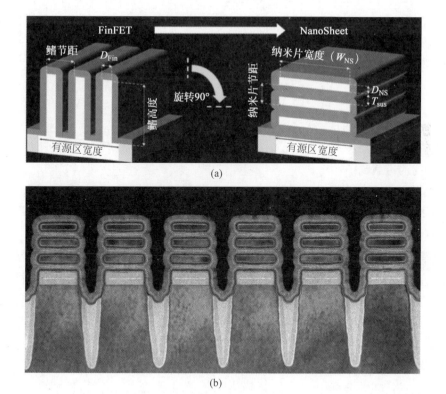

图 4-65　IBM 公司在 2017 年公布的纳米片 GAA MOSFET 示意图和实际结构显微照片

（Loubet N，et al. 2017 Symposium on VLSI Technology，2017：T230-T231. ）

新材料、新结构、新工艺层出不穷,持续推进 MOS 器件的微缩,使得集成电路的研究和发展欣欣向荣,正在并将继续深度改变我们的数字化生活。然而,自 1926 年 MOSFET 原理以专利申请方式面世以来,其本质始终未曾改变,所以本书阐述的那些基本原理仍将继续发挥作用,这也是本书命名为《半导体器件基础》的初衷。

附录 E、附录 F 分别给出了浅槽隔离深亚微米平面 CMOS 晶体管和 FinFET 典型工艺流程,附录 G 给出了 28nm 和 14nm 器件典型电学参数提取的业界方案。

 习题

1. 小尺寸 MOS 工艺中为了得到足够大的栅介质电容,介质层 SiO_2 通常很薄,造成很大的栅极隧穿电流,因此栅介质层通常会叠加一层高 k 材料。若 20nm 的 HfO_2($\varepsilon_r = 16$)和 2nm 的 SiO_2 组合结构被用作 MOS 栅介质,求与其电容值相等的 SiO_2 厚度,即等效氧化层厚度。

2. 若 N 沟道衬底掺杂浓度 $N_A = 5 \times 10^{16} \, \text{cm}^{-3}$,$t_{ox} = 12\text{nm}$,沟道长度 $L = 0.8\mu\text{m}$,源漏结深 $x_j = 0.25\mu\text{m}$,计算电荷分享引起的阈值电压偏移。

3. 对于习题 2 的器件,若按照恒定电场等比例微缩理论,则当器件尺寸缩小为原来 $1/2$ 时,短沟道效应造成器件的 ΔV_T 如何变化。

4. 若 N 沟道 MOSFET 衬底掺杂浓度 $N_A = 3 \times 10^{16} \, \text{cm}^{-3}$,$t_{ox} = 8\text{nm}$,沟道宽度 $W = 2.2\mu\text{m}$,忽略短沟道效应,计算窄沟道效应引起的阈值电压偏移(假设参数 $G_W = \pi/2$)。

5. 推导速度饱和模型下,NMOS 的饱和电压和饱和电流公式:

$$V'_{DSsat} = \frac{E_{sat}L(V_{GS}-V_T)}{E_{sat}L+(V_{GS}-V_T)}, \quad I'_{DSsat} = v_{sat}C_{ox}W\frac{(V_{GS}-V_T)^2}{E_{sat}L+(V_{GS}-V_T)}$$

6. 已知 NMOS 的 $L = 0.8\mu\text{m}$,$t_{ox} = 15\text{nm}$,$V_T = 0.7\text{V}$,$V_{GS}-V_T = 3\text{V}$,$V_{DS} = 2\text{V}$。$\mu_n = 670\text{cm}^2/(\text{V} \cdot \text{s})$,$v_{sat} = 8 \times 10^6 \text{cm/s}$。分别利用长沟道模型和速度饱和模型计算源端和漏端的沟道载流子速度。

7. 深亚微米平面器件往往采用 LDD 结构减小短沟道效应,栅极和源漏区域往往有交叠,与之相关的电容称为交叠电容 C_{ov},根据 MIS 结构和实际 MOS 结构的差别,设计合适的测试电路,测量出 LDD 结构 NMOS 的 C_{ov} 和 C_{ox}。

8. 考虑速度饱和效应,已知 MOSFET 参数为 $L = 1.0\mu\text{m}$,$t_{ox} = 20\text{nm}$,$v_{sat} = 10^7 \text{cm/s}$,$\mu_{eff} = 500\text{cm}^2/(\text{V} \cdot \text{s})$。为了提高 I_{DSsat},研究人员开发了两种新沟道材料:材料 A,饱和速度 v_{sat} 提高为原器件的 2 倍,μ_{eff} 不变;材料 B,有效迁移率 μ_{eff} 提高为原器件的 2 倍,v_{sat} 不变。假设 μ_{eff} 与 V_{GS} 无关。试讨论不通过驱动电压下两种新器件对提高 I_{DSsat} 效果的强弱。

9. 考虑速度饱和效应,载流子沟道漂移速度可以写成

$$v(E_y) = \begin{cases} \mu_{eff}\dfrac{|E_y|}{1+|E_y|/E_{sat}}, & |E_y| < E_{sat} \\ v_{sat}, & |E_y| \geqslant E_{sat} \end{cases}$$

试重新推导 NMOS 处于临界速度饱和状态时沟道反型载流子总量表达式 Q_n，并讨论长沟和短沟极限下的 Q_n。

10. 对于习题 9 所述晶体管，在临界饱和状态下推导分布电容 C_{GS} 以及特征频率 f_T，并在 $L = \infty$ 和 $L \to 0$ 的条件下化简所述结果。

11. 假设某 NMOSFET 工作在速度饱和极限下，$L = 1.0 \mu m$，$t_{ox} = 10nm$，$V_D = 5V$，$I_{DS}/W = 500 \mu A/\mu m$。对该器件进行微缩：缩微方法 A，器件所有几何尺寸均缩小为原始器件的 $1/5$，同时将所有外加电压、阈值电压等减小为 $1/5$；缩微方法 B，器件几何尺寸同样缩小为 $1/5$，但外加电压、阈值电压等不变。计算微缩后的 I_{DS}/W。

12. 对于长沟道 NMOS，$W = 20 \mu m$，$L = 2 \mu m$，$\mu_n = 1350 cm^2 (V \cdot s)$，$C_{ox} = 2 \times 10^{-7} F/cm^2$，$V_T = 1V$，求 $V_{GS} = 2V$ 时，I_{DS} 的大小。若仅将所有几何尺寸缩小为原来 $1/2$，则求缩小后的 I_{DS}。

13. NMOSFET 的初始参数：$\mu_n C_{ox} \dfrac{1}{L} = 1500 mA/(V^2 \cdot cm)$，$L = 0.8 \mu m$，$W = 6.0 \mu m$，$V_T = 0.45V$。器件工作在 $0 \sim 3V$ 的范围内且恒定电场等比例微缩因子 $k = 0.5$，V_T 保持不变。求初始器件和缩小后的器件的最大驱动电流和最大功耗。

14. NMOSFET 的参数：$L = 60nm$，$t_{ox} = 1.5nm$，$N_A = 2 \times 10^{18} cm^{-3}$，$\mu_n = 250 cm^2/(V \cdot s)$，$V_{DD} = 1.4V$，栅极为 N^+ 多晶硅。

(1) 不考虑小尺寸效应，计算 $V_{GS} = V_{DD}$ 时的阈值电压、源端沟道表面反型载流子面密度 Q_n/q、表面电场 E_s、沟道厚度 d_{ch}。

(2) 当 $V_{GS} = V_{DS} = V_{DD}$ 时，假设器件的饱和漂移速度 $v_{sat} = 5 \times 10^6 cm/s$，求器件的驱动电流 I_{DS}/W，并估算此时源端的沟道横向电场。

程序样例

共射极输出特性曲线的MATLAB

Ebers-Moll方程仿真NPN BJT

图 A-1 给出了基于 Ebers-Moll 方程用 MATLAB 程序仿真 NPN BJT 共射极输出特性曲线的样例,相应 BJT 的参数为 $\beta_F = 100, \beta_R = 2, I_{cbo} = 10\mu A$。

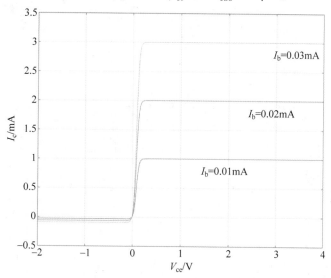

图 A-1 $\beta_F = 100, \beta_R = 2, I_{cbo} = 10\mu A$ 情况下 NPN BJT 共射极输出特性曲线模拟图

取 $kT/q = 0.026V$,代码如下($is = \alpha_F I_{F0} = \alpha_R I_{R0}$):

```
icbo = 0.00001;
bf = 100;
af = 100/101;
br = 2;
ar = br/(1 + br);
iebo = af * icbo/ar;
vbe = zeros(3,300);
Ic = zeros(3,300);
Id = zeros(3,300);
vbc = zeros(3,300);
z = 1 - af * ar;
A1 = af/z * iebo;
A2 = 1/z * icbo;
B2 = ar/z * icbo;
B1 = 1/z * iebo;
vce = - 2:0.02:3.98;
ib = [0.01,0.02,0.03];
for a = 1:3
    for i = 1:300
        temp1 = (ar - 1)/exp(vce(i)/0.026) * icbo;
        mol = - z * ib(a) + ( - 1 + af) * iebo + (ar - 1) * icbo;
        deno = temp1 + ( - 1 + af) * iebo;
        vbe(a, i) = log(mol/deno) * 0.026;
        vbc(a, i) = vbe(a, i) - vce(i);
```

```
            Ic(a,i) = A1 * (exp(vbe(a,i)/0.026) - 1) - A2 * (exp(vbc(a,i)/0.026) - 1);
        end
end
plot(vce,Ic);
grid on;
text(1.5,0.8,'Ib = 0.01mA');
text(2.5,1.8,'Ib = 0.02mA');
text(3.0,2.8,'Ib = 0.03mA');
xlabel('Vce/v'); ylabel('Ic/mA');
```

均匀基区NPN BJT交流小信号情况下的超相移因子

基于如图 B-1 所示的共基极电路和坐标系,分析均匀基区 NPN BJT 在交流小信号情况下的超相移因子 m。

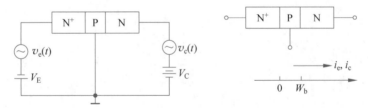

图 B-1　交流情况下的共基极电路和坐标系(假设 W_b 为常数,$W_b \ll L_{nb}$)

交流 V_{be} 和 V_{bc} 如式(B-1)和式(B-2)所示($V_E > 0$,$V_C < 0$)。利用基区连续性方程式(B-3),并假设基区电子浓度 $n_{pb}(x)$ 可以写为直流叠加交流的两部分,如式(B-4),于是可得式(B-5)和式(B-6),其中对应交流电子浓度振幅 $n_1(x)$ 分布的虚数扩散长度 L'_{nb} 为式(B-7)。于是,利用通解式(B-8)和对应的边界条件式(B-9)～式(B-14),可得 $n_1(x)$ 表达式(B-15)。进而可得交流部分电流表达式(B-16)。最终式(B-17)给出了交流电流部分的基区输运系数 $\beta^*(\omega)$。

$$V_{be} = V_E + v_e(t) = V_E + V_e \exp(i\omega t) \tag{B-1}$$

$$V_{bc} = V_C + v_c(t) = V_C + V_c \exp(i\omega t) \tag{B-2}$$

$$\frac{\partial n_{pb}(x,t)}{\partial t} = D_{nb} \frac{\partial^2 n_{pb}}{\partial x^2} - \frac{n_{pb} - n_{pb}^0}{\tau_{nb}} \tag{B-3}$$

$$n_{pb}(x,t) = n_0(x) + n_1(x) \exp(i\omega t) \tag{B-4}$$

$$\frac{d^2 n_0}{dx^2} - \frac{n_0 - n_{pb}^0}{L_{nb}^2} = 0 \tag{B-5}$$

$$\frac{d^2 n_1}{dx^2} - \frac{n_1}{L'^2_{nb}} = 0 \tag{B-6}$$

$$L'_{nb} = \frac{L_{nb}}{\sqrt{1 + i\omega\tau_{nb}}} \tag{B-7}$$

$$n_1(x) = A\exp(x/L'_{nb}) + B\exp(-x/L'_{nb}) \tag{B-8}$$

$$n_{pb}(0,t) = n_{pb}^0 \exp\left\{\frac{q[V_E + V_e\exp(i\omega t)]}{kT}\right\} \xrightarrow{|V_e| \ll \frac{kT}{q}}$$
$$\approx n_{pb}^0 \exp\left(\frac{qV_E}{kT}\right)\left[1 + \frac{qV_e}{kT}\exp(i\omega t)\right] = n_E + n_e\exp(i\omega t) \tag{B-9}$$

$$n_{pb}(W_b,t) = n_{pb}^0 \exp\left\{\frac{q[V_C + V_c\exp(i\omega t)]}{kT}\right\} \xrightarrow{|V_c| \ll \frac{kT}{q}}$$
$$\approx n_{pb}^0 \exp\left(\frac{qV_C}{kT}\right)\left[1 + \frac{qV_c}{kT}\exp(i\omega t)\right] = n_C + n_c\exp(i\omega t) \tag{B-10}$$

$$n_{\mathrm{E}} = n_{\mathrm{pb}}^{0} \exp(q V_{\mathrm{E}} / kT) \tag{B-11}$$

$$n_{\mathrm{e}} = \frac{q n_{\mathrm{E}}}{kT} V_{\mathrm{e}} \tag{B-12}$$

$$n_{\mathrm{C}} = n_{\mathrm{pb}}^{0} \exp(q V_{\mathrm{C}} / kT) \approx 0 \tag{B-13}$$

$$n_{\mathrm{c}} = \frac{q n_{\mathrm{C}}}{kT} V_{\mathrm{c}} \approx 0 \tag{B-14}$$

$$n_1(x) = n_{\mathrm{E}} \frac{q V_{\mathrm{e}}}{kT} \frac{\sinh[(W_{\mathrm{b}} - x)/L_{\mathrm{nb}}']}{\sinh(W_{\mathrm{b}}/L_{\mathrm{nb}}')} \tag{B-15}$$

$$j_{\mathrm{nb}} = q D_{\mathrm{nb}} \frac{\mathrm{d}[n_1(x) \exp(\mathrm{i}\omega t)]}{\mathrm{d}x}$$

$$= -\frac{q D_{\mathrm{nb}} n_{\mathrm{E}}}{L_{\mathrm{nb}}'} \frac{q V_{\mathrm{e}}}{kT} \frac{\cosh[(W_{\mathrm{b}} - x)/L_{\mathrm{nb}}']}{\sinh(W_{\mathrm{b}}/L_{\mathrm{nb}}')} \exp(\mathrm{i}\omega t) \tag{B-16}$$

$$\beta^*(\omega) = \frac{j_{\mathrm{nb}}(W_{\mathrm{b}})}{j_{\mathrm{nb}}(0)}\bigg|_{V_{\mathrm{c}}=0} = \mathrm{sech}\left(\frac{W_{\mathrm{b}}}{L_{\mathrm{nb}}'}\right) = \mathrm{sech}\left(\frac{W_{\mathrm{b}}}{L_{\mathrm{nb}}} \sqrt{1 + \mathrm{i}\omega \tau_{\mathrm{nb}}}\right) \tag{B-17}$$

$W_{\mathrm{b}}/L_{\mathrm{nb}} \ll 1, \omega \tau_{\mathrm{nb}} \ll 1$，可以将 $\beta^*(\omega) = \mathrm{sech}(W_{\mathrm{b}}/L_{\mathrm{nb}}')$ 展开为连乘级数：

$$\beta^*(\omega) = \mathrm{sech}(W_{\mathrm{b}}/L_{\mathrm{nb}}') = 1 \bigg/ \prod_{n=1}^{\infty} \left[1 + \frac{4}{(2n-1)^2 \pi^2}\left(\frac{W_{\mathrm{b}}}{L_{\mathrm{nb}}'}\right)^2\right] \tag{B-18}$$

直流条件下共基极放大系数足够大时，$\beta_0^* \approx 1$，则式(B-18)改写为式(B-19)。又

$$1 + \frac{4}{(2n-1)^2 \pi^2}\left(\frac{W_{\mathrm{b}}}{L_{\mathrm{nb}}}\right)^2 \approx 1, \quad W_{\mathrm{b}} \ll L_{\mathrm{nb}}$$

则式(B-19)简化为式(B-20)。令 $\omega_{\mathrm{b}} = \pi^2 D_{\mathrm{nb}}/4 W_{\mathrm{b}}^2$，于是式(B-20)可写为式(B-21)。就 $\beta^*(\omega)$ 大小而言

$$\beta^*(\omega) = \frac{\beta_0^*}{1 + \mathrm{i}\omega/\omega_{\mathrm{b}}}$$

是很好的近似,但就相位而言,这样做误差很大,需要把后面连乘项对相位的贡献补上,因而产生了超相移因子 m。因为 $\frac{\omega}{\omega_{\mathrm{b}}} \ll 1$,后面连乘各项模的乘积为 A,其值接近 1,因而有式(B-22)和式(B-23)。同理,$\frac{\omega}{\omega_{\mathrm{b}}} \ll 1$,可得式(B-24),式(B-23)改写为式(B-25)。利用式(B-26),式(B-25)转变为式(B-27),于是超相移因子 m 就是式(B-28)。

$$\beta^*(\omega) \approx \beta_0^* \bigg/ \prod_{n=1}^{\infty} \left[1 + \frac{4}{(2n-1)^2 \pi^2}\left(\frac{W_{\mathrm{b}}}{L_{\mathrm{nb}}'}\right)^2\right] \tag{B-19}$$

$$\beta^*(\omega) \approx \beta_0^* \bigg/ \prod_{n=1}^{\infty} \left[1 + \frac{4}{(2n-1)^2 \pi^2} \cdot \mathrm{i}\omega \left(\frac{W_{\mathrm{b}}^2}{D_{\mathrm{nb}}}\right)\right] \tag{B-20}$$

$$\beta^*(\omega) = \frac{\beta_0^*}{(1 + \mathrm{i}\omega/\omega_{\mathrm{b}})[(1 + \mathrm{i}\omega/3^2\omega_{\mathrm{b}})(1 + \mathrm{i}\omega/5^2\omega_{\mathrm{b}})(1 + \mathrm{i}\omega/7^2\omega_{\mathrm{b}}) \cdots]} \tag{B-21}$$

$$\beta^*(\omega) = \cfrac{\beta_0^*}{(1+\mathrm{i}\omega/\omega_\mathrm{b})A\exp\left[\mathrm{i}\left[\arctan\left(\cfrac{\omega}{\omega_\mathrm{b}}\cdot\cfrac{1}{3^2}\right)+\arctan\left(\cfrac{\omega}{\omega_\mathrm{b}}\cdot\cfrac{1}{5^2}\right)+\cdots\right]\right]} \tag{B-22}$$

$$\beta^*(\omega) = \cfrac{\beta_0^*}{(1+\mathrm{i}\omega/\omega_\mathrm{b})\exp\left[\mathrm{i}\left[\arctan\left(\cfrac{\omega}{\omega_\mathrm{b}}\cdot\cfrac{1}{3^2}\right)+\arctan\left(\cfrac{\omega}{\omega_\mathrm{b}}\cdot\cfrac{1}{5^2}\right)+\cdots\right]\right]}$$

$$\left(\cfrac{\omega}{\omega_\mathrm{b}}\ll 1, A\approx 1\right)$$

$$= \cfrac{\beta_0^*}{(1+\mathrm{i}\omega/\omega_\mathrm{b})}\exp\left[-\mathrm{i}\left[\arctan\left(\cfrac{\omega}{\omega_\mathrm{b}}\cdot\cfrac{1}{3^2}\right)+\arctan\left(\cfrac{\omega}{\omega_\mathrm{b}}\cdot\cfrac{1}{5^2}\right)+\cdots\right]\right] \tag{B-23}$$

$$\left[\cfrac{\omega}{\omega_\mathrm{b}}\cdot\cfrac{1}{(2n-1)^2}\right]\to 0, \arctan\left[\cfrac{\omega}{\omega_\mathrm{b}}\cdot\cfrac{1}{(2n-1)^2}\right]\to\cfrac{\omega}{\omega_\mathrm{b}}\cdot\cfrac{1}{(2n-1)^2} \tag{B-24}$$

$$\beta^*(\omega) = \cfrac{\beta_0^*}{1+\mathrm{i}\omega/\omega_\mathrm{b}}\exp\left[-\mathrm{i}\left[\cfrac{\omega}{\omega_\mathrm{b}}\left(\cfrac{1}{3^2}+\cfrac{1}{5^2}+\cfrac{1}{7^2}+\cdots\right)\right]\right] \tag{B-25}$$

$$\sum_{n=1}^{\infty}\cfrac{1}{(2n-1)^2}=\cfrac{\pi^2}{8} \tag{B-26}$$

$$\beta^*(\omega) = \cfrac{\beta_0^*}{1+\mathrm{i}\omega/\omega_\mathrm{b}}\exp\left[-\mathrm{i}\left[\cfrac{\omega}{\omega_\mathrm{b}}\left(\cfrac{\pi^2}{8}-1\right)\right]\right]=\cfrac{\beta_0^*}{1+\mathrm{i}\omega/\omega_\mathrm{b}}\exp\left(-\mathrm{i}m\cfrac{\omega}{\omega_\mathrm{b}}\right) \tag{B-27}$$

$$m=\cfrac{\pi^2}{8}-1\approx 0.2337 \tag{B-28}$$

以上求解过程完全从基区连续性方程出发,结果表明交流电流在基区传输引起的相移都是由式(B-21)中分母各项对应的相角叠加而成的。第一项最大,当 $\omega=\omega_\mathrm{b}$ 时,可以贡献 $-\pi/4$,是主要项。从第二项开始,相角都很小。把这些后面各项很小的相角叠加起来就构成超相移,第二项叠加到第二十项可得超相移为 -0.2207。可见,相移和超相移在本质上是一样的,都是基区载流子对扩散电容充放电引起的。

本文后半部分级数展开等内容参考了文献:关培勋. 晶体管超相移因子额探讨[J]. 华南理工大学学报(自然科学版),1995,23(12):46-49.

集电结势垒区输运系数 $\beta_d(\omega)$ 和集电结渡越时间 τ_d 的推导

在传导电流的基础上,同时考虑集电结势垒区(耗尽区)内,因为其内部渡越而过的电子浓度依时变化而引起等效掺杂浓度变化,进而导致对应电场梯度和电场依时变化而产生的位移电流,有式(C-1),其中 j_c 为集电结耗尽区内的交流总电流, E 为耗尽区内的交变电场。值得注意的是,这个依时变化的电场并不是像常规 PN 结势垒电容在耗尽区两侧边缘通过外电路的充放电引起结反偏电压变化,进而导致耗尽区内部电场梯度不变但强度均匀变化的那种电场,它的产生仅与耗尽区内部依时变化的电子浓度有关,因为收集而来的电子等效降低了耗尽区内部的净掺杂浓度,进而引起电场梯度和强度的依时变化。

关于传导电流部分的推导与式(2-252)～式(2-257)一致,这里重写为式(C-2)～式(C-7)。位移电流只存在于耗尽区内部,且位移电流由传导电流引起并反过来影响传导电流。但电流连续性要求耗尽区内部总交流电流 j_c 在同一时刻 t 不同位置处应为常数,因此用式(C-8)可以求出某一时刻 t 下的 j_c,如式(C-9)所示,其中 $t_d = x_m / v_s$。在集电结直流偏置电压 V_{bc} 为常数的条件下,存在式(C-10)。于是式(C-9)可以简化为式(C-11),这时的 j_c 也是耗尽区内的平均传导电流。用式(C-12)定义集电结渡越时间 τ_d,当频率较低满足 $\omega t_d \ll 1$ 时,可得式(C-13)。此时的 τ_d 比不考虑位移电流时要小一半。

$$j_c = j_{传导} + j_{位移} = j_{nc} + \frac{\partial}{\partial t}(\varepsilon_s E) \tag{C-1}$$

$$j_{传导} = j_{nc} = -qn v_s \tag{C-2}$$

$$n(x,t) = n(x)\exp(i\omega t) \tag{C-3}$$

$$\frac{\partial n}{\partial t} = \frac{1}{q}\frac{\partial j_{nc}}{\partial x} \tag{C-4}$$

$$\frac{dn(x)}{dx} = \frac{-i\omega n(x)}{v_s} \tag{C-5}$$

$$n(x) = n(0)\exp(-i\omega x / v_s) \tag{C-6}$$

$$j_{nc}(x,t) = -q v_s n(0)\exp\left[i\omega\left(t - \frac{x}{v_s}\right)\right] \tag{C-7}$$

$$\int_0^{x_m} j_c dx = \int_0^{x_m} (-q)v_s n(0)\exp\left[i\omega\left(t - \frac{x}{v_s}\right)\right]dx + \frac{\partial}{\partial t}\int_0^{x_m}\varepsilon_s E(x,t)dx \tag{C-8}$$

$$j_c = (-q)v_s n(0)\frac{1 - \exp(-i\omega t_d)}{i\omega t_d}\exp(i\omega t) + \frac{\varepsilon_s}{x_m}\frac{\partial V_{bc}}{\partial t} \tag{C-9}$$

$$\frac{\varepsilon_s}{x_m}\frac{\partial V_{bc}}{\partial t} = 0 \tag{C-10}$$

$$j_c(t) = j_{nc}(0,t)\frac{1 - \exp(-i\omega t_d)}{i\omega t_d} \tag{C-11}$$

$$\beta_d = \frac{j_c(t)}{j_{nc}(0,t)}\bigg|_{V_{bc}} = \frac{1 - \exp(-i\omega t_d)}{i\omega t_d}$$

$$\approx \frac{1 - \left[1 + (-i\omega t_d) + \dfrac{1}{2}(-i\omega t_d)^2 + \cdots\right]}{i\omega t_d}$$

$$\approx 1 - \frac{1}{2}i\omega t_d \approx \frac{1}{1 + \dfrac{1}{2}i\omega t_d} = \frac{1}{1 + i\omega \tau_d} \tag{C-12}$$

$$\tau_d = \frac{t_d}{2} = \frac{x_m}{2v_s} \tag{C-13}$$

附录 D

典型工艺流程氧化物隔离双极型晶体管

氧化物隔离双极型晶体管典型工艺流程如图 D-1 所示。

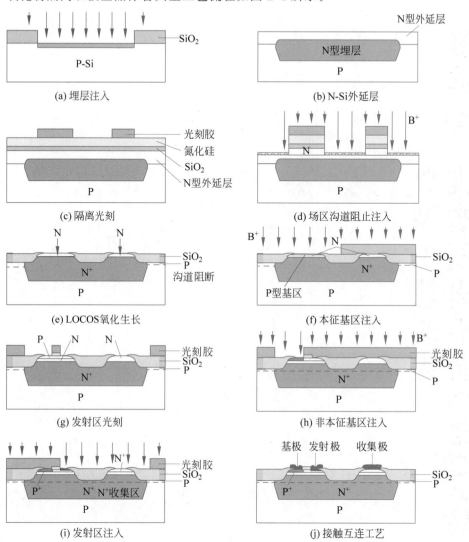

图 D-1　氧化物隔离双极型晶体管典型工艺流程

附录 E

典型工艺流程

浅槽隔离平面CMOS晶体管

1. CMOS 浅槽隔离结构形成工艺

CMOS 浅槽隔离结构形成工艺如图 E-1 所示。

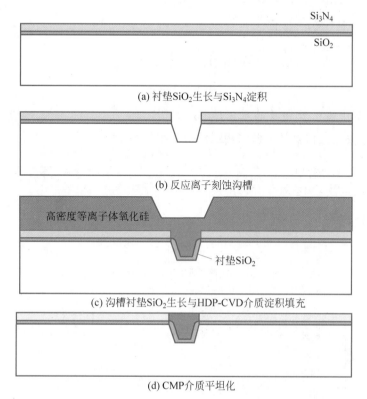

(a) 衬垫SiO$_2$生长与Si$_3$N$_4$淀积

(b) 反应离子刻蚀沟槽

(c) 沟槽衬垫SiO$_2$生长与HDP-CVD介质淀积填充

(d) CMP介质平坦化

图 E-1 CMOS 浅槽隔离结构形成工艺

2. 杂质倒向分布阱区、防漏源穿通和阈值电压调整离子注入掺杂

杂质倒向分布阱区、防漏源穿通和阈值电压调整离子注入掺杂如图 E-2 所示。

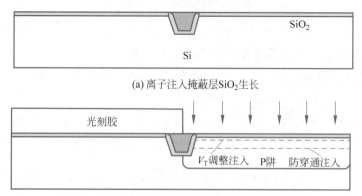

(a) 离子注入掩蔽层SiO$_2$生长

(b) P阱、NMOS器件防源漏穿通与阈值电压调整离子注入

图 E-2 杂质倒向分布阱区、防漏源穿通和阈值电压调整离子注入掺杂示意图

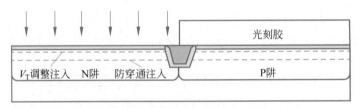

(c) N阱、PMOS器件防源漏穿通与阈值电压调整离子注入

图 E-2 （续）

3. 超薄栅介质生长和多晶硅栅结构形成

超薄栅介质生长和多晶硅栅结构形成示意图如图 E-3 所示。

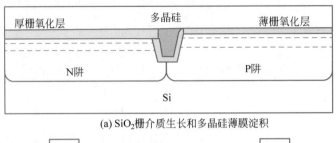

(a) SiO₂栅介质生长和多晶硅薄膜淀积

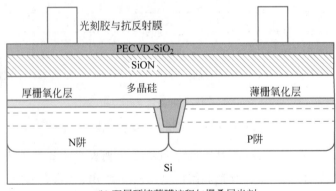

(b) 双层硬掩蔽膜淀积与栅叠层光刻

图 E-3 超薄栅介质生长和多晶硅栅结构形成示意图

4. 自对准超浅结源漏及多晶硅栅掺杂（薄栅为例）

自对准超浅结源漏及多晶硅栅掺杂（薄栅为例）示意图如图 E-4 所示。

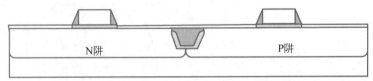

(a) 介质薄膜淀积与反应离子刻蚀形成偏移侧墙

图 E-4 自对准超浅结源漏及多晶硅栅掺杂（薄栅为例）示意图

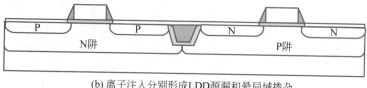

(b) 离子注入分别形成LDD源漏和晕局域掺杂

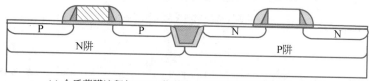

(c) 介质薄膜淀积与RIE工艺形成多晶硅栅侧壁较厚的介质边墙

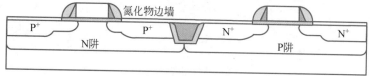

(d) 离子注入完成源漏栅高掺杂

图 E-4 （续）

5. 自对准金属硅化物接触形成

自对准金属硅化物接触形成示意图如图 E-5 所示。

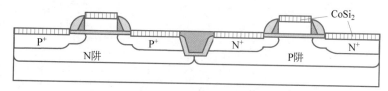

图 E-5 自对准金属硅化物接触形成示意图

6. 接触孔垂直连接 W 镶嵌

接触孔垂直连接 W 镶嵌示意图如图 E-6 所示。

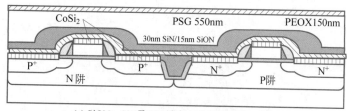

(a) SiON、SiN及PSG淀积与介质平坦化工艺

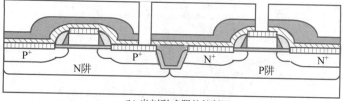

(b) 光刻形成器件接触孔

图 E-6 接触孔垂直连接 W 镶嵌示意图

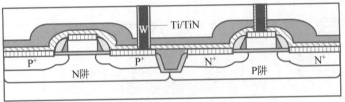

(c) Ti/TiN/W淀积填充与金属镶嵌平坦化工艺

图 E-6 （续）

附录 F

浅槽隔离立体FinFET典型工艺流程

1. 多栅纳米集成芯片的硅片选择

多栅纳米集成芯片的硅片选择如图 F-1 所示。

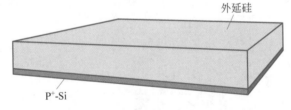

图 F-1　多栅纳米集成芯片的硅片选择

2. N-/P-沟 MOS 器件阱区形成

借助离子注入工艺,N-/P-沟 MOS 器件阱区形成如图 F-2 所示。

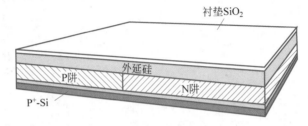

图 F-2　N-/P-沟 MOS 器件阱区形成

3. 三维晶体管超薄硅体(Fin)形成

三维晶体管超薄硅体(Fin)形成如图 F-3 所示。

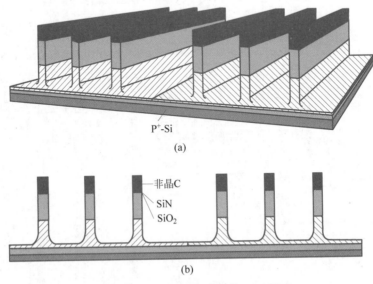

(a)

(b)

图 F-3　三维晶体管超薄硅体(Fin)形成

4. 浅沟槽介质隔离

浅沟槽介质隔离如图 F-4 所示。

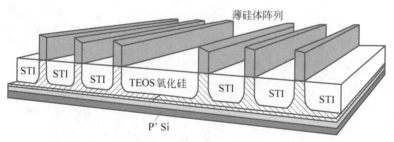

图 F-4 浅沟槽介质隔离

5. 多栅立体晶体管结构界定

多栅立体晶体管结构界定如图 F-5 所示。

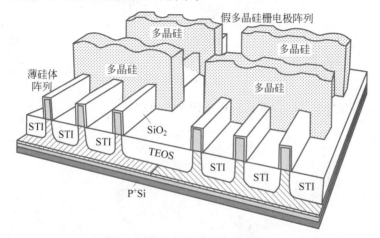

图 F-5 多栅立体晶体管结构界定

6. 立体晶体管源漏区工艺

NMOS 和 PMOS 晶体管的源漏延伸区离子注入掺杂示意图如图 F-6 所示。

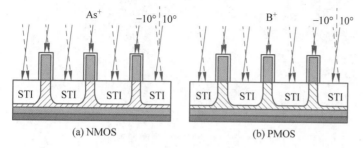

图 F-6 NMOS 和 PMOS 晶体管的源漏延伸区离子注入掺杂示意图

栅电极线条侧面氮化硅边墙形成如图 F-7 所示。

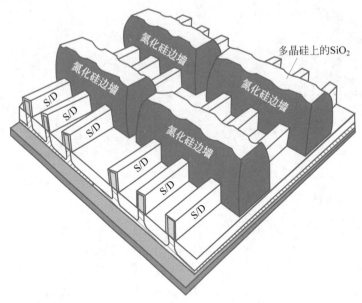

图 F-7　栅电极线条侧面氮化硅边墙形成

NMOS 晶体管异质 SiC 源漏区形成如图 F-8 所示。

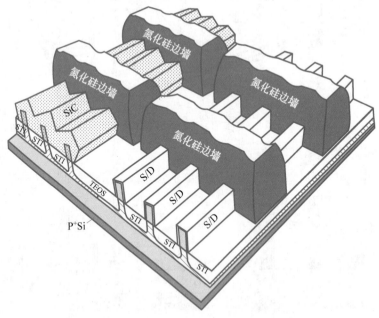

图 F-8　NMOS 晶体管异质 SiC 源漏区形成

PMOS 晶体管异质 SiGe 源漏区形成如图 F-9 所示。无论是 NMOS 还是 PMOS，源漏异质外延时也可以将源漏区高于 STI 部分的 Si 鳍体去除后再外延成型。

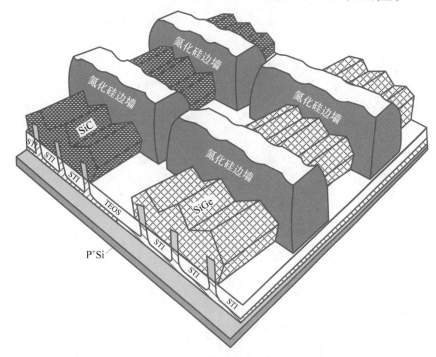

图 F-9　PMOS 晶体管异质 SiGe 源漏区形成

源漏区自对准硅化物接触形成如图 F-10 所示。

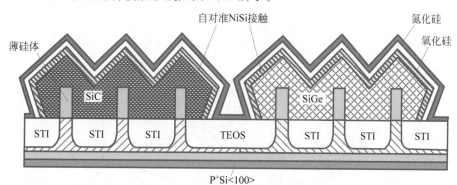

图 F-10　源漏区自对准硅化物接触形成

7. 高 k 介质与金属栅电极置换形成工艺

假栅电极与介质去除后的三维与剖面工艺结构示意图如图 F-11 所示。

高 k 栅介质与栅电极形成后的三维与剖面多栅器件结构示意图如图 F-12 所示。

8. 多栅器件集成芯片的接触与互连工艺

多栅器件集成芯片的接触与互连工艺如图 F-13 所示。

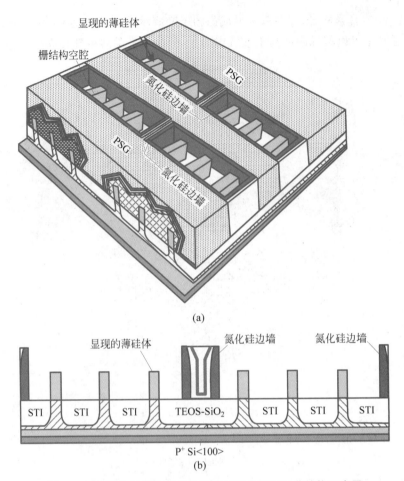

图 F-11 假栅电极与介质去除后的三维与剖面工艺结构示意图

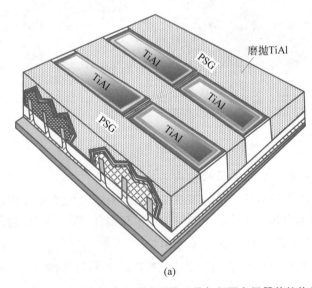

图 F-12 高 k 栅介质与栅电极形成后的三维与剖面多栅器件结构示意图

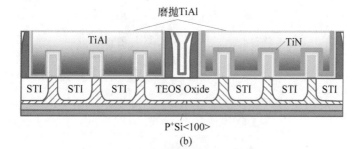

图 F-12 （续）

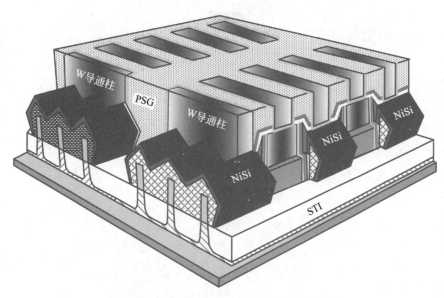

图 F-13 多栅器件集成芯片的接触与互连工艺

附录 G

MOSFET重要参数的业界测量方案

1. 晶圆接受测试

晶圆接受测试（Wafer Acceptance Test，WAT）是晶圆制造过程中一个关键的质量控制流程，通常是在晶圆制程的最后阶段进行的一种关键测试，目的是评估出货前晶圆上的芯片是否达到特定的性能和质量要求。

现代集成电路设计非常复杂，逻辑电路芯片通常包含超过数以亿计的器件。对于电路是否达到特定性能的评估不可能分解到对单个器件的检验，而是需要通过对一系列特殊设计的测试结构进行测试评估，业界也称为工艺控制监测（Process Control Monitor，PCM）。如图 G-1 所示，对于量产芯片的晶圆来说，测试结构摆放在晶圆上每块曝光区域之间的划片槽上。如果一块曝光区域包含多块产品芯片，那么芯片与芯片之间的划片槽也能摆放测试结构。对于研发阶段的工艺来说，通常会使用多种芯片集成在一片晶圆上的方式进行流片，这种方式称为多项目晶圆（Multi-Project Wafer，MPW），当中可包含 PCM 测试结构模块。以 MOS 器件的测试结构来说，测试结构模块包含不同尺寸、阈值电压等不同待测器件（Device Under Test，DUT）组成的测试模组。图 G-2 给出了平面晶体管以及 FinFET 器件的经典测试结构版图。

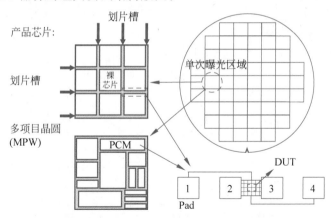

图 G-1　工艺控制监测测试结构摆放位置

2. MOS 参数测试

晶圆代工厂通常使用阈值电压 V_T、开态电流 I_{on}、关态电流 I_{off}、亚阈值摆幅（SS）等参数来表征 MOS 直流（DC）特性。

1）阈值电压提取

提取 MOS 晶体管阈值电压的方法有很多种。由于在集成电路制造的过程中对于晶圆的测试项目众多，即使是针对一个测试项目，在一片晶圆上也会有分布在不同地方的相同测试结构需要做测试；又因为在生产或是研发过程中时间是非常珍贵的，因此在晶圆代工厂中通常常用测试速度较快的恒电流法提取值阈值电压。恒电流法基本原理是当晶体管的源漏电流 I_{ds} 达到一个预定的电流值时，认为晶体管处于开启状态，此时对应的栅压 V_{GS} 即为阈值电压，如图 G-3 所示。

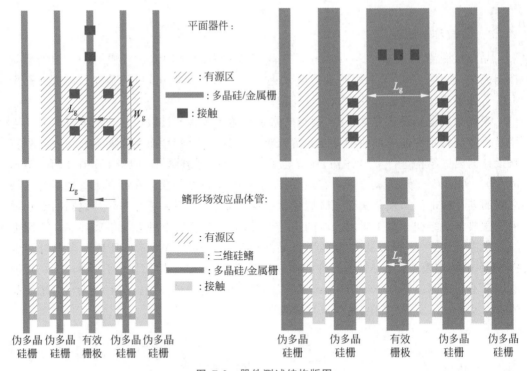

图 G-2　器件测试结构版图

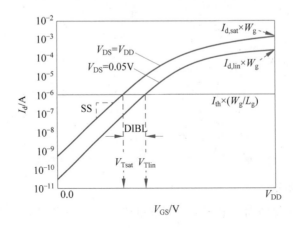

图 G-3　典型 28nm 短沟道 NMOS 器件线性区与饱和区转移特性曲线

典型提取阈值电压的条件为

$$I_{ds} = I_{th} \times \frac{W_g}{L_g} \tag{G-1}$$

式中：I_{th} 为预定的阈值电流（28nm 节点以及 14nm 节点皆取 $I_{th} = 10^{-8}\,\text{A}$）；$W_g$ 为栅极宽度；L_g 为栅极长度。

不同 V_{DS} 条件下能提取出不同阈值电压，测试时源端和衬底端加上固定偏压 $V_s = V_b = 0\text{V}$。若漏端偏压 $V_d = \pm 0.05\text{V}$（NMOS 取正，PMOS 取负），则提取出来的阈值电压为线性区阈值电压 V_{Tlin}；若漏端偏压 $V_d = \pm V_{DD}$（V_{DD} 为电源电压，NMOS 取正，PMOS 取负），则提取出来的阈值电压为饱和区阈值电压 V_{Tsat}。栅极偏压 V_g 从 0 开始线性增加往 $\pm V_{DD}$ 扫描（NMOS 取正，PMOS 取负），当测量到的源漏电流 I_{ds} 达到式（G-1）所设定的值时，对应的 V_g 即为阈值电压。表 G-1 为 28nm 节点以及 14nm 节点典型电压取值。

表 G-1 28nm 节点以及 14nm 节点典型电压取值   单位：V

	$\|V_{DD}\|$	$\|V_{\mathrm{Tlin}}\|$（N/P）	$\|V_{\mathrm{Tsat}}\|$（N/P）
28nm 节点	0.9	0.23/0.28	0.13/0.17
14nm 节点	0.8	0.26/0.28	0.23/0.25

2）开态电流提取

如图 G-3 所示，测量 MOS 晶体管开态电流的偏压条件是在晶体管源端和衬底端加上固定偏压 $V_s = V_b = 0\mathrm{V}$，栅极加载电源电压 $V_g = \pm V_{DD}$（NMOS 取正，PMOS 取负），使衬底沟道形成反型层在源和漏之间建立通路。若要测量的是线性区的开态电流，则漏端偏压 $V_d = \pm 0.05\mathrm{V}$（NMOS 取正，PMOS 取负），并测量电流 I_{ds}，可计算线性区的开态电流 $I_{d.\mathrm{lin}} = I_{ds}/W_g$。若要测量的是饱和区的开态电流，则漏端偏压 $V_d = \pm V_{DD}$（NMOS 取正，PMOS 取负），并测量电流 I_{ds}，可计算饱和区的开态电流 $I_{d,\mathrm{sat}} = I_{ds}/W_g$。

3）关态电流提取

测量 MOS 晶体管关态电流的偏压条件是在晶体管源端、衬底端和栅端加上固定偏压 $V_s = V_b = V_g = 0\mathrm{V}$，栅极和衬底之间没有电压差，衬底没有形成反型层，晶体管工作在截止区。漏端加载电源电压 $V_d = \pm V_{DD}$（NMOS 取正，PMOS 取负），并测量电流 I_{ds}，可计算关态电流 $I_{\mathrm{off}} = I_{ds}/W_g$。

4）亚阈值摆幅提取

当 MOS 晶体管栅源端压降 V_{GS} 小于阈值电压 V_T 时其工作在亚阈值区域，此时源漏电流 I_{ds} 与栅源端压降 V_{GS} 基本呈指数关系。如果对（$\log I_{ds}$）$- V_{GS}$ 作图则为一条直线，其斜率的倒数可以代表 I_{ds} 升高一个数量级所需 V_{GS} 增加的量，表征了 MOS 晶体管的栅控灵敏度。可以引入一个参数亚阈值摆幅来描述此特性。SS 定义为该斜率的倒数：

$$\mathrm{SS} = \frac{\mathrm{d}V_{GS}}{\mathrm{d}\log I_{ds}} \tag{G-2}$$

以 14nm 节点饱和区转移特性曲线为例，SS 的提取步骤如下。

（1）提取饱和区阈值电压 V_{Tsat}。

（2）在晶体管源端和衬底端加上固定偏压 $V_s = V_b = 0\mathrm{V}$，漏端偏压 $V_d = \pm V_{DD}$（NMOS 取正，PMOS 取负）。

（3）栅端偏压选取亚阈值区域的两个点 $V_{GS1} = V_{\mathrm{Tsat}} - 0.05\mathrm{V}$ 和 $V_{GS2} = V_{\mathrm{Tsat}} - 0.06\mathrm{V}$，分别测量对应的电流 I_{ds1} 和 I_{ds2}（单位为 A），计算出 SS：

$$\mathrm{SS} = \frac{V_{GS1} - V_{GS2}}{\log |I_{ds1}| - \log |I_{ds2}|} \tag{G-3}$$

5）源漏寄生电阻提取

考虑工作在线性区 MOS 晶体管的源漏电阻：

$$R'_{on} = \frac{V_{DS}}{I_{d,lin}} = \frac{V_{DS}}{I_{ds}/W_g} = (R_{on} + R_{ext})W_g = \frac{L_g}{\mu C_{ox}(V_{GS} - V_{Tlin})} + R_{ext}W_g \quad (G\text{-}4)$$

式中：V_{DS} 为漏源端压降；I_{ds} 为漏源电流；R_{on} 为 MOSFET 导通电阻；R_{ext} 为源漏寄生电阻；L_g 为器件的栅长；W_g 为器件的栅宽；μ 为沟道迁移率；C_{ox} 为单位面积栅电容；V_{GS} 为栅源端压降；V_{Tlin} 为线性区阈值电压。

以 14nm 节点为例，R_{ext}（包含源、漏两端）提取步骤如下。

（1）提取线性区阈值电压 V_{Tlin}。

（2）在不同的栅偏压（$V_{GS} - V_{Tlin}$）条件下测量漏源电流 I_{ds}。

（3）计算不同栅偏压（$V_{GS} - V_{Tlin}$）条件下对应的 $R'_{on} = V_{DS}/I_{d,lin}$（$V_{DS} = 0.05\text{V}$）。

（4）做出 $R'_{on} - (V_{GS} - V_{Tlin})^{-1}$ 关系图并做线性拟合，如图 G-4 所示。

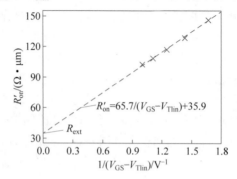

图 G-4　外推法提取 NMOS 源漏寄生电阻示意图

（5）拟合直线与 Y 轴的截距即为 $R_{ext}W_g$。

6）跨导提取

跨导表征栅极输入电压信号控制沟道输出电流的能力，定义为

$$g_m = \frac{dI_{ds}}{dV_{GS}} \quad (G\text{-}5)$$

式中：I_{ds} 为漏源电流；V_{GS} 为栅源端压降。

以 28nm 节点线性区 g_m 为例，提取步骤如下。

（1）提取线性区阈值电压 V_{Tlin}。

（2）在晶体管源端和衬底端加上固定偏压 $V_s = V_b = 0\text{V}$，漏端偏压 $V_d = \pm V_{DD}/2$（NMOS 取正，PMOS 取负）。

（3）栅端偏压选取两个点 $V_{G1} = V_{Tlin} + 0.18\text{V}$ 和 $V_{G2} = V_{Tlin} + 0.24\text{V}$，分别测量对应的电流 I_{ds1} 和 I_{ds2}。

（4）计算

$$g_m = \frac{I_{ds2} - I_{ds1}}{V_{GS2} - V_{GS1}}$$

如图 G-5 所示。

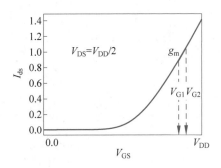

图 G-5　NMOS 跨导提取示意图

7）输出电阻提取

输出电阻定义为

$$R_{\text{out}} = \frac{\mathrm{d}V_{\text{DS}}}{\mathrm{d}I_{\text{ds}}} \tag{G-6}$$

式中：I_{ds} 为漏源电流；V_{DS} 为漏源端压降。

以 28nm 节点为例，提取步骤如下。

（1）提取线性区阈值电压 V_{Tlin}。

（2）在晶体管源端和衬底端加上固定偏压 $V_{\text{s}} = V_{\text{b}} = 0\text{V}$，栅端偏压 $V_{\text{g}} = V_{\text{Tlin}} \pm 0.2\text{V}$（NMOS 取正，PMOS 取负）。

（3）漏端偏压选取两个点 $V_{\text{D1}} = 0.4\text{V}$ 和 $V_{\text{D2}} = 0.5\text{V}$，分别测量对应的电流 I_{ds1} 和 I_{ds2}。

（4）根据下式可以计算出 R_{out}（如图 G-6 所示）。

$$R_{\text{out}} = \frac{V_{\text{D2}} - V_{\text{D1}}}{I_{\text{ds2}} - I_{\text{ds1}}} \tag{G-7}$$

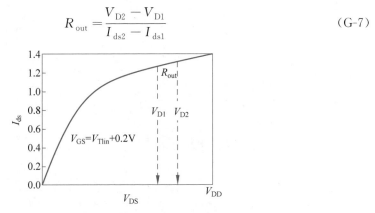

图 G-6　NMOS 输出电阻提取示意图